大数据应用人才能力培养新形态系列

Python
数据分析与可视化

微课版

千锋教育 | 策划　李俊吉 宋祥波 | 主编　杨云霞 刘炜 | 副主编

人民邮电出版社
北京

U0267969

图书在版编目（CIP）数据

Python数据分析与可视化 ：微课版 / 李俊吉，宋祥波主编. -- 北京 ：人民邮电出版社，2024.5
（大数据应用人才能力培养新形态系列）
ISBN 978-7-115-62656-1

Ⅰ. ①P… Ⅱ. ①李… ②宋… Ⅲ. ①软件工具－程序设计 Ⅳ. ①TP311.561

中国国家版本馆CIP数据核字(2023)第173478号

内 容 提 要

本书讲解数据分析基础知识，并针对 Python 数据分析与可视化的初学者介绍相关方法及概念。本书共含 9 章，内容包含数据分析概述、数据集的获取与存储、NumPy——数组与矩阵运算、Pandas——高性能的数据结构和数据分析工具、数据预处理、Matplotlib——可视化绘图、机器学习与数据挖掘，以及就业分析和电商数据分析两个综合实战项目。

本书可作为高等院校计算机、大数据相关专业的教材，也可作为数据分析从业人员的参考用书。

◆ 主　　编　李俊吉　宋祥波
副 主 编　杨云霞　刘　炜
责任编辑　李　召
责任印制　王　郁　陈　犇

◆ 人民邮电出版社出版发行　　北京市丰台区成寿寺路 11 号
邮编　100164　　电子邮件　315@ptpress.com.cn
网址　https://www.ptpress.com.cn
固安县铭成印刷有限公司印刷

◆ 开本：787×1092　1/16
印张：14　　　　2024 年 5 月第 1 版
字数：340 千字　　　　2025 年 1 月河北第 4 次印刷

定价：59.80 元

读者服务热线：(010) 81055256　印装质量热线：(010) 81055316
反盗版热线：(010) 81055315
广告经营许可证：京东市监广登字 20170147 号

前言

数据分析是指用适当的统计分析方法对收集来的大量数据进行分析，对它们加以汇总并理解消化，以求最大化地开发数据的功能，发挥数据的作用。简单地说，数据分析是为了提取有用信息和形成结论而对数据加以详细研究和概括总结的过程。数据分析的数学基础在20世纪早期就已确立，但直到计算机出现，实际操作才成为可能。数据分析是数学与计算机科学相结合的产物。

如今，数据分析师这一岗位出现在越来越多的招聘需求中，相应地，“数据分析与可视化”也成为各高校计算机等专业的必修课程。在我们日常的学习和工作中，数据分析也起着潜移默化的作用，能帮助我们提高效率。本书旨在帮助具有 Python 基础的读者了解并掌握使用 Python 进行数据分析的基本操作技能。同时，书中有大型数据分析实战案例，能帮助读者掌握更多数据分析实战技巧，以达到“学而会、会而用”的目的。

本书围绕着基本知识、主要方法、数据预处理、可视化及数据挖掘基础展开论述，其目的是使读者掌握数据分析与可视化的原理及基本方法，因此本书适合广大计算机编程爱好者阅读、学习。读完本书，读者能够向更深领域拓展学习。全书共 9 章。前 6 章主要讲述 Python 在数据分析领域的应用与常用扩展库的使用；第 7 章讲述机器学习与数据挖掘主要算法；第 8 章和第 9 章为综合实战项目，用于巩固前面所学知识点。本书内容由易到难、由浅入深，习题类型涵盖填空题、选择题、操作题等。另外，本书几乎涵盖了数据分析的各种常用技术及主流工具应用，示例代码很丰富。

本书特点

1．案例式教学，理论结合实战

（1）经典实战项目涵盖所有主要知识点

◇ 根据每章重要知识点，精心挑选实战项目，促进隐性知识与显性知识相互转换，使隐性的知识外显、显性的知识内化。

◇ 实战项目包含运行结果、实现思路、代码详解，结构清晰，方便教学和自学。

（2）企业级大型综合实战项目，帮助读者掌握前沿技术

◇ 引入企业真实就业数据与电商数据，进行精细化讲解，厘清代码逻辑，从动手实践的角度，帮助读者逐步掌握前沿技术，为高质量就业赋能。

2．立体化配套资源，支持线上线下混合式教学

◇ 文本类：教学大纲、教学 PPT、习题及答案、题库。

◇ 素材类：源代码包、实战项目数据集、相关软件安装包。

◇ 视频类：微课视频、面授课视频。

◇ 平台类：教师服务与交流群、锋云智慧教辅平台。

3．全方位的读者服务，提高教学和学习效率

◇ 人邮教育社区（www.ryjiaoyu.com）：教师通过在社区搜索图书，可以获取本书的出版信息及相关配套资源。

◇ 锋云智慧教辅平台（www.fengyunedu.cn）：教师可登录锋云智慧教辅平台，获取免费的教学资源。该平台是千锋教育专为高校打造的智慧学习云平台，传承千锋教育多年来在 IT 职业教育领域积累的丰富资源与经验，可为高校师生提供全方位教辅服务，依托千锋教育先进教学资源，重构 IT 教学模式。

◇ 教师服务与交流群（QQ 群号：777953263）：该群是人民邮电出版社和图书编者一起建立的，专门为教师提供教学服务，分享教学经验、案例资源，答疑解惑，提升教学质量。

教师服务与交流群

致谢及意见反馈

本书的编写和整理工作由高校教师及北京千锋互联科技有限公司高教产品部共同完成，主要参与人员有李俊吉、宋祥波、杨云霞、刘炜、刘帆、马艳敏、吕春林等。除此之外，千锋教育的 500 多名学员参与了本书的试读工作，他们站在初学者的角度对本书提出了许多宝贵的修改意见，在此一并表示衷心的感谢。

在本书的编写过程中，我们力求完美，但书中难免有一些不足之处，欢迎各界专家和读者朋友给予宝贵的意见，联系方式：textbook@1000phone.com。

编者

2024 年 1 月

目录

第 1 章 数据分析概述

数据分析概述

本章学习目标

- 了解数据分析的概念及特点。
- 掌握数据分析的主要方法及主要工具库。
- 掌握 Anaconda 的安装与使用方法。

随着互联网在不同领域的广泛应用，“大数据时代”一词应运而生。网络活跃用户在不断增加，用户使用网络时产生的数据也呈指数增长，数据便是随科技发展衍生出来的核心资产。为了对这些数据所映射的现象有一个清晰而全面的认知，出现了“数据分析师”这一全新的职业角色。数据分析是数学与计算机科学相结合的产物。本章将对数据分析的基础知识进行初步介绍，帮助数据分析初学者快速入门。

1.1 初识数据分析

如今，互联网科技企业越来越多，人们在生产和生活中也在不断产生新的数据。为了处理这些新产生的数据，数据分析就显得格外重要，于是，很多企业设置了“数据分析师”这一新岗位。数据分析师的主要职责就是对互联网中累积的数据进行清洗处理，并以可视化技术等手段进行分析，为企业构建用户画像以生产对应商品。本节将对数据分析的基本概念做详细介绍。

1.1.1 为什么会有数据分析

用户使用互联网浏览信息会产生大量的数据，这些数据可能来自不同的领域，而数据分析的目的就是把隐藏在一大批看起来杂乱无章的数据中最有价值的部分提炼出来，从而找出需要研究的对象的规律，得出有价值的信息。例如，用户在日常生活中会用到某些购物平台，这些购物平台往往会设计一种模块——猜你喜欢，平台利用这一模块向用户推送其可能感兴趣的商品（购物平台通过分析用户搜索某类商品的频次来判断其是否对这类商品有意愿购买），从而间接提高商品的浏览量和购买率。

1.1.2 怎样去做数据分析

数据分析师的基本职业素养便是对数据敏感。数据分析师应该可以利用计算机对数据进行最基本的数据预处理，还应该具备基础的统计学知识。一名优秀的数据分析师会有自己独到的见解，会结合当今社会的时代发展背景去分析数据，如果脱离了现实认知，那么分析的结果就没有太大的价值。同时，数据分析中的数据源是所研究问题的周边化的数据，需要数据分析师利用自身具备的数学知识进行数据的概率化操作，因此，数学知识也是一名数据分析师应该具备的基础知识。除此之外，数据分析师还应具备对应行业的专业知识。

数据分析的基本流程包括确定分析目标及思路、数据获取、数据预处理、数据分析与建模、数据可视化及结果验证、数据应用，如图 1.1 所示。

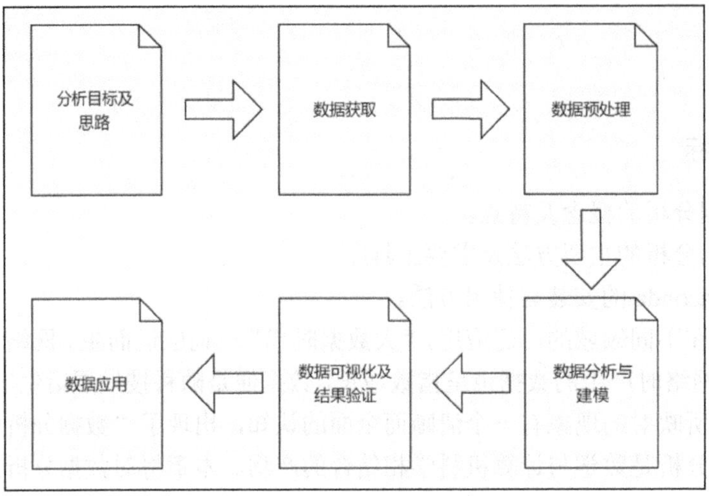

图 1.1　数据分析的基本流程

分析目标及思路，也可以叫作需求分析，这是数据分析的第一步，也是最重要的一步，是一个分析问题、拆分问题的过程。通过分析要研究的目标得出分析思路，确定需要对哪些方面进行具体的分析，有助于明确整个数据分析过程中的每一步。

数据获取是数据分析师在数据分析过程中与数据的第一次“见面”。在确立了分析需求之后需要用一些技术手段获取数据，包括但不限于下载数据集、爬取数据。通常数据分析师需要具备利用网络爬虫爬取数据的能力，可以利用爬虫技术进行数据的实时抓取，确保数据的有效性。而对于实时性要求不高的数据，则可以从企业数据库或者相关网站导入不同类型的数据集来进行数据分析与可视化。

数据预处理是数据分析过程中的关键步骤，数据预处理的成功与否直接影响数据分析与建模的准确性和一致性。数据预处理大致分为 4 个基本步骤，分别是数据合并、数据变换、数据清洗和数据标准化。数据合并是对数据进行简单的归类，为数据分析创建好数据分类集；数据变换可以将数据加工成建模时需要的形式，为数据建模做准备；数据清洗可以将数据中的缺失值、异常值和重复值等处理掉，最大程度地提高数据分析结果的准确度；数据标准化是对数据进行规范化操作，使数据分析更加高效。

数据分析与建模是数据分析的核心。通过建模可以得出数据中存在的特定规律，而模型就是这种规律的抽象化实例。数据分析就是通过一系列规范化的方法将数据中的有用信息提取出来，最终进行相应的数据处理。

如今的企业越来越习惯于数据分析带来的直观且高效的收益，此时可视化就是呈现数据分析结果的重要步骤。将数据分析结果以图表的形式展现出来，会更加清晰、直观。但是，这些图表只是目标数据主观分析结果的体现，因此，验证这一结果就显得尤为重要。

数据应用则是将数据分析结果运用到相应的领域中，帮助企业设计出合适的方案或生产出符合需求的产品。

1.2　数据分析的常用方法

通常数据分析师在做数据分析时会依赖一些特定的方法去分析一组数据，而不是“随心所欲”，采用这些方法能带来清晰的思路和相对准确的结果。常用的方法包括 5W1H 分析法、逻辑树分析法、对比分析法、群组分析法等。

1.2.1　5W1H 分析法

5W1H，即为什么（Why）、什么事（What）、谁来做（Who）、什么时候（When）、什么地方（Where）、如何做（How）。5W1H 分析法广泛应用于企业管理、生产活动、教学科研等方面，这种思维方法极大地方便了人们的工作、生活。5W1H 分析法如图 1.2 所示。

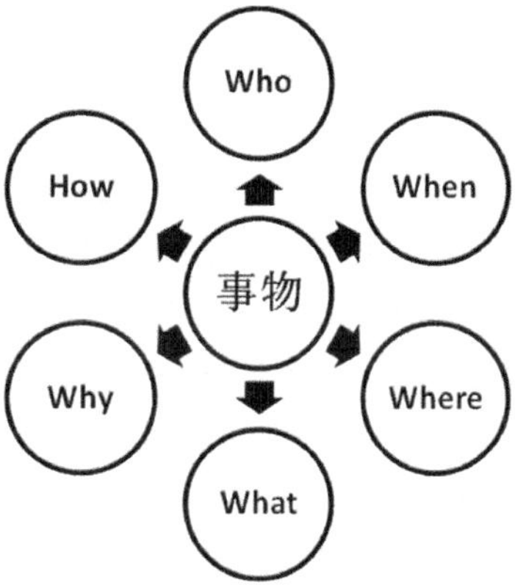

图 1.2　5W1H 分析法

以商品的出售为例，5W1H 分析内容如下。

售卖什么商品？（What）

在哪里售卖这些商品？（Where）

什么时候售卖这些商品？（When）

哪些人员负责售卖这些商品？（Who）

为什么要售卖这些商品？（Why）

如何售卖这些商品？（How）

1.2.2　逻辑树分析法

逻辑树，又称为麦肯锡逻辑树、问题树、演绎树或分解树，其最大的优势在于将繁杂的数据分析工作细分为多个关系密切的部分，不断地分解问题，帮助人们在纷繁复杂的现象中找出关键点，推动问题的解决。

逻辑树分析法的形式就像是一棵树，如图 1.3 所示，需要把问题比作树干，然后考虑与已知问题有关的子问题和任务，把这些子问题比作树枝，所以逻辑树分析法就是由一个大问题不断延伸出一个又一个的小问题，逐步对问题的分析思路产生一个清晰明了的认知。

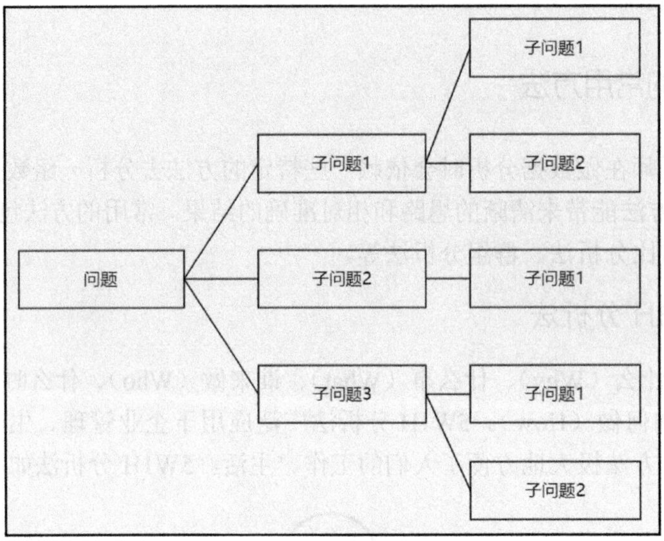

图 1.3　逻辑树分析法

在运用逻辑树分析法时，可从上至下、从左至右地先画出主干，简要分析其内容，然后依次画出主要分支，再画出细节分支。原则上，其可以划分出任意层级，但一般情况下不要超过 3 层。超过 3 层的逻辑树，一般来说需要从中间断开，单独分析。

逻辑树最经典的案例就是费米问题。费米问题因美国科学家恩利克·费米（Enrica Fermi）而得名，通常会被用来检验一个人是否具备理科思维，或是否具有问题拆解的能力。有人曾经问科学家费米："芝加哥有多少钢琴调音师？"为了保证琴音的准确性，需要定期由专业人员检查，调整不准确的音，从事这类工作的人被称为钢琴调音师。通过逻辑树分析法进行问题的拆解，可将"芝加哥有多少钢琴调音师"这个问题拆解为 2 个子问题，如图 1.4 所示。

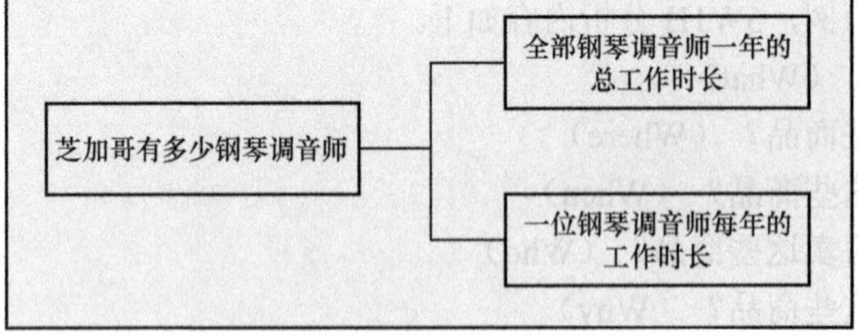

图 1.4　第一次拆解

第一个子问题"全部钢琴调音师一年的总工作时长"可拆解为 3 个子问题，如图 1.5 所示。其中，"芝加哥有多少架钢琴"又可拆解成 2 个子问题，如图 1.6 所示。

通过查询，芝加哥人口大约有 250 万，由于钢琴不是普通家庭能够添置的物件，因此，钢琴的人均拥有比例是较低的，再考量学校等机构拥有的钢琴数量，估算其为 2%。

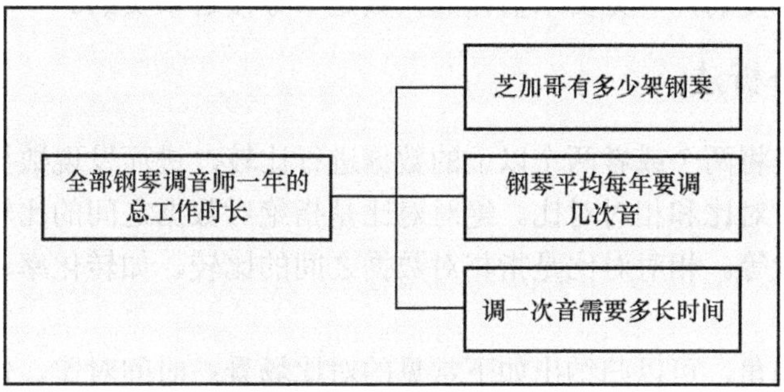

图 1.5 第二次拆解

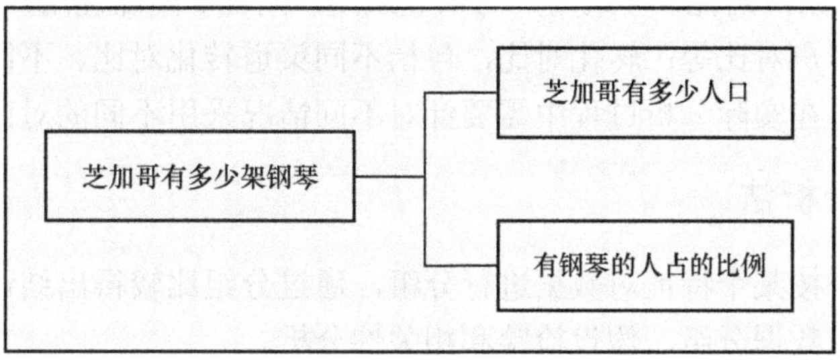

图 1.6 第三次拆解

钢琴平均每年调音的次数估算为一次，调一次音需要的时间估算为 2 小时，如图 1.7 所示。

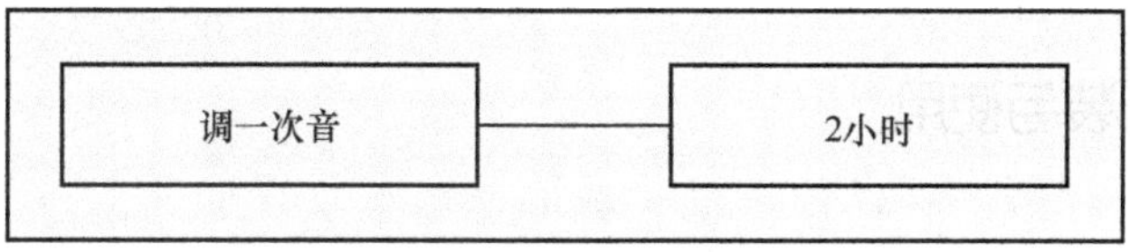

图 1.7 解决子问题

由此可以推算出第一个子问题的答案：全部钢琴调音师一年的总工作时长=250 万×2%×2 小时=10 万小时。接下来回到第二个子问题“一位钢琴调音师每年的工作时间”，如图 1.8 所示。一个人每天工作时长约为 8 小时，一年约 50 个星期，一星期工作 5 天，8×5×50=2000，减去路程上损耗的 20%的时间，一位钢琴调音师每年工作的实际时间是 1600 小时。

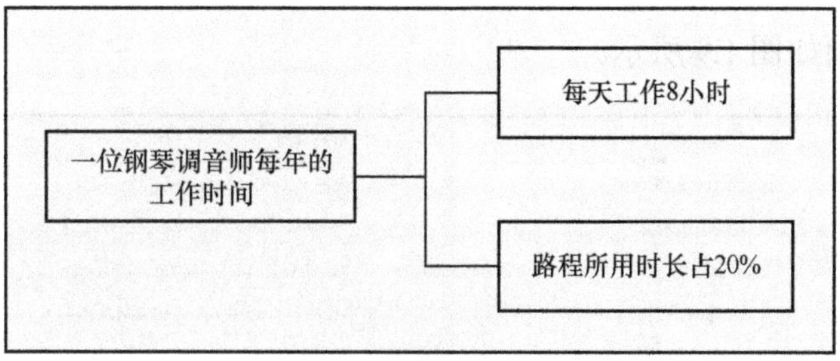

图 1.8 第四次拆解

芝加哥有多少钢琴调音师？最终的结果为 100000÷1600≈63（人）。

在后来的调查中，费米找到了一份芝加哥的钢琴调音师名录，上面记录了 83 名调音师，但是有不少名字是重复的，可见费米估计的人数是十分接近事实的。

1.2.3 对比分析法

对比分析法就是将两个或者两个以上的数据进行比较，进而发现数据之间差异和规律的方法。对比包括绝对对比和相对对比。绝对对比是指绝对数据之间的比较，如用户数、访问量、下单量、注册量等。相对对比是指相对数据之间的比较，如转化率、留存率、沉默率、下单率、注册率等。

从不同的对比视角，可以归纳出如下常见的对比场景：时间对比，包括同比、环比、变化趋势等；空间对比，包括不同城市的对比、不同类别的对比、不同渠道的对比等；用户对比，包括新用户与老用户对比、登录用户与未登录用户对比、高黏性用户与低黏性用户对比、活跃用户与不活跃用户对比等；转化对比，包括不同渠道转化对比、不同类别转化对比、不同活动转化对比等。在实际分析过程中需要针对不同情况采用不同的对比场景。

1.2.4 群组分析法

群组分析法就是按某个特征对数据进行分组，通过分组比较得出结论的方法。群组分析法通常有 3 个步骤：数据分组、假设检验和相关性分析。

以日常生活中的某品牌共享单车用户为例进行群组分析。首先对该品牌共享单车的用户进行分组整合，将用户分为注册用户和未注册用户；然后将注册用户按照注册时间、年龄段等分为相应的组；最后对不同组的用户做对应的数据分析，产生可视化图表。

1.3 Python 的安装与使用

数据分析与可视化通常对数据处理的高效性与简洁性有着很高的要求，那么就需要去选取一款高效、简单的数据处理“工具”。Python 是数据处理的常用语言，可以处理从 KB 级至 TB 级的数据，具有较高的开发效率和可维护性，还具有较强的通用性和跨平台性。

1.3.1 Python 的下载与安装

要做数据分析，首先需要搭建 Python 开发环境，即安装 Python。前往 Python 的官方网站下载安装包，选择与当前计算机操作系统相对应的版本进行下载，本书使用 Python 3.9 版本。Python 下载界面如图 1.9 所示。

Version	Operating System	Description	MD5 Sum	File Size	GPG	Sigstore	
Gzipped source tarball	Source release		fbe3fff11893916ad1756b15c8a48834	26015299	SIG	CRT	SIG
XZ compressed source tarball	Source release		e92356b012ed4d0e09675131d39b1bde	19619508	SIG	CRT	SIG
macOS 64-bit universal2 installer	macOS	for macOS 10.9 and later	eb11b5816b1a37d934070145391eadfe	40883084	SIG	CRT	SIG
Windows embeddable package (32-bit)	Windows		e0dbee095e5963b26b8bf258fd2b9f41	7617241	SIG	CRT	SIG
Windows embeddable package (64-bit)	Windows		923be16c4cef2474b7982d16cea60ddb	8592015	SIG	CRT	SIG
Windows help file	Windows		0cbba41f049c8f496f4fb18d84430d9a	9379210	SIG	CRT	SIG
Windows installer (32-bit)	Windows		10efcd9a8777fe84f9a9c583d074e632	27820784	SIG	CRT	SIG
Windows installer (64-bit)	Windows	Recommended	308a3d095311fbc82e5c696ab4036251	28978512	SIG	CRT	SIG

图 1.9 Python 下载界面

下载好安装包后，双击安装包安装 Python IDLE。需要注意的是，将两个安装选项都勾选，可以自动添加 Python 的 PATH 环境变量，如图 1.10 所示。

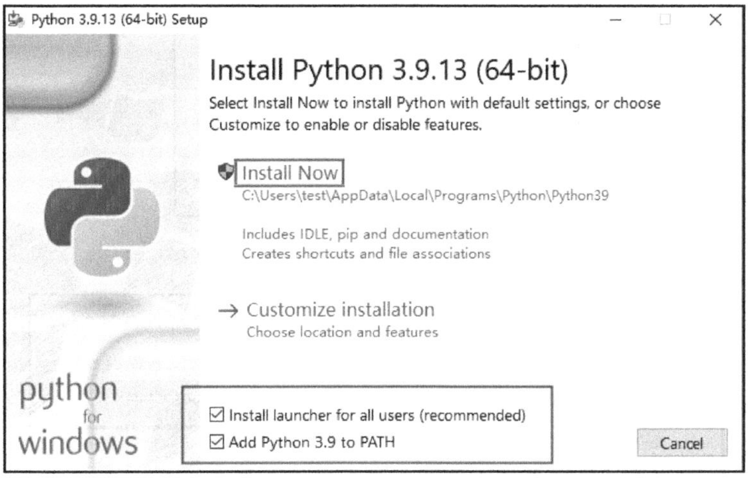

图 1.10　Python 安装界面

单击“Install Now”，等待安装完成即可。

1.3.2　检验安装是否成功

安装完成之后，按键盘上的 win + R 组合键，然后输入“cmd”，单击“确定”按钮，出现 DOS 命令窗口。输入“python”，按 Enter 键，出现图 1.11 所示界面即表示 Python 安装成功。

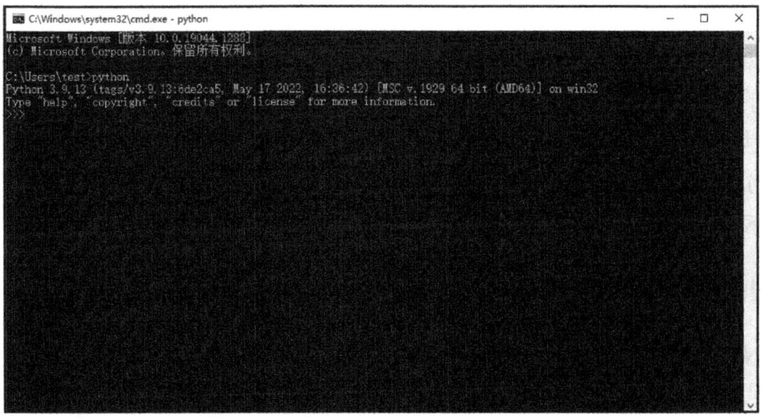

图 1.11　检验 Python 是否安装成功

1.3.3　第一个 Python 程序

成功安装 Python IDLE 之后，在“开始”菜单中找到刚刚安装的 Python 的文件夹，打开之后，如图 1.12 所示。

依次单击 IDLE→File→New File，新建 Python 文件，输入 print('hello world')，再依次单击 Run→Run→Module，将此 Python 文件保存至对应路径（如桌面）。双击该文件运行第一

个 Python 程序，如图 1.13 所示。

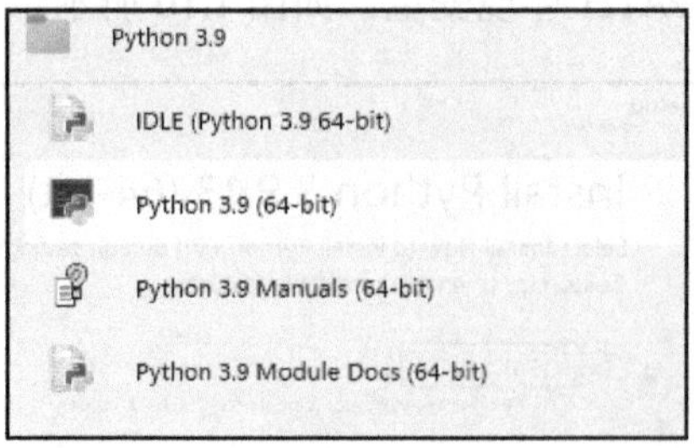

图 1.12　打开 Python 文件夹

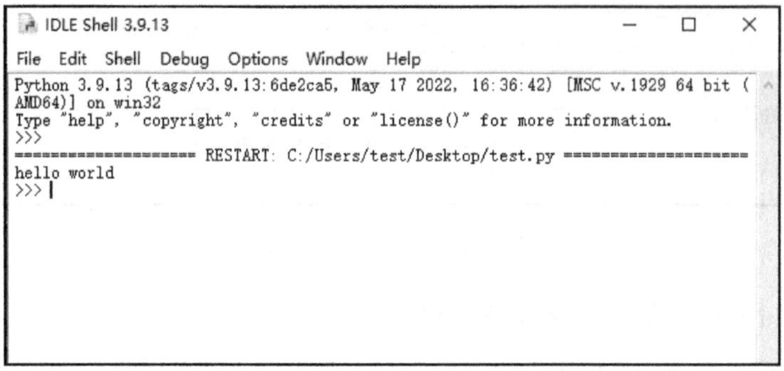

图 1.13　第一个 Python 程序

1.4　数据分析工具库

专业的数据分析师通常使用 Python 语言和 R 语言进行混合编程，使用 MATLAB 进行建模分析和复杂的数学计算。本书主要讲述 Python 在数据分析领域的应用。

Python 作为数据分析领域的主要开发语言，除了具有简单易用的特点，还能够满足快速开发的需求，实现数据在业务逻辑上的快速处理。Python 为开发者提供了很多开源库，其中就包括很多优秀的数据处理开源库，如 NumPy、Matplotlib、Pandas、scikit-learn 等。

1.4.1　NumPy

NumPy（Numerical Python）是 Python 科学计算的基础库，它提供了非常丰富的功能，可以用于线性代数运算、傅里叶变换及随机数生成，还可作为在算法之间传递数据的容器。对于数值型数据，NumPy 数组在存储和处理数据时比 Python 内置的数据结构更高效，并且由其他语言（如 C 语言）编写的库可以直接操作 NumPy 数组中的数据，无须进行数据复制工作。

1.4.2　Matplotlib

Matplotlib 是用于绘制二维图表的 Python 第三方扩展库，使用该库可以绘制直方图、功率图、条形图等常用图表，是数据分析过程中常用的可视化工具库。Matplotlib 提供了一套面向绘图对象编程的应用程序接口（application program interface，API），能够很轻松地实现各种图像的绘制，并且它可以配合 Python GUI 工具（如 PyQt、Tkinter 等）在应用程序中嵌入图形。同时 Matplotlib 支持以脚本的形式嵌入 IPython shell、Jupyter Notebook、Web 应用服务器使用。使用 Matplotlib 绘制的函数图如图 1.14 所示。

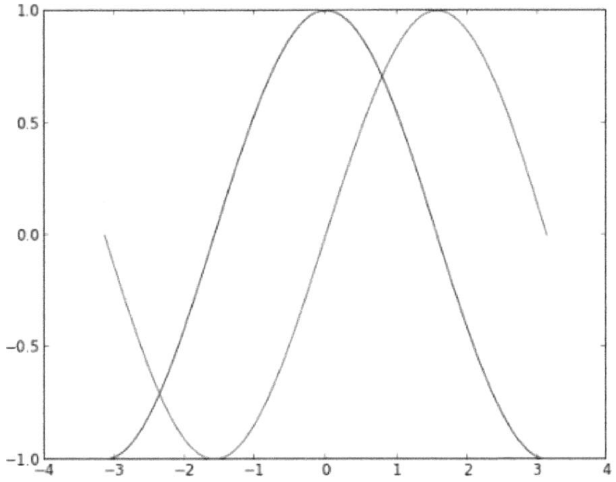

图 1.14 使用 Matplotlib 绘制的函数图

1.4.3 Pandas

Pandas 提供了大量快速处理结构化数据的数据结构与函数，它是使 Python 成为强大而有效的数据分析工具的重要因素之一。Pandas 是一个开放源代码、BSD 许可的库，提供高性能、易于使用的数据结构和数据分析工具。Pandas 这个名字源自术语“panel data”（即面板数据）和“Python data analysis”（即 Python 数据分析），其基础是 NumPy（提供高性能的矩阵运算）。Pandas 可以导入如 CSV、JSON、SQL、Excel 等各种文件格式的数据，并可以对各种数据进行运算操作，如归并、再成形、选择等，还可以进行数据清洗和数据加工。所以 Pandas 被广泛应用于学术、金融、统计学等各个数据分析领域。

1.4.4 scikit-learn

scikit-learn（简称 sklearn）是用于机器学习的 Python 第三方扩展库，该库可以用于数据分析过程中的数据建模环节。scikit-learn 包含多种数据源，可供开发者快捷调用。它是一种简单、高效的数据挖掘和数据分析工具，其开放源代码可在各种环境中重复利用。

1.5 Anaconda——最受欢迎的开源 Python 分发平台

Anaconda 可以便捷获取包且能够对包进行管理，同时可以对环境进行统一管理。

1.5.1 初识 Anaconda

Anaconda 是一个开源的 Python 发行版本，可以看作 Python 的包管理工具，类似于 pip。Anaconda 包含 conda、Python 等（180 多个）科学包及其依赖项，由于包含的科学包较多，因此所占的存储空间较大。1.4 节所提到的 Python 库都包含在 Anaconda 中，所以我们选取

Anaconda 作为数据分析的主要工具。

1.5.2 Anaconda 的安装与使用

1. 下载与安装

在浏览器中打开 Anaconda 的官方网站，进入 Anaconda 的下载首页，单击“Download”按钮下载 Anaconda。

下载完成后，找到下载的 Anaconda3-2022.05-Windows-x86_64.exe 文件，双击安装，出现安装界面，如图 1.15 所示。

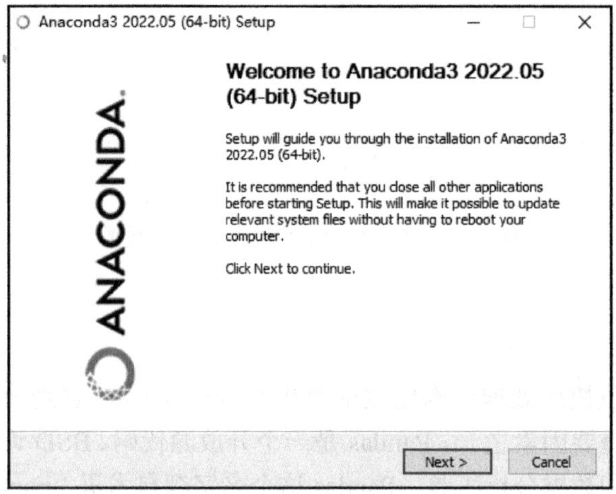

图 1.15 Anaconda 安装界面

单击“Next”按钮→单击“I Agree”按钮→选中“All Users”单选按钮→选择安装路径→单击“Next”按钮，同时勾选两个复选框，如图 1.16 所示。单击“Install”按钮，出现进度条，等待安装完成，如图 1.17 所示。安装完成的界面如图 1.18 所示，此时单击“Next”按钮即可完成安装。

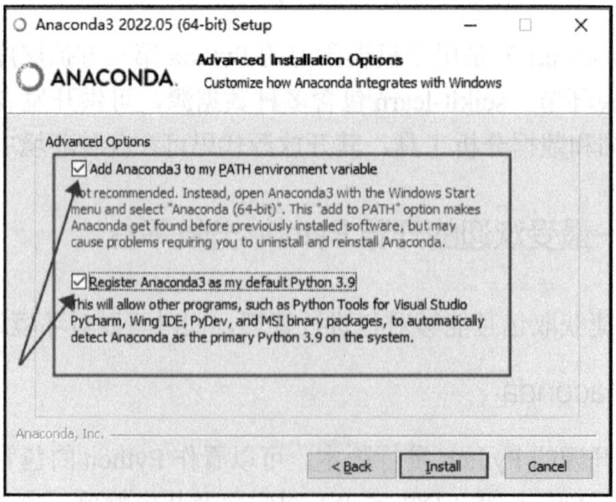

图 1.16 勾选两个复选框

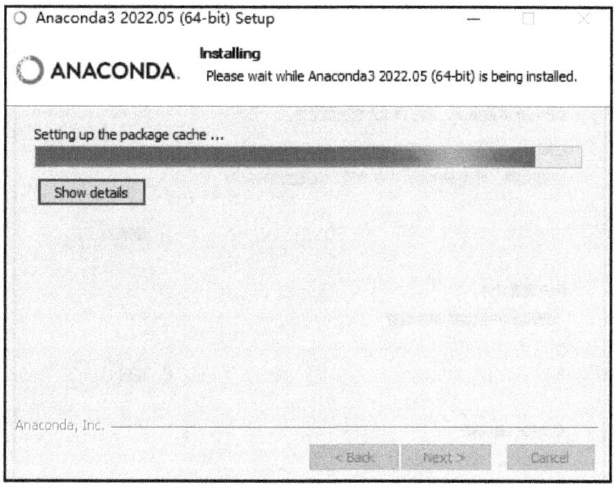

图 1.17　等待安装完成

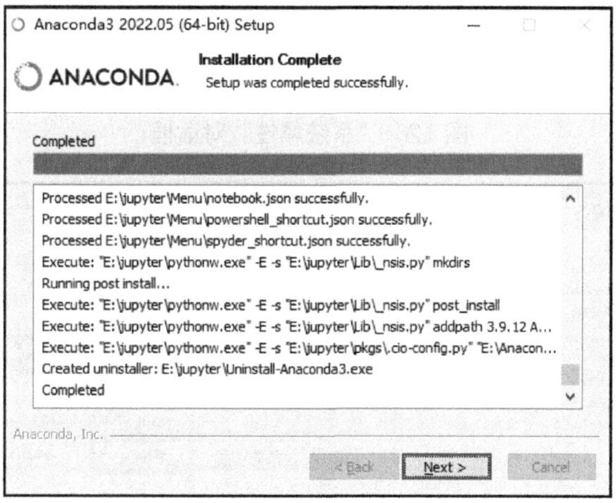

图 1.18　Anaconda 安装完成

2. 配置环境变量

安装完成后需要配置环境变量。用鼠标右键单击桌面上的“此电脑”图标，依次单击“属性”→“高级系统设置”，如图 1.19 所示。弹出图 1.20 所示的“系统属性”对话框，在“高级”标签页中单击“环境变量”按钮。在图 1.21 所示列表框中选择“Path”变量，单击“编辑”按钮，进入如图 1.22 所示的“编辑环境变量”对话框，单击“新建”按钮，按照图示添加对应路径到环境变量中。

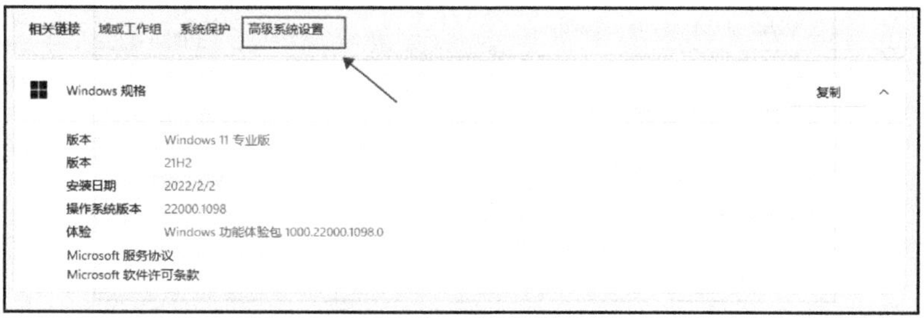

图 1.19　配置环境变量

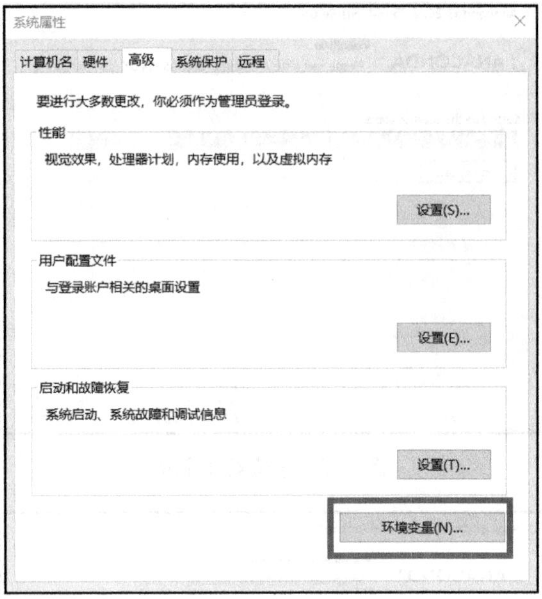

图 1.20 “系统属性”对话框

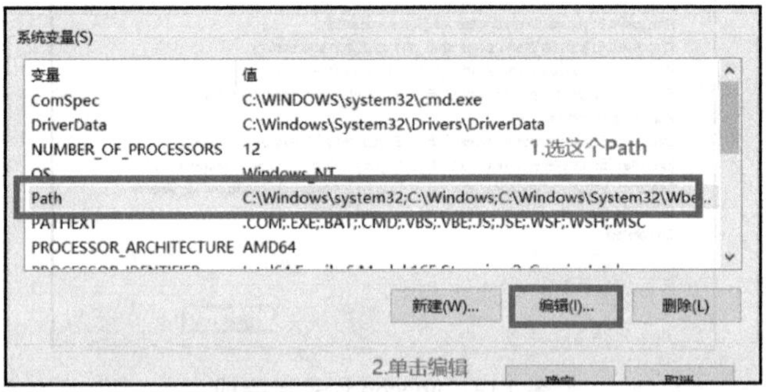

图 1.21 选择“Path”变量

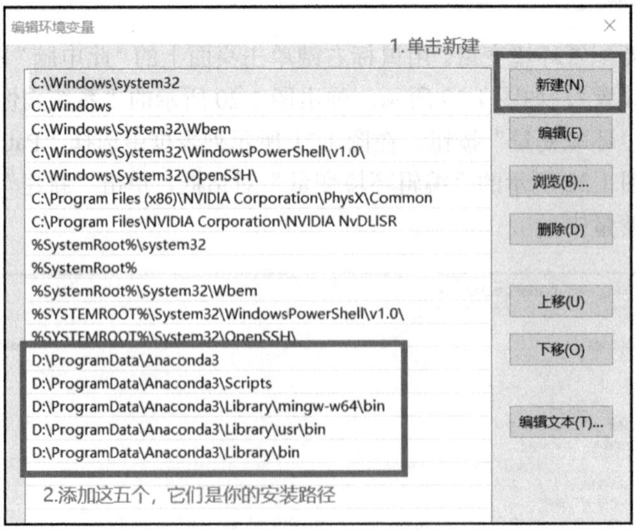

图 1.22 “编辑环境变量”对话框

3. 启动 Jupyter Notebook

我们可以在 DOS 命令窗口中输入“Jupyter Notebook”命令，启动 Jupyter Notebook 应用，执行结果如图 1.23 所示。

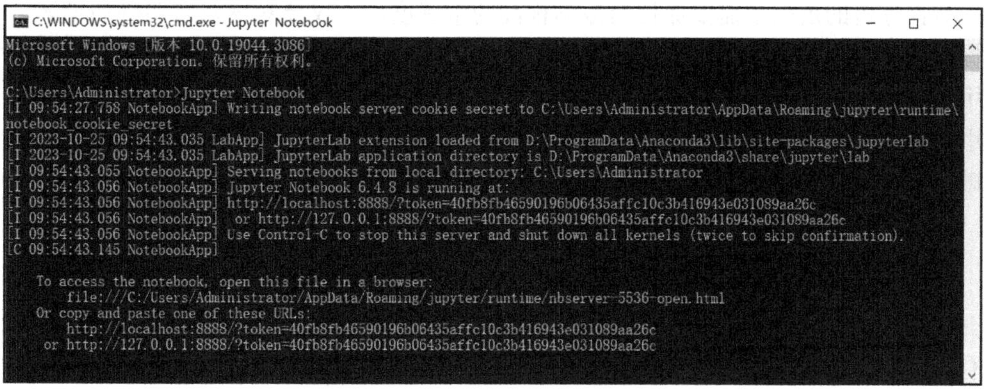

图 1.23　启动 Jupyter Notebook

启动成功之后自动跳转到默认浏览器，如图 1.24 所示。

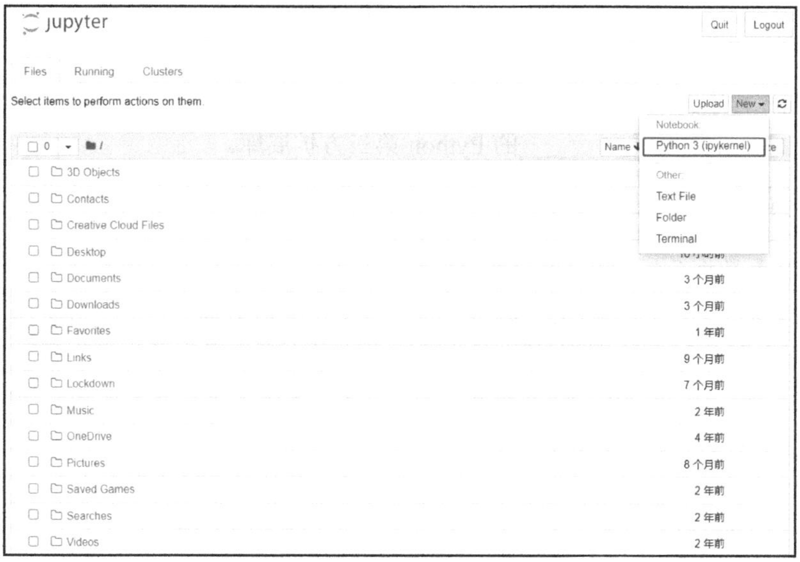

图 1.24　Jupyter Notebook 的开始界面

单击“New”按钮，在弹出的下拉列表中选择“Python 3(ipykernel)”，创建第一个案例。如图 1.25 所示，输入 print(‘hello, 数据分析!’)，单击“运行”按钮输出结果。

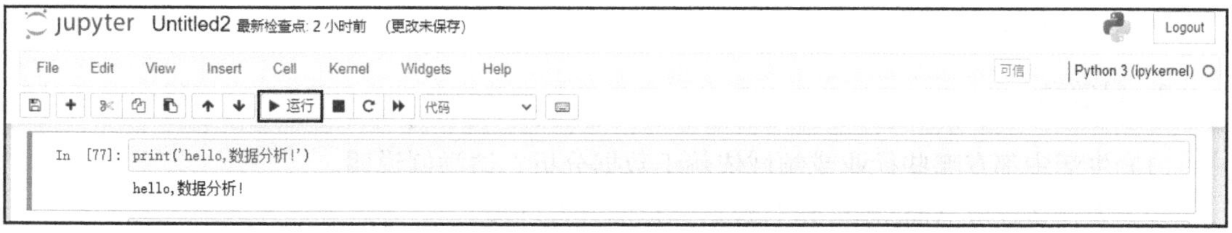

图 1.25　创建第一个案例

1.6 本章小结

大数据时代的到来促进了数据分析行业的发展，本章为读者介绍数据分析的基础知识。在进行数据分析的过程中需要保持对数据极高的敏感度，不仅要对需求有明确的见解，还需要掌握数据获取、数据处理等方面的有效技能，以及一些专业的分析方法。此外，还需要熟练使用在数据分析过程中可能用到的开发工具。本章主要介绍了数据分析在日常生活中的一些应用场景，以及在数据分析过程中会经常用到的一些工具、方法等；这些是进行数据分析的基础，希望读者勤加练习，早日成为一名优秀的数据分析师。

1.7 习题

1．填空题

（1）Python 是一种面向________的语言。

（2）数据分析具体流程包括________、________、________、________、________、________。

（3）数据分析中常用的库包括________、________、________、________。

（4）Python 程序的默认扩展名是________。

（5）scikit-learn 是用于________的 Python 第三方扩展库。

2．选择题

（1）【多选】数据分析的数据源可以是（　　）。

A．网络数据　　B．历史数据　　C．实时数据　　D．直接数据

（2）下列不属于 Python 应用领域的是（　　）。

A．Web 开发　　B．爬虫开发　　C．科学计算　　D．操作系统管理

（3）Anaconda 的特点不包括（　　）。

A．开源　　B．所占存储空间大

C．包含多个依赖包　　D．操作系统管理

（4）【多选】Pandas 的优点有（　　）。

A．提供了快速处理结构化数据的大量数据结构与函数

B．它是一个开放源代码、BSD 许可的库

C．Pandas 可以从各种格式文件导入数据

D．Pandas 易于安装

3．简答题

（1）生活中都有哪些行业或领域依赖于数据分析？请举例说明。

（2）为什么选取 Anaconda 作为数据分析的开发环境？

第2章 数据集的获取与存储

数据集的读取与存储

本章学习目标

- 了解数据集的常见格式。
- 掌握不同格式数据集的存储与读取方法。
- 掌握 Python 连接数据库的方法及基本操作。

数据分析所依赖的是大量的数据。在确定数据分析的方向和需要解决的问题之后，我们就需要确定数据的分析范围。而要想做好数据分析，我们就要对所分析的行业有更深入的了解。数据分析的核心就是数据的来源。本章将向读者介绍数据获取的途径，以及怎样存储这些数据。

2.1 数据获取

数据分析师在明确了分析目标之后，首先需要做的就是获取数据，也叫作数据采集。获取数据的方式有很多。数据的来源通常分为两类，即内部数据和外部数据，其中，内部数据就是在企业内部流通的数据，如财务数据、销售数据等。

2.1.1 内部数据的获取方法

内部数据通常来自数据埋点或数据统计平台。数据埋点是开启数据分析的第一步，例如，在 App 端设置自定义事件，就是通过数据埋点的方式，实现对用户行为的追踪，记录行为发生的具体细节。通常情况下，数据埋点用于对一些关键节点、关键按钮事件进行监测，如关键路径的转化率。数据统计平台通常支持数据的直接导出，这些数据通常是企业内部使用一些检测方法采集到的。

2.1.2 外部数据的获取方法

外部数据可以来自数据购买、开源数据下载、问卷调查及开源数据爬取等。政府官方网站和国家数据平台都是获取数据的重要渠道，例如，在国家统计局官方网站可以查找到年度、季度、月度涵盖财政、就业、农业、旅游业等各个方面的数据，同时可以进行年度数据纵向比对。问卷调查是向目标调查对象发放问卷等并获得反馈数据的数据获取方式，也是现在媒体常用的一种数据获取方式。

2.2 数据存储格式

在确定了目标数据之后，数据分析师就需要将数据以特定的文件类型存储起来。毕竟，恰当的文件类型会提高数据分析师的分析效率。常见的数据存储文件类型有 CSV 格式、Excel 格式、HTML 格式、JSON 格式和二进制格式等，数据分析师需要掌握这些文件类型的存储与读取方式。本节以现有的共享单车数据集（bicycle.csv）进行相关的读写操作演示。

2.2.1 CSV 格式与 Excel 格式

CSV 文件和 Excel 文件是数据处理中常见的两种文件类型。我们还发现，无论从何种渠道获取数据，这些数据大多以 CSV 格式或者 Excel 格式存储在文件中。Python 拥有强大的第三方库，可以与 CSV、Excel 等文件进行交互。

1. CSV 格式

逗号分隔值（comma-separated values，CSV）格式以纯文本形式存储表格数据，其文件内容包括数字和文本。CSV 文件由任意条记录组成，记录间以某种换行符分隔；每条记录由字段值组成，字段值间的分隔符可以是其他字符或字符串，最常见的是逗号或制表符。通常，所有记录都有完全相同的字段序列，且都是纯文本。CSV 文件如图 2.1 所示。

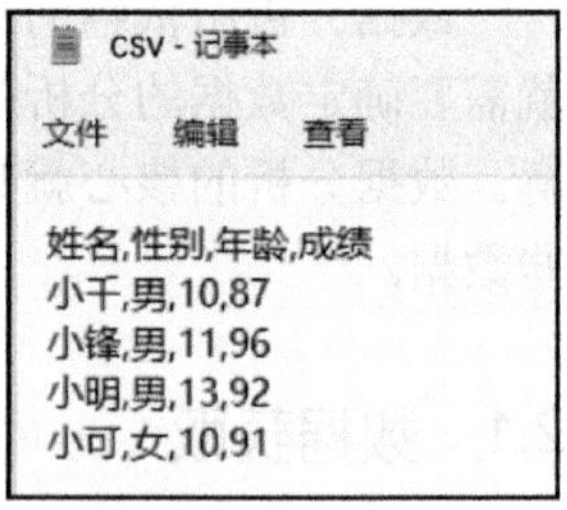

图 2.1 CSV 文件

在获得数据集之后，需要使用 Python 读取这些数据。第 1 章提到了一些 Python 的第三方库，在读取、处理这些数据时就需要用到这些第三方库，如 NumPy、Pandas 等。

（1）NumPy 读取 CSV 文件

NumPy 提供了 loadtxt()函数来读取 CSV 文件，其语法格式如下。

```
loadtxt(fname, dtype=float, comments='#', delimiter=None,converters=None, skiprows=0,
usecols=None, unpack=False,ndmin=0, encoding='bytes', max_rows=None)
```

loadtxt()函数提供了众多参数，主要参数说明如表 2.1 所示。

表 2.1 loadtxt()函数的主要参数说明

参数	说明
fname	要读取的文件、文件名或生成器
dtype	数据类型，默认类型为 float
delimiter	分隔符
skiprows	跳过某几行读取，默认值为 0，必须是整型数据
usecols	读取的列数，0 是第 1 列
ndmin	指定生成数组的维度
encoding	编码格式

例 2-1 有关 loadtxt()函数操作的具体代码如下。

```
import numpy as np
filepath = 'E:\\bike-sharing-demand\\train.csv'
t1 = np.loadtxt(filepath,dtype=np.int,delimiter=',',skiprows=1,usecols=(1,2,3,4,5))
print(t1)
```

运行结果如下。

```
array([[ 1,  0,  0,  1,  9],
       [ 1,  0,  0,  1,  9],
       [ 1,  0,  0,  1,  9],
       ...,
       [ 4,  0,  1,  1, 13],
       [ 4,  0,  1,  1, 13],
       [ 4,  0,  1,  1, 13]])
```

（2）NumPy 存储 CSV 文件

NumPy 提供了 savetxt()函数将数组存储到 CSV 文件中，其语法格式如下。

```
numpy.savetxt(fname,X,fmt='%.18e',delimiter='',newline='\n',header='',footer='',
comments='#',encoding=None)
```

savetxt()函数的部分参数说明如表 2.2 所示。

表 2.2　　savetxt()函数的部分参数说明

参数	说明
fname	文件名或文件句柄。如果文件扩展名为.gz，文件将自动以 Gzip 压缩格式保存
X	一维或二维数组，即要保存到文本文件的数据
header	将在文件开头写入的字符串
encoding	编码格式

例 2-2　有关 savetxt()函数操作的具体代码如下。

```
np.savetxt( "train.csv", a, delimiter="," )
```

（3）Pandas 读取 CSV 文件

除了 NumPy，Python 的另一个强大的第三方库 Pandas 也可以对 CSV 文件进行操作。通常 Pandas 是操作文件和处理数据时经常会被用到的第三方库。

Pandas 使用 read_csv()函数来读取 CSV 文件，相应的 to_csv()函数能够将 DataFrame（数据框）数据存储到 CSV 文件中。

read_csv()函数的语法格式如下。

```
pandas.read_csv(filepath_or_buffer, sep=',', delimiter=None, header='infer', names=
None, index_col=None, usecols=None, squeeze=False, prefix=None, mangle_dupe_cols=True,
dtype=None, engine=None, converters=None, true_values=None, false_values=None,
skipinitialspace=False, skiprows=None, skipfooter=0, nrows=None, na_values=None,
keep_default_na=True, na_filter=True, verbose=False, skip_blank_lines=True, parse_
dates=False, infer_datetime_format=False, keep_date_col=False, date_parser=None,
dayfirst=False, cache_dates=True, iterator=False, chunksize=None, compression='infer',
thousands=None, decimal='.', lineterminator=None, quotechar='"', quoting=0, doublequote=
True, escapechar=None, comment=None, encoding=None, dialect=None, error_bad_lines=
True, warn_bad_lines=True, delim_whitespace=False, low_memory=True, memory_map=
False, float_precision=None, storage_options=None)
```

由于 read_csv()函数参数众多，本书就不逐一讲解了。其部分参数说明如表 2.3 所示。

表 2.3　　read_csv()函数的部分参数说明

参数	说明
filepath_or_buffer	路径，string 类型
sep	分隔符，默认值为“,”
header	接收整型数据，或者整型数据列表，表示将某行数据作为列索引，其默认值为 infer，表示自动识别
names	列索引，数组类型数据，默认值为 None
index_col	将列数据用作行索引，如果给定一个序列，则使用多层索引
dtype	接收字典类型数据，代表写入的数据类型，默认值为 None
engine	C 或者 Python，代表数据解析引擎，默认值为 C
nrows	接收整型数据，表示读取前 *n* 行，默认值为 None
encoding	编码格式

例 2-3　Pandas 读取 CSV 文件的具体代码如下。

```
import pandas as pd
info = pd.read_csv('E:\\bike-sharing-demand\\train.csv')
info
```

运行结果如图 2.2 所示。

	datetime	season	holiday	workingday	weather	temp	atemp	humidity	windspeed	casual	registered	count
0	2011-01-01 00:00:00	1	0	0	1	9.84	14.395	81	0.0000	3	13	16
1	2011-01-01 01:00:00	1	0	0	1	9.02	13.635	80	0.0000	8	32	40
2	2011-01-01 02:00:00	1	0	0	1	9.02	13.635	80	0.0000	5	27	32
3	2011-01-01 03:00:00	1	0	0	1	9.84	14.395	75	0.0000	3	10	13
4	2011-01-01 04:00:00	1	0	0	1	9.84	14.395	75	0.0000	0	1	1
5	2011-01-01 05:00:00	1	0	0	2	9.84	12.880	75	6.0032	0	1	1
6	2011-01-01 06:00:00	1	0	0	1	9.02	13.635	80	0.0000	2	0	2
7	2011-01-01 07:00:00	1	0	0	1	8.20	12.880	86	0.0000	1	2	3
8	2011-01-01 08:00:00	1	0	0	1	9.84	14.395	75	0.0000	1	7	8
9	2011-01-01 09:00:00	1	0	0	1	13.12	17.425	76	0.0000	8	6	14

图 2.2　读取 CSV 文件

（4）Pandas 存储 CSV 文件

类似于 NumPy，Pandas 提供了 to_csv()函数将数据存储到 CSV 文件中，其语法格式如下。

```
DataFrame.to_csv(path_or_buf=None, sep=',', na_rep='', float_format=None, columns=
None, header=True, index=True, index_label=None, mode='w', encoding=None, compression=
'infer', quoting=None, quotechar='"', line_terminator=None, chunksize=None, date_
format=None, doublequote=True, escapechar=None, decimal='.', errors='strict')
```

to_csv()函数部分参数说明如表 2.4 所示。

表 2.4　　to_csv()函数的部分参数说明

参数	说明
path_or_buf	字符串或文件目录，文件路径或对象。如果未提供，结果将作为字符串返回
sep	分隔符，默认值为“,”

续表

参数	说明
na_rep	缺失数据填充
float_format	保留几位小数
columns	要写入的字段
header	列索引的别名
index	行索引
index_label	索引列的列索引。如果没有给出，并且 header 和 index 为 True，则使用 header
mode	写入模式，默认模式为 w

2. Excel 格式

Excel 是微软公司为使用 Windows 和 Apple Macintosh 操作系统的计算机编写的一款电子表格软件。直观的界面、出色的计算功能和图表工具，加上成功的市场营销，使 Excel 成为流行的个人计算机数据处理软件。Excel 文件如图 2.3 所示。

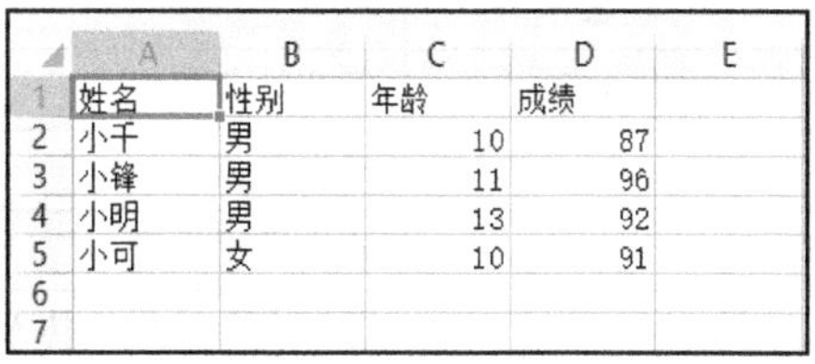

	A	B	C	D	E
1	姓名	性别	年龄	成绩	
2	小千	男	10	87	
3	小锋	男	11	96	
4	小明	男	13	92	
5	小可	女	10	91	
6					
7					

图 2.3　Excel 文件

同样，Python 的第三方库如 Pandas 也提供了一些操作 Excel 表格的函数。我们可以通过这些第三方库来根据实际需要处理数据。

（1）Pandas 读取 Excel 文件

Pandas 提供了 pandas.read_excel()函数来读取 Excel 文件，其语法格式如下。

```
pandas.read_excel(io,sheet_name=0,header=0,names=None,index_col=None,usecols=None,
squeeze=False,dtype=None,engine=None,converters=None,true_values=None,false_values=
None,skiprows=None,nrows=None,na_values=None,keep_default_na=True,verbose=False,
parse_dates=False,date_parser=None,thousands=None,comment=None,skipfooter=0,
convert_float=True,mangle_dupe_cols=True,**kwds)
```

read_excel()函数提供的参数非常多，本书不逐一讲解，部分参数说明如表 2.5 所示。

表 2.5　read_excel()函数的部分参数说明

参数	说明
io	文件路径
sheet_name	指定工作簿的第几个工作表，默认是第一个，可以传递整数，也可以传递工作表的名称
header	是否需要将数据集的第 1 行用作表头，默认使用
names	如果原数据集中没有变量，则可以通过该参数在数据读取时给数据框添加具体的表头
index_col	指定哪些列用作数据框的行索引（标签）
converters	通过字典的形式，指定哪些列需要转换成什么形式
skiprows	指定需要跳过原数据集中的起始行数
skipfooter	指定需要跳过原数据集中的末尾行数
convert_float	默认将所有的数值型变量转换为浮点型变量

例 2-4 有关 read_excel()函数操作的具体代码如下。

```
import pandas as pd
info = pd.read_excel('E:\\千锋\\excel.xlsx')
info
```

运行结果如图 2.4 所示。

	姓名	性别	年龄	成绩
0	小千	男	10	87
1	小锋	男	11	96
2	小明	男	13	92
3	小可	女	10	91

图 2.4 读取 Excel 文件

（2）Pandas 存储 Excel 文件

Pandas 同样支持 Excel 文件的存储，读者可以使用 to_excel()函数将数据存储到 Excel 文件中，其语法格式如下。

```
DataFrame.to_excel(excel_writer, sheet_name='Sheet1', na_rep='', float_format=
None, columns=None, header=True, index=True, index_label=None, startrow=0, startcol=0,
engine=None, merge_cells=True,encoding=None, inf_rep='inf', verbose=True, freeze_
panes=None)
```

由于 to_excel()函数的参数过多，这里仅讲解部分参数，如表 2.6 所示。

表 2.6 to_excel()函数的部分参数说明

参数	说明
excel_writer	保存的位置
sheet_name	指定工作表
na_rep	缺失数据填充
columns	选择存入的列，传入 list
header	指定作为列索引的行，默认值为 True，表示第 1 行
index	默认值为 True，当为 False 时不加索引
index_label	索引列的列索引
startrow	保存的数据框从目标文件的第几行开始
startcol	保存的数据框从目标文件的第几列开始
freeze_panes	传入元组，(1,1)表示冻结第 1 行第 1 列

例 2-5 保存读出的 info 数据，具体代码如下。

```
info_excel = info.to_excel('E:\\1000phone\\excel_test.xlsx')
```

运行结果如图 2.5 所示。

	A	B	C	D	E
1		姓名	性别	年龄	成绩
2	0	小千	男	10	87
3	1	小锋	男	11	96
4	2	小明	男	13	92
5	3	小可	女	10	91
6					

图 2.5 存储 Excel 文件

2.2.2 HTML 格式与 JSON 格式

超文本标记语言（hypertext markup language，HTML）格式包括一系列标签，通过这些标签可以将网络上的文档格式统一，使分散的 Internet 资源成为一个逻辑整体。HTML 文件是由 HTML 命令组成的描述性文本，HTML 命令可以描述文字、图形、动画、声音、表格、链接等。

超文本是一种组织信息的方式，它通过超链接方法将文本中的文字、图表与其他媒体信息相关联。这些相互关联的信息可能在同一文本中，也可能在不同文本中，甚至在相距遥远的不同计算机上的文件中。超文本将分布在不同位置的信息资源用随机方式进行连接，为人们查找、检索信息提供方便。

JavaScript 对象表示法（JavaScript object notation，JSON）格式以.json 为文件扩展名，其中的数据以键值对表示，就像传统的 JavaScript 对象一样。不过，JSON 和 JavaScript 对象并不完全相同，核心区别在于 JSON 中的键必须用双引号括起来，除 number 和 null 之外的值也必须用双引号括起来。

以上两种文件格式都是在做数据分析时会遇到的网页格式，读者需要掌握这两种格式的基本操作。

1. HTML 格式

HTML 格式的文件，其内容是用前端代码书写的“标签+文本数据”，可以直接在浏览器中打开，清楚地展示出文本。

当获得的数据以网页的形式下载到本地时，如新闻资讯、贴吧信息等，我们无法以一种快捷的方式将有用的信息提取出来，此时，就可以使用 Python 去读取这些 HTML 格式的文件。

例 2-6　Python 提供了第三方模块去读取 HTML 格式的文件，具体代码如下。

```
import os
file_path = './data'
file_names = os.listdir(file_path)  # 获取文件路径
i = 1
with open(os.path.join(file_path, file_names[i]), 'r', encoding='utf-8') as f:
    txt = f.read()  # 阅读整个 HTML 文件
from html2text import html2text  # 使用 html2text 整理读取到的数据
html2text(txt)
```

读取的部分数据如下。

'\ufeff\n\n# 深度 | 翼装飞行是玩命？拒绝冒险，专业比赛都要“看天吃饭”\n\n###\n 翼装飞行其实最早是从高空跳伞运动中产生的，一些爱好者希望实现人类自由飞翔而开始穿着翼装，然后才逐渐出现低空翼装飞行这样更加刺激的飞行形式。“根据方泽体育的介绍，翼装飞行之所以危险性高，主要源于两个原因：一是飞行速度快；二是起跳方式和飞行环境的特殊。\n\n## 极限运动，反而最不能冒风险\n\n###\n 值得一提的是，对于高空翼装跳伞，全球有相关的培训中心和机构认证，经过培训合格的人才可以拿到证书。而低空翼装飞行没有被大范围推广，并不存在相关的资格认证，那么作为赛事方，如何来评定参赛者的准入资格呢？

2. JSON 格式

JSON 格式是网站和 API 使用的通用标准格式，现在主流的一些数据库（如 PostgreSQL）都支持 JSON 格式，具体代码如下。

```
{
"stu1": {"name":"张三","age": 18,"sex":"男"}
"stu2": {"name":"李四","age": 2,"sex":"女"}
}
```

Python 提供了两种方法来读取和写入 JSON 格式的文件，分别是 load 方式和 dump 方式。其语法格式如下。

```
    json.loads(s, encoding=None, cls=None, object_hook=None, parse_float=None, parse_int=None, parse_constant=None, object_pairs_hook=None, **kw)
    json.dumps(obj, skipkeys=False, ensure_ascii=True, check_circular=True, allow_nan=True, cls=None, indent=None, separators=None, encoding="utf-8", default=None, sort_keys=False, **kw)
```

上述语法格式中的 loads()方法也可以用 load()方法，这两个方法都是将 JSON 格式的数据转换成 Python 对象，load()方法是对文件进行操作，loads()方法是对字符串进行操作。语法格式中的 dumps()方法也可以用 dump()方法，这两个方法都是将 Python 对象进行 JSON 格式的编码，两者区别在于：dump()方法没有返回值，直接将内容写入文件；dumps()方法有返回值，返回值为字符串类型的数据。若写入文件，则需要用 write()函数写入。

例 2-7 读取 JSON 文件的具体代码如下。

```
with open('E:\\千锋\\JSON.JSON','r',encoding='utf8') as fp:
   json_data = json.load(fp)
   print('这是文件中的 JSON 数据: ',json_data)
```

运行结果如下。

```
这是文件中的 JSON 数据: {'name': '小明', 'age': 19}
```

例 2-8 写入 JSON 文件的具体代码如下。

```
import json
x = {'name':'小明','age':19}
filename = 'E:\\千锋\\JSON.JSON'
with open(filename,'w') as f:
    json.dump(x,f)
with open('E:\\千锋\\JSON.JSON','r',encoding='utf8') as fp:
    json_data = json.load(fp)
print('新写入的 JSON 数据: ',json_data)
```

运行结果如下。

```
新写入的 JSON 数据: {'name': '小明', 'age': 19}
```

2.2.3 二进制格式

二进制格式的文件中存储的是用 ASCII 码及扩展 ASCII 码编写的数据或程序指令。计算机文件基本上分为两种：二进制文件和 ASCII 文件。图形格式文件处理程序及文字处理程序等计算机程序都属于二进制文件，这些文件含有特殊的格式及计算机代码。ASCII 文件则是可以用任何文字处理程序阅读的简单文本文件。

虽然 Python 提供了对二进制文件的操作方法，但是使用 Python 语言操作二进制文件远比使用 C 语言操作二进制文件复杂得多。由于二进制格式在数据分析、挖掘中不常用到，因此本书只做简单介绍。

2.3 数据库

在数据分析过程中，除了直接操作数据文件本身，也要经常使用数据库去处理数据。当数据量较为庞大时，文本文件、表格文件等都不易处理，就需要用到数据库。数据库将大量的数据存储起来，通过计算机加工成可以高效访问的数据集。在当今的互联网中，最常见的数据库模型主要为两种，即关系数据库和非关系数据库。不同的数据库是按不同的数据结构来联系和组织的。

本书以 MySQL 数据库为例讲解数据库操作。MySQL 是一个关系数据库管理系统，由瑞典 MySQL AB 公司开发，属于 Oracle 旗下产品。关系数据库将数据保存在不同的表中，而不是将所有数据放在一个大仓库内，这样就提高了速度和灵活性。MySQL 所使用的结构化查询语言（structured query language，SQL）是用于访问数据库的最常用标准化语言。本节将对数据库的安装、使用以及详细操作做详细讲解。

2.3.1　建立数据库及数据表

MySQL 软件采用了双授权机制，分为社区版和商业版。由于其体积小、速度快、总体拥有成本低，尤其是开放源码等特点，一般小、中型和大型网站的开发都选择 MySQL 数据库作为网站数据库。

1. 下载 MySQL 安装包

进入 MySQL 官方网站，单击“DOWNLOADS”，如图 2.6 所示。

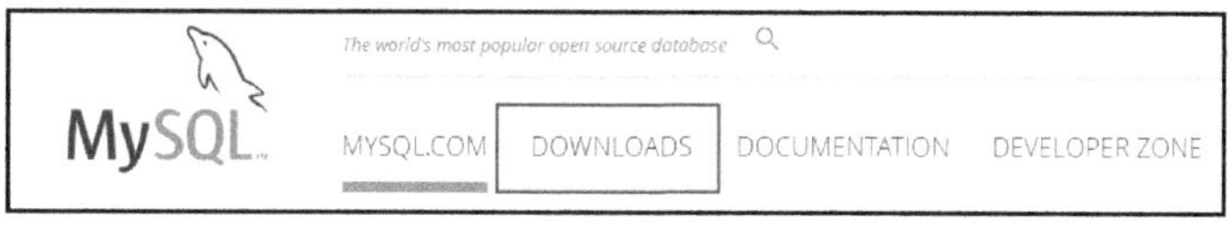

图 2.6　单击“DOWNLOADS”

单击“MySQL Community (GPL) Downloads”，如图 2.7 所示。

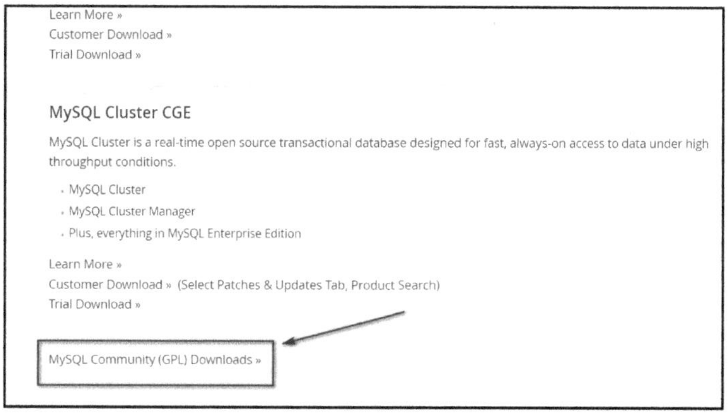

图 2.7　单击“MySQL Community (GPL) Downloads”

由于本书讲解使用 Windows 操作系统，故在选择安装版本时找到的是适用于 Windows 的版本。读者可以根据自己的操作系统选择相应的安装版本。单击“MySQL Installer for Windows”，如图 2.8 所示。

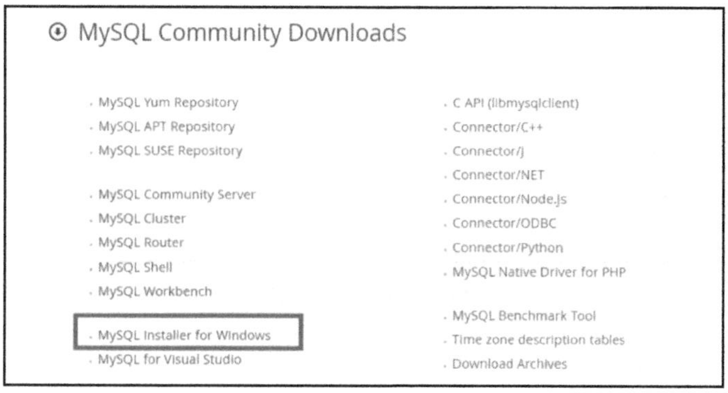

图 2.8　选择版本

单击“Download”按钮下载即可，如图 2.9 所示。

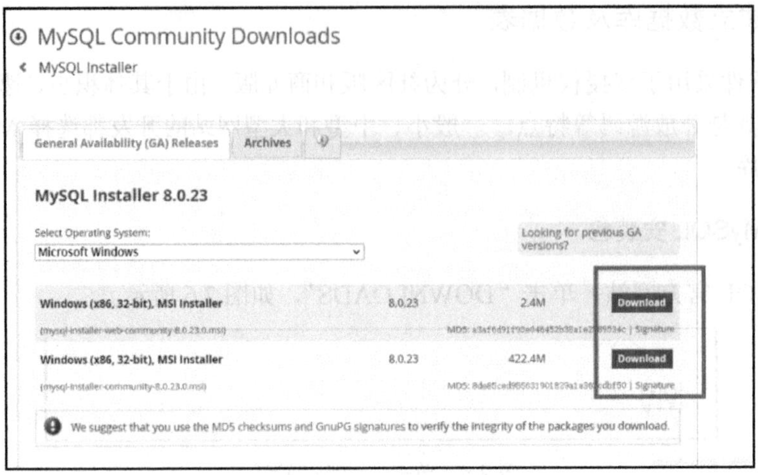

图 2.9　安装包下载

2．安装 MySQL 数据库管理系统

双击下载好的安装包，在图 2.10 所示窗口中选中“Server only”单选按钮，单击“Next”按钮。弹出图 2.11 所示窗口，单击“Execute”按钮进入图 2.12 所示窗口，单击“Next”按钮。

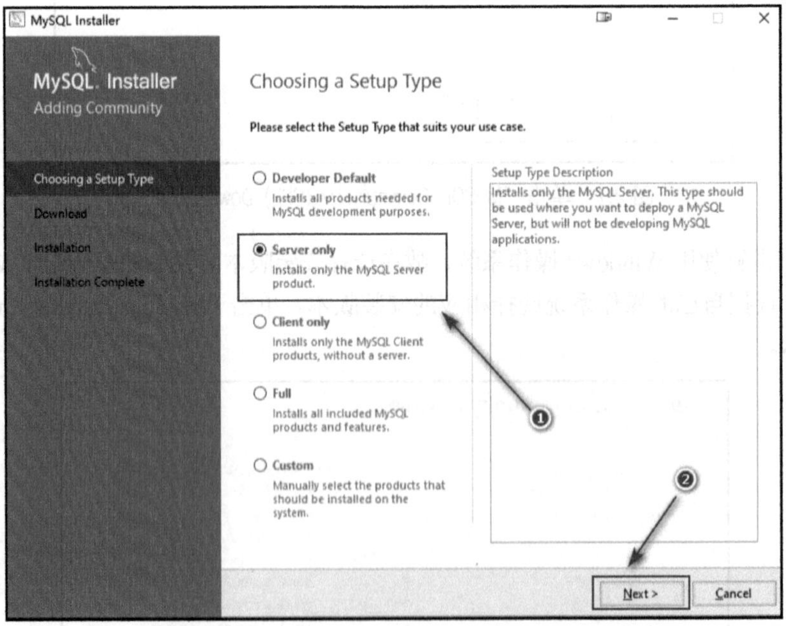

图 2.10　选中“Server only”单选按钮

进行选项配置，如图 2.13 所示。

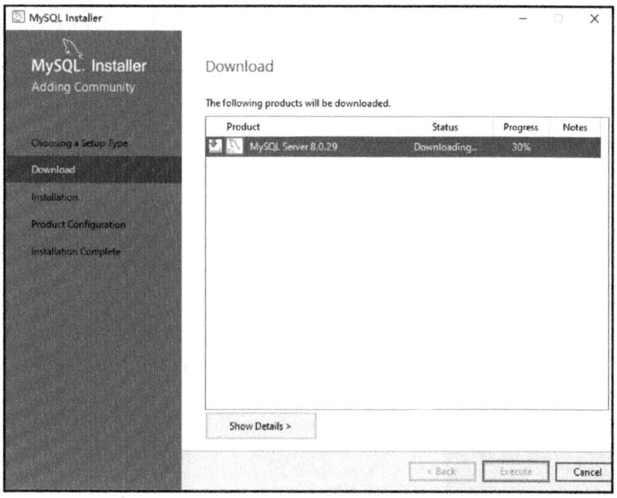

图 2.11　单击“Execute”按钮

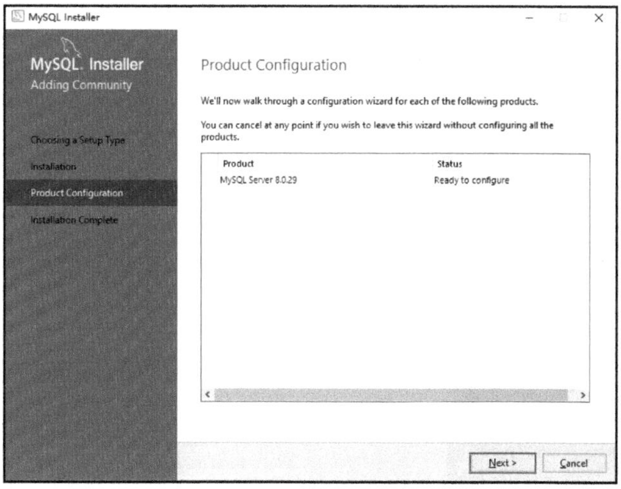

图 2.12　单击“Next”按钮

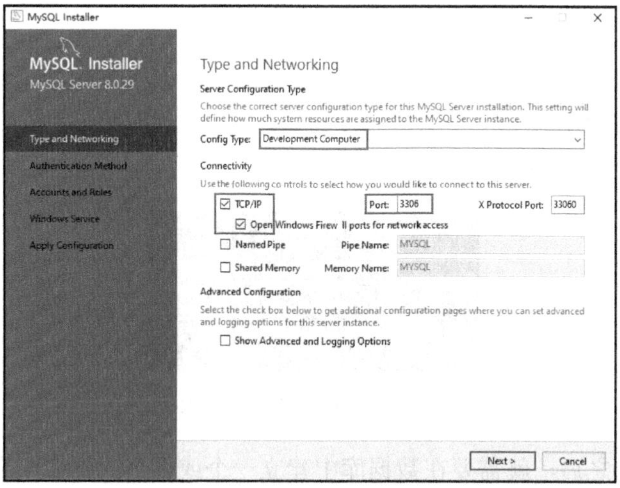

图 2.13　进行选项配置

设置密码，如图 2.14 所示，单击“Next”按钮进入图 2.15 所示窗口，进行数据库设置。

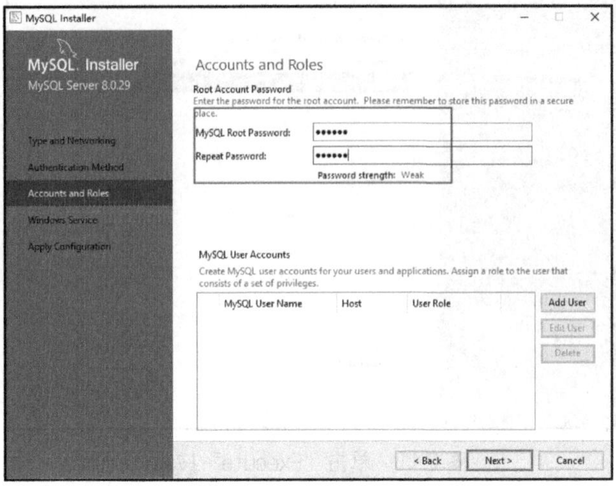

图 2.14　密码设置

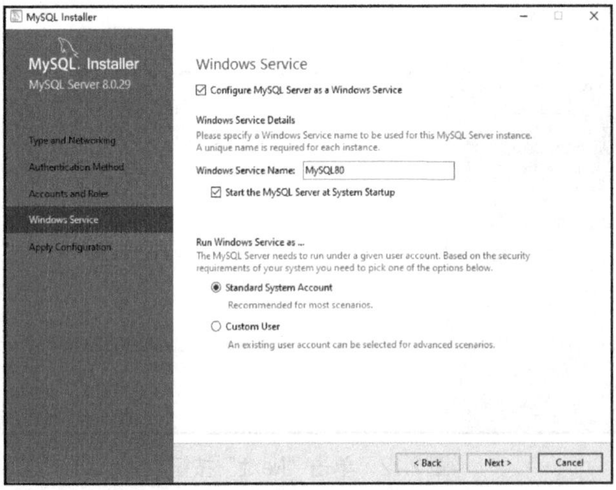

图 2.15　数据库设置

接下来一直单击“Next”按钮进行安装。安装完毕，在“开始”菜单中找到刚刚安装的 MySQL，单击图 2.16 所示选项进入 DOS 命令窗口。输入设置的密码，按 Enter 键，出现图 2.17 所示的信息则表示 MySQL 数据库创建成功。

图 2.16　“开始”菜单中的选项

数据库创建完成之后，就需要在数据库中建立一个或多个数据表来存储数据分析所用到的数据。这里选用 Navicat 工具去管理刚刚创建的数据库。

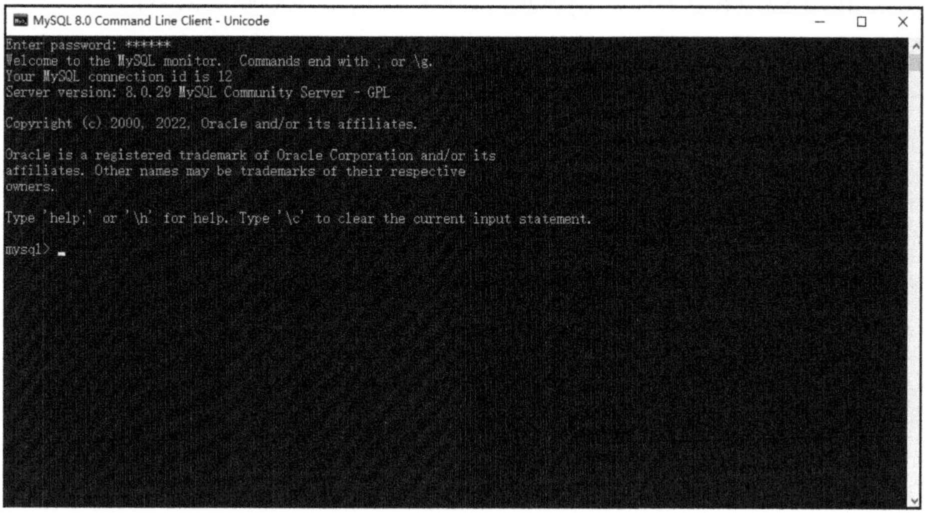

图 2.17　数据库创建成功

3. 导入数据

Navicat 是一套可创建多个连接的数据库管理工具，能够方便地创建、管理和维护 MySQL、Oracle、PostgreSQL 等不同类型的数据库。Navicat 的功能足以满足专业开发人员的所有需求，并且对数据库初学者来说又简单、易操作。Navicat 的用户界面设计良好，可提供安全且简单的方式创建、组织、访问和共享信息。

Navicat 的安装简单、快捷，在这里只做简单说明。进入 Navicat 官方网站之后，选择系统版本最新的安装包进行下载。下载完后双击安装包进行安装，一直单击“下一步”按钮就可以，无额外操作。安装完成界面如图 2.18 所示。

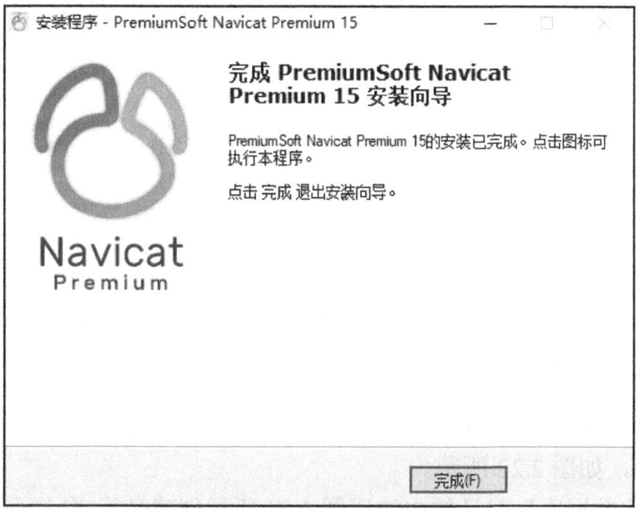

图 2.18　安装完成

安装完成之后双击快捷方式打开 Navicat，Navicat 用户界面如图 2.19 所示。单击“连接”

按钮，在弹出的下拉列表中选择“MySQL”选项，连接创建完成的数据库。

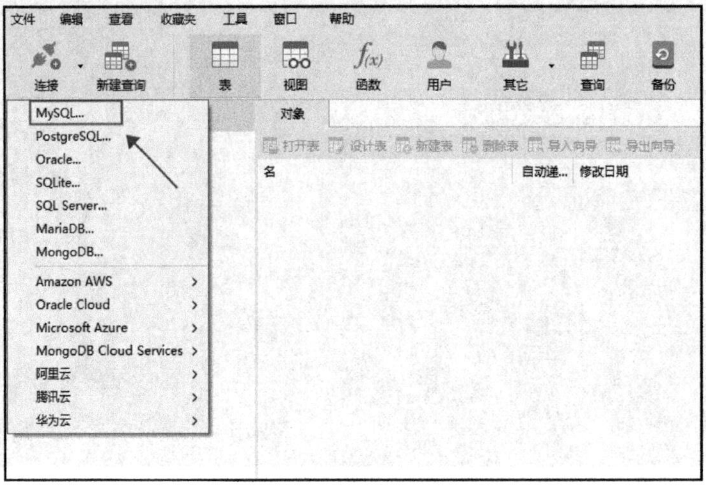

图 2.19　连接数据库

如图 2.20 所示，在“连接名”文本框中输入创建的数据库的名称“qianfeng”，在“密码”文本框中输入创建数据库时设置的密码，单击“确定”按钮，出现图 2.21 所示的界面即表示连接成功。

图 2.20　输入数据库信息

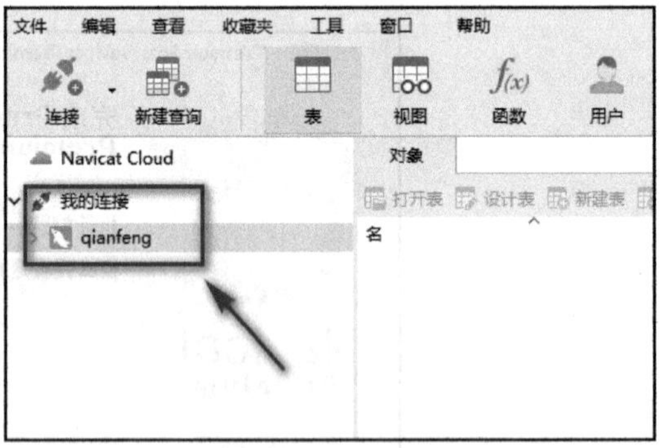

图 2.21　连接成功

双击连接的数据库，在列表中的任意一个数据库上单击鼠标右键，在弹出的快捷菜单中单击“新建数据库”，如图 2.22 所示。

在弹出的“新建数据库”对话框中按照图 2.23 所示创建名为“bicycle”的数据库。双击 bicycle 数据库，然后用鼠标右键单击“表”选项，在弹出的快捷菜单中单击“新建表”，如图 2.24 所示。填入数据表的字段名、类型等，如图 2.25 所示，最后保存并输入表名即可。

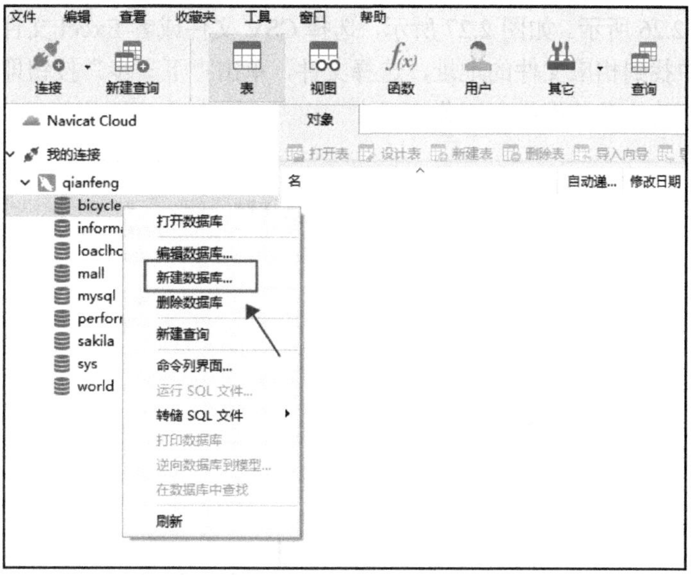

图 2.22　新建数据库

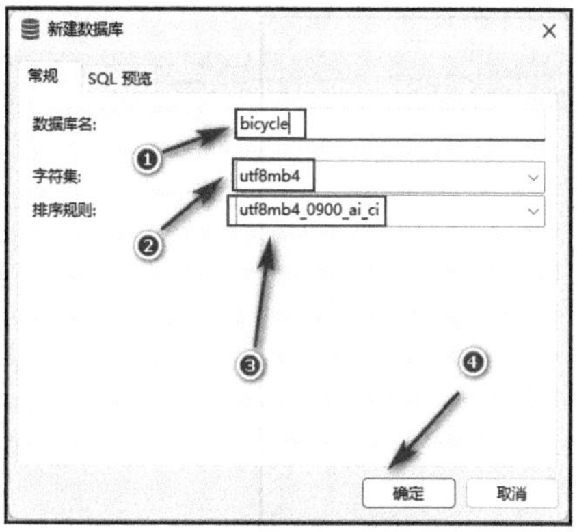

图 2.23　“新建数据库”对话框

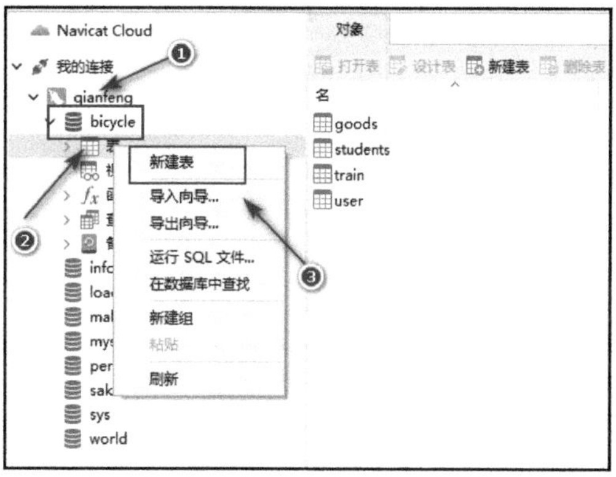

图 2.24　新建表

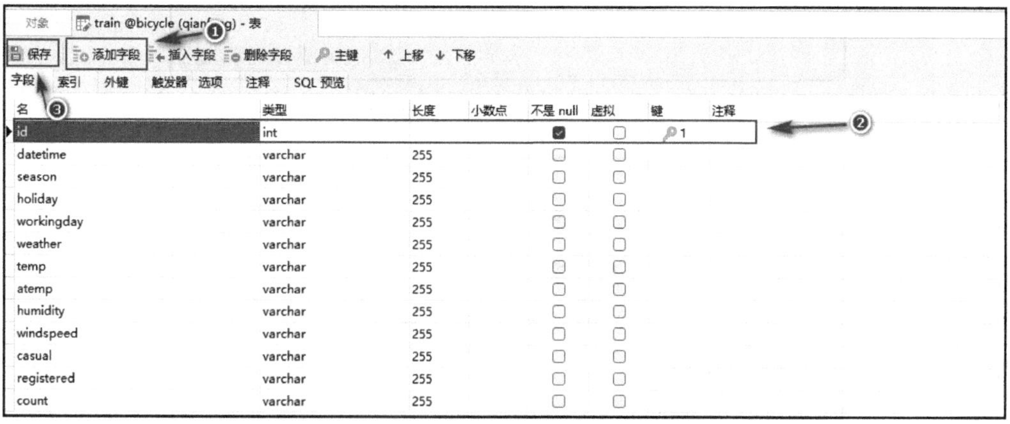

图 2.25　为新建表添加字段

下面向表中导入已有的数据。用鼠标右键单击“表”选项，在弹出的快捷菜单中单击“导入向导...”，如图 2.26 所示。如图 2.27 所示，选择 CSV 文件或者 Excel 文件，单击“下一步”按钮。在计算机中找到相应文件的地址，选择文件，单击“下一步”按钮即可，如图 2.28 所示。至此，数据库建立及数据导入工作完成。

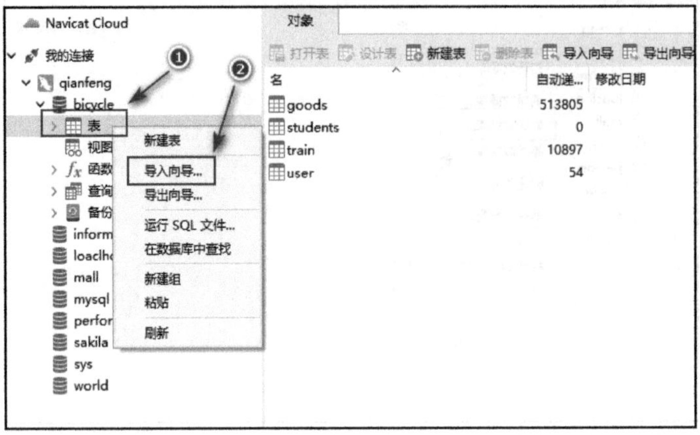

图 2.26　导入向导

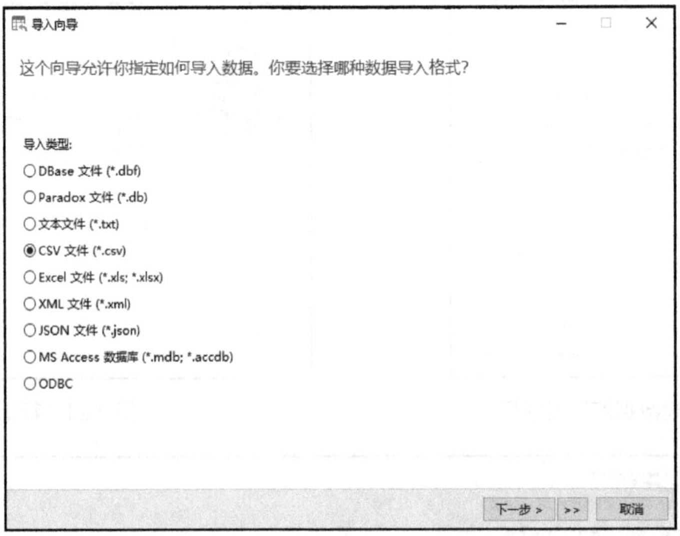

图 2.27　选择数据导入类型

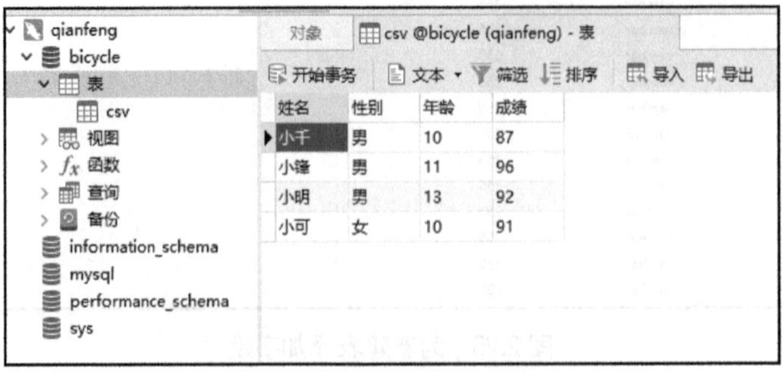

图 2.28　导入数据完成

2.3.2 使用 Python 连接数据库

Python 提供了专门操作 MySQL 数据库的第三方库，即 PyMySQL，用户可以使用它连接数据库并对数据库中数据进行增、删、改、查等操作。

PyMySQL 是 Python 连接 MySQL 数据库服务器的接口。它遵循了 Python 数据库 API v2.0 的规范并包含一个纯 Python 的 MySQL 客户端库。在 Anaconda 中，用户需要单独安装这个第三方库。安装第三方库的方法有多种，这里选择以命令方式安装 PyMySQL。在“开始”菜单中单击图 2.29 所示选项进入命令窗口。

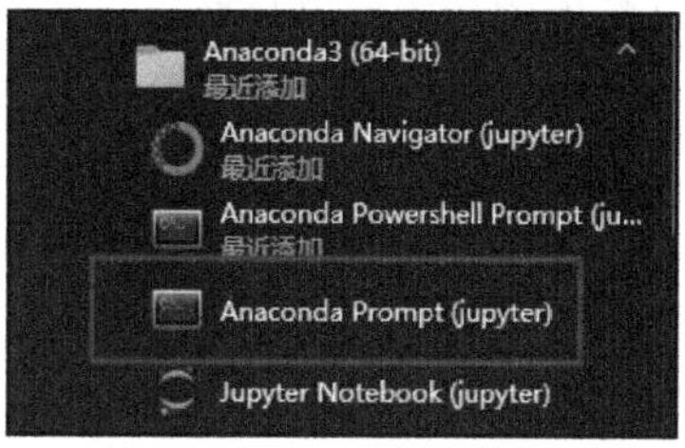

图 2.29 “开始”菜单中的选项

在打开的命令窗口中输入“conda install pymysql”，按 Enter 键，等待安装完成。

注意

安装过程中会出现图 2.30 所示的提示信息，这里输入“y”，按 Enter 键即可。

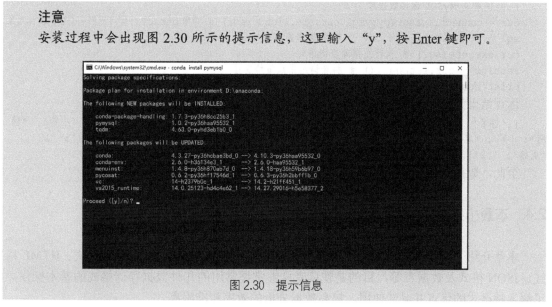

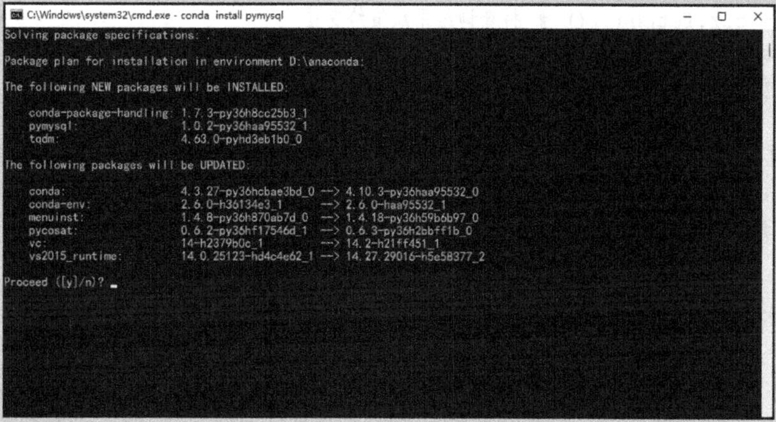

图 2.30 提示信息

安装完成界面如图 2.31 所示。

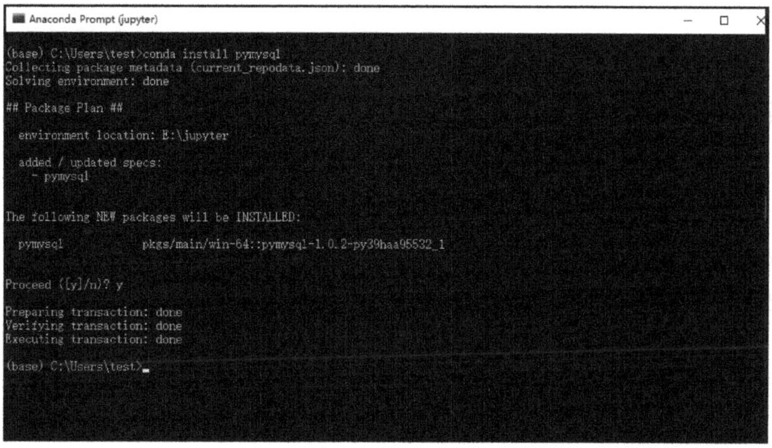

图 2.31 安装完成

下面介绍 PyMySQL 的使用方法。先用 1.5 节中讲解的方法启动 Jupyter Notebook，使用 Python 3 内核新建一个 Notebook 文件，输入“import pymysql”导入 PyMySQL 模块，然后输入数据库连接的账号密码（账号默认为“root”），最后编写 SQL 语句并运行语句就可以完成对数据库的连接及检验。

例 2-9 使用 Python 连接数据库并读取数据的具体代码如下。

```
import pymysql # 导入模块
connect = pymysql.Connect(
    host='localhost',
    port=3306,
    user='root',
    passwd='123456',
    db='bicycle',
    charset='utf8'
) # 使用 PyMySQL 连接数据库
cur = connect.cursor(pymysql.cursors.DictCursor) # 调用 cursor()即可返回一个新的游标对象
sql = "SELECT * FROM csv " # 数据库查询语句
cur.execute(sql) # 执行数据库查询语句
results = cur.fetchall() # 将查询结果赋值给变量
print(results) # 输出查询结果
```

运行结果如下。

```
[{'姓名': '小千', '性别': '男', '年龄': '10', '成绩': '87'}, {'姓名': '小锋', '性别': '男', '年龄': '11', '成绩': '96'}, {'姓名': '小明', '性别': '男', '年龄': '13', '成绩': '92'}, {'姓名': '小可', '性别': '女', '年龄': '10', '成绩': '91'}]
```

至此，数据库连接操作完成。

2.4 本章小结

本章介绍了数据分析常用的几种数据存储格式，包括 CSV 格式、Excel 格式、HTML 格式、JSON 格式及数据表等，目的是使读者能够掌握常用的几种数据存储格式的基本操作，了解各种格式的优点并灵活使用，提高数据分析的效率和准确率。

2.5 习题

1. 填空题

（1）数据分析的过程中数据的来源分为________、________两大类。

（2）数据集常见格式包括________、________、________、________、________、________。

（3）Python 连接数据库使用________库。

（4）HTML 的全称为________，是一种________语言。

（5）CSV 文件由任意条记录组成，记录间以某种换行符分隔；每条记录由________组成，字段值间的分隔符可以是其他字符或字符串，最常见的是________或________。

（6）二进制文件是指包含用________及扩展________编写的数据或程序指令的文件。

2．选择题

（1）以下（　　）不可以用来读取 CSV 文件。

A．Pandas　　B．NumPy　　C．CSV　　D．datetime

（2）【多选】MySQL 数据库可以导入的文件格式有（　　）。

A．Excel　　B．CSV　　C．JSON　　D．Word

（3）使用第三方库（　　）可以读取 MySQL 数据库。

A．Excel　　B．PyMySQL　　C．JSON　　D．Word

3．操作题

（1）使用 Pandas 读取本书配套资源中的 JSON 格式的数据。

（2）将本书配套资源中的“bicycle.csv”数据集导入数据库，并使用 Python 读取前 10 条数据。

第3章 NumPy——数组与矩阵运算

本章学习目标

- 熟悉 NumPy 的应用场景及用法。
- 掌握数组的使用方法。
- 掌握矩阵的运算方法。
- 掌握 NumPy 常用统计函数的用法。

NumPy—数组与矩阵运算

NumPy 提供了 Ndarray 来支持 Python 中的多维数组对象，具有向量运算能力，更加节省空间。NumPy 支持多维数组与矩阵运算，此外也针对数组运算提供大量的数学函数库。本章将对 NumPy 的相关知识做详细介绍。

3.1 初识 NumPy

NumPy 是 Python 的一种开源的数值计算扩展工具。这种工具可用来存储和处理大型矩阵，比 Python 自身的嵌套列表结构（nested list structure）要高效得多。

3.1.1 NumPy 简介

同 Python 一样，NumPy 也有属于它自己的标识，如图 3.1 所示。NumPy 的标识让人联想起魔方。NumPy 提供高性能的数组对象，用户利用它可以更轻松地创建一维数组、二维数组、三维数组及多维数组，并进行数组计算。NumPy 的主要功能如下。

① 提供功能强大的 *n* 维数组对象。
② 提供精密广播功能函数。
③ 集成 C/C++和 FORTRAN 代码。
④ 提供强大的线性代数、傅里叶变换和随机数功能。

图 3.1 NumPy 标识

3.1.2 安装 NumPy

在 Anaconda 中安装 NumPy 时，单击“开始”菜单中的“Anaconda Prompt（jupyter）”选项，如图 3.2 所示，在打开的命令窗口中输入以下命令，按 Enter 键安装 NumPy。

```
conda install numpy
```

图 3.2 “开始”菜单中的选项

例 3-1 安装完成后的检验。

在 Jupyter Notebook 中导入 NumPy 库，输出一个对角矩阵，具体代码如下。

```
import numpy
print(np.eye(5))
```

运行结果如下。

```
[[1. 0. 0. 0. 0.]
 [0. 1. 0. 0. 0.]
 [0. 0. 1. 0. 0.]
 [0. 0. 0. 1. 0.]
 [0. 0. 0. 0. 1.]]
```

3.2 NumPy 数组操作

本节将从 NumPy 数组的概念与属性开始介绍，并对 NumPy 数组的创建、运算、切片和索引、重塑迭代进行介绍。

3.2.1 数组的概念

常用的数组可以分为一维数组、二维数组和三维数组，其中三维数组是常见的多维数组。NumPy 数组的维数称为秩（rank），秩就是轴的数量，即数组的维度。一维数组的秩为 1，二维数组的秩为 2，以此类推。

在 NumPy 中，每一个线性的数组称为一个轴（axis），即维度（dimensions）。比如说，二维数组相当于两个一维数组，其中第一个一维数组中每个元素又是一个一维数组，所以一维数组就是 NumPy 中的轴，第一个轴相当于底层数组，第二个轴是底层数组里的数组，而轴的数量——秩，就是数组的维数。

NumPy 具有 *n* 维数组对象 Ndarray，此对象中的元素为一系列同类型的数据，其中元素的索引从 0 开始。Ndarray 中的每一个元素在内存中都拥有相同大小的存储区域。

3.2.2 数组的属性

数组的属性主要包含类型、大小、形状、维度等。本小节将介绍数组的常用属性及其相关内容。

数组常用属性如表 3.1 所示。

表 3.1 数组常用属性

属性	说明
ndarray.shape	shape 属性的返回值是一个由数组维度构成的元组，例如，2 行 3 列的二维数组可以表示为(2,3)。该属性可以用来调整数组维度的大小
ndarray.dtype	用户可以通过 dtype 属性获取数组中元素的数据类型，也可以在创建数组时通过 dtype 指定数组中元素的数据类型
ndarray.ndim	该属性返回的是数组的维数
ndarray.itemsize	返回数组中每个元素的大小（以字节为单位）
ndarray.flags	返回 ndarray 的内存信息
ndarray.size	数组元素的总个数，相当于 ndarray.shape 中 $n \times m$ 的值

NumPy 支持的数据类型比 Python 内置的类型要多很多，基本上可以与 C 语言的数据类型对应上，其中部分类型对应 Python 内置的类型，如表 3.2 所示。

表 3.2 NumPy 支持的数据类型

属性	说明
bool_	布尔类型（True 或 False）
int_	默认的整数类型（类似于 C 的 long、int32 或 int64）
intc	与 C 的 int 一样，一般是 int32 或 int 64
intp	用于索引的整数类型（类似于 C 的 ssize_t，一般是 int32 或 int64）
int8	单字节有符号整数（−128～127）
int16	整数（−32768～32767）
int32	整数（−2147483648～2147483647）
int64	整数（−9223372036854775808～9223372036854775807）
uint8	单字节无符号整数（0～255）
uint16	无符号整数（0～65535）
uint32	无符号整数（0～4294967295）
uint64	无符号整数（0～18446744073709551615）
float_	float64 类型的简写
float16	半精度浮点数，包括 1 个符号位、5 个指数位、10 个尾数位
float32	单精度浮点数，包括 1 个符号位、8 个指数位、23 个尾数位
float64	双精度浮点数，包括 1 个符号位、11 个指数位、52 个尾数位
complex_	complex128 类型的简写，即 128 位复数
complex64	复数，表示双 32 位浮点数（实数部分和虚数部分）
complex128	复数，表示双 64 位浮点数（实数部分和虚数部分）

数据类型对象（即 numpy.dtype 类的实例）用来描述与数组对应的内存区域是如何使用的，它描述了数据的以下几个方面。

① 数据的类型（如整数类型、浮点数类型或者 Python 对象）。

② 数据的大小（如整数使用多少字节存储）。

③ 数据的字节顺序（小端法或大端法）。

④ 在结构化的情况下，字段的名称、每个字段的数据类型和每个字段所取的内存部分。

⑤ 子数组的形状和数据类型。

⑥ 字节顺序是通过对数据类型预先设定“<”或“>”来决定的。“<”意味着小端法（即最小值存储在最小的地址，低位组放在最前面）。“>”意味着大端法（即最重要的字节存储在最小的地址，高位组放在最前面）。

3.2.3 创建数组

NumPy 创建数组主要使用 array()函数，其语法格式如下。

```
numpy.array(object, dtype=None, copy=True, order='K', subok=False, ndmin=0)
```

array()函数的主要参数说明如表 3.3 所示。

表 3.3 array()函数的主要参数说明

参数	说明
object	表示一个数组序列
dtype	可选参数，通过它可以更改数组的数据类型，对原来的整数类型或者其他类型进行强制转换
copy	可选参数，当数据源是 Ndarray 时表示数组能否被复制，默认值为 True
order	可选参数，表示以哪种内存布局创建数组，有 3 个可选值，分别是 C（行序列）、F（列序列）、A（默认）
ndmin	可选参数，用于指定数组的维度，如一维数组、二维数组、三维数组等

例 3-2 使用 array()函数创建一维数组和二维数组，具体代码如下。

```
import numpy as np  # 导入 NumPy 库
list_1 = [1,2,3,4]  # 创建列表
list_2 = [[1,2,3,4],[5,6,7,8]] # 创建列表
arr_1 = np.array(list_1)  # 创建一维数组
arr_2 = np.array(list_2)  # 创建二维数组
print('一维数组为\n',arr_1)
print('二维数组为\n',arr_2)
```

运行结果如下。

```
一维数组为
 [1 2 3 4]
二维数组为
 [[1 2 3 4]
  [5 6 7 8]]
```

1. 使用 arange()函数创建数组

与 Python 的 range()函数类似，NumPy 的 arange()函数可以通过指定开始值、终止值和步长来创建数组。arange()函数的语法格式如下。

```
numpy.arange(start, stop, step, dtype = None)
```

其中 start 为开始值，stop 为终止值，step 为步长，arange()函数设置的区间为“左闭右开”。开始值和步长都为可选参数，当函数中只有一个参数时，该参数默认为终止值，开始值默认为 0，步长默认为 1。

例 3-3 使用 arange()创建数组，具体代码如下。

```
# arrange()生成 0~5 范围内，步长为 1 的数组
import numpy as np # 导入 NumPy 库
a=np.arange(0,6,1,dtype=int) # 指定数组中数据类型为整数类型
print(a)
```

运行结果如下。

```
[0 1 2 3 4 5]
```

2. 使用 linspace()函数创建数组

除 arange()函数用于步进式创建数组之外，NumPy 还提供了 linspace()函数用于步进式创建数组。两者虽然都是以步进式创建数组，但 arange()函数是通过直接控制步长值来确定元素个数，linspace()函数则是直接确定元素个数，从而把步长均匀地“分配”到每个元素之间，相当于间接控制步长值。linspace()函数的语法格式如下。

```
linspace(start, stop, num=50, endpoint=True, retstep=False, dtype=None, axis=0)
```

linspace()通过指定开始值、终止值及元素个数来确定步长，endpoint 默认值为 True，此时 linspace()函数设置的区间为“全闭”，也就是包含终止值。

例 3-4 使用 linspace()创建数组，具体代码如下。

```
import numpy as np # 导入 NumPy 库
np.linspace(0, 1, 10) # 此时步长为总长的 1/9
```

运行结果如下。

```
[0.         0.11111111 0.22222222 0.33333333 0.44444444 0.55555556
 0.66666667 0.77777778 0.88888889 1.        ]
```

3. 使用 logspace()函数创建数组

logspace()函数与 linspace()函数类似，两者的区别在于 linspace()函数的开始值和终止值默认指的是闭区间的边界值，而 logspace()函数的开始值和终止值是以 10 为底的边界值的指数参数。其语法格式如下。

```
numpy.logspace(start, stop, num, endpoint, base, dtype)
```

其中指定开始值和终止值分别为 10^{start} 与 10^{stop}，数值区间为“左闭右闭”。

例 3-5 使用 logspace()创建数组，具体代码如下。

```
import numpy as np # 导入 NumPy 库
np.logspace(0, 1, 10)
```

运行结果如下。

```
[ 1.          1.29154967  1.66810054  2.15443469  2.7825594   3.59381366
  4.64158883  5.9948425   7.74263683 10.        ]
```

4. 创建指定形状和类型的数组

当创建一个指定形状和类型的数组时，可以使用 zeros()函数、ones()函数和 empty()函数，其中 empty()函数用于创建空值数组，zeros()函数与 ones()函数分别用来创建全 0 数组和全 1 数组。其参数与其他创建数组的函数参数类似，下面来具体了解一下。

zeros()函数创建数组的语法格式如下。

```
numpy.zeros(shape,dtype=float,order = 'C')
```

ones()函数创建数组的语法格式如下。

```
numpy.ones(shape,dtype=None,order = 'C')
```

empty()函数创建数组的语法格式如下。

```
numpy.empty(shape,dtype=float,order = 'C')
```

例 3-6 创建数组，具体代码如下。

```
import numpy as np # 导入 NumPy 库
zero = np.zeros(5) # 创建元素个数为 5 的全 0 数组
one = np.ones(5) # 创建元素个数为 5 的全 1 数组
empty = np.empty(10) # 创建元素个数为 10 的空值（未初始化）数组
print("元素个数为 5 的全 0 数组:\n",zero)
print("元素个数为 5 的全 1 数组:\n",one)
print("元素个数为 10 的空值数组:\n",empty)
```

运行结果如下。

```
元素个数为 5 的全 0 数组:
 [0. 0. 0. 0. 0.]
元素个数为 5 的全 1 数组:
 [1. 1. 1. 1. 1.]
元素个数为 10 的空值数组:
 [6.01347002e-154 6.18473232e+223 1.27873527e-152 1.27276404e+232
  2.43567349e-152 1.46923448e+195 1.14324087e+243 1.69524701e-152
  2.77839591e+180 2.45933202e-154]
```

5. 创建随机数组

使用 random.randint 函数可以创建 *n* 个指定范围内随机数值的数组，具体创建方法如下。

```
import numpy as np # 导入 NumPy 库
np.random.randint(1,4,5) # 创建 5 个元素、数值为 1～3 的随机数组
```

运行结果如下。

```
[3 1 3 3 3]
```

3.2.4 数组运算

用户不用编写循环代码即可对 NumPy 数组执行批量运算。

1. 基础运算

数组的基础运算是数组与常数之间、数组与数组之间的四则运算。

例 3-7 数组与常数运算，具体代码如下。

```
import numpy as np # 导入 NumPy 库
arr = np.array([1,2,3,4,5])
print(arr + 1)
print(arr - 1)
print(arr * 2)
print(arr / 2)
```

运行结果如下。

```
[2 3 4 5 6]
[0 1 2 3 4]
[ 2  4  6  8 10]
[ 0.5  1.   1.5  2.   2.5]
```

由例 3-7 可知，数组与常数的运算就是在数组的元素上做相应的基础运算。

例 3-8 数组与数组运算，具体代码如下。

```
import numpy as np
arr = np.array([1,2,3,4,5])
arr_1 = np.array([6,7,8,9,10])
print(arr + arr_1)
print(arr - arr_1)
print(arr * arr_1)
print(arr / arr_1)
```

运行结果如下。

```
[ 7  9 11 13 15]
[-5 -5 -5 -5 -5]
[ 6 14 24 36 50]
[ 0.16666667  0.28571429  0.375       0.44444444  0.5       ]
```

由此可见，NumPy 中的数组与数组运算其实是每个数组中的对应元素进行运算。

2. 比较运算

Python 变量间常用到的比较运算符在 NumPy 数组中也同样适用，用来比较相同元素类型、个数的数组中的元素大小。

例 3-9 比较运算的具体代码如下。

```
import numpy as np
arr = np.array([1,2,3,4,5])
arr_1 = np.array([6,7,8,9,10])
print(arr < arr_1)
print(arr > arr_1)
print(arr >= arr_1)
print(arr <= arr_1)
print(arr == arr_1)
print(arr != arr_1)
```

运行结果如下。

```
[ True  True  True  True  True]
[False False False False False]
[False False False False False]
[ True  True  True  True  True]
[False False False False False]
[ True  True  True  True  True]
```

可以看到，NumPy 的数组比较运算中数组的元素均返回布尔型数据，即通过返回 True 或 False 来对结果进行呈现。

3. 逻辑运算

NumPy 中逻辑运算主要被用来判断单个或多个数组中的元素的真（True）、假（False）值。与 Python 变量的逻辑运算类似，NumPy 也有与（&）、或（|）、非（~）、异或（^）等运算。

在 NumPy 多个数组的逻辑运算中，除了可以使用以上逻辑运算符，也可以分别用 logical_and()函数、logical_or()函数、logical_not()函数、logical_xor()函数来替代运算符。

在单个数组中判断元素是否为真值时，可以使用 all()函数和 any()函数。all()函数用来判断参数中的数组元素是否全部为真；any()函数主要用来判断参数中的数组元素是否含有真值。

例 3-10 单个数组的逻辑运算，具体代码如下。

```
import numpy as np # 导入 NumPy 库
new_arr = np.array([1,2,3,4,5,6])
print(np.any(new_arr)) # 判断是否有真值
Print(np.all(new_arr)) # 判断是否全部为真值
```

运行结果如下。

```
True
True
```

例 3-11 多个数组的逻辑运算，具体代码如下。

```
import numpy as np # 导入 NumPy 库
new_arr = np.array([1,2,3,4,5,6])
new_arr1 = np.array([0,2,0,4,1,6])
result = (new_arr == 2) & (new_arr1 == 2) # 判断两个数组中对应位置元素是否都为 2
result1 = (new_arr == 2) | (new_arr1 == 2) # 判断两个数组中对应元素是否有一个为 2
print(result)
print(result1)
```

运行结果如下。

```
[False  True False False False False]
[False  True False False False False]
```

4. 幂运算

NumPy 中的数组存在幂运算的概念，也就是数组中对应位置元素的幂运算，用“**”表示。

例 3-12 进行幂运算的具体代码如下。

```
new_arr = np.array([1,2,3])
new_arr1 = np.array([0,2,5])
print(new_arr ** new_arr1) # 幂运算
```

运行结果如下。

```
[  1   4 243]
```

由运行结果可见，假设数组 new_arr 的元素为 n1，数组 new_arr1 的元素为 n2，幂运算的结果为 n1 的 n2 次幂。

3.2.5 数组的切片和索引

Ndarray 对象的内容可以通过索引和切片来访问和修改，与 Python 中 list 的切片操作相似。数组的切片有三种可用索引方式：字段访问、基本切片和高级索引。本小节主要讲述基本切片索引方式的应用。

1. 索引

数组的索引就是用于标记数组当中对应元素的唯一数字。索引从 0 开始，即数组中的第一个元素的索引是 0，第二个元素的索引是 1，以此类推。

（1）一维数组的索引

例 3-13 一维数组与 list 类似，获取一维数组中索引为 1 的元素，具体代码如下。

```
new_arr1 = np.array([0,2,5])
print(new_arr1[1]) # 获取数组索引为 1 的元素
```

运行结果如下。

```
2
```

（2）二维数组的索引

与一维数组不同，二维数组的索引参数有两个（array[*n*,*m*]），分别代表数组的第 *n* 行与第 *m* 个元素。

例 3-14 二维数组索引的具体代码如下。

```
new_arr1 = np.array([0,2,5],[4,6,7])
print(new_arr1[1,2]) # 获取第 2 行的第 3 个元素
```

运行结果如下。

```
7
```

2. 切片式索引

（1）一维数组的切片式索引

数组的切片与 list 类似，数组的切片可以被理解为数组的分割。其按照一定的规律分割一个数组来读取数组中的元素，具体语法如下。

```
[start:stop:step]
```

其中 start 代表开始索引，stop 代表结束索引，step 代表索引步长。

例 3-15 一维数组切片式索引的具体代码如下。

```
new_arr1 = np.array([0,2,0,4,1,6])
print(new_arr1[0:3]) # 输出数组第 1 个至第 3 个元素
print(new_arr1[1:]) # 输出数组从第 2 个元素到最后的所有元素
print(new_arr1[:3]) # 输出数组第 4 个元素之前的所有元素
print(new_arr1[0:5:2]) # 从第 1 个到第 5 个以步长 2 输出元素
print(new_arr1[-1::-2]) # 从倒数第 1 个到第 1 个以步长-2 输出元素
```

运行结果如下。

```
[0 2 0]
[2 0 4 1 6]
[0 2 0]
[0 0 1]
[6 4 2]
```

注意

① 数组索引是左闭右开区间。

② 索引中缺少开始参数时，默认值为 0；缺少结束参数时，默认为数组最后一个元素；缺少步长参数时，默认值为 1。

③ 索引的 3 个参数都可以为负数，代表的是反向索引。

（2）二维数组的切片式索引

除了一维数组，二维数组也可以实现切片式索引。

例 3-16 二维数组切片式索引的具体代码如下。

```
from numpy import *
arr = array([arange(1,8),arange(4,11),arange(8,15)]) # 创建 3 行 7 列的二维数组
print(arr) # 输出创建的数组
print(arr[2]) # 输出第 3 行的元素
print(arr[2,3]) # 输出第 3 行第 4 列的元素
```

```
print(arr[:2,:3]) # 输出第 1 行至第 2 行的第 1 列至第 3 列的元素
print(arr[:,:3]) # 输出所有行的第 1 列至第 3 列的元素
```

运行结果如下。

```
[[ 1  2  3  4  5  6  7]
 [ 4  5  6  7  8  9 10]
 [ 8  9 10 11 12 13 14]]
[ 8  9 10 11 12 13 14]
11
[[1 2 3]
 [4 5 6]]
[[ 1  2  3]
 [ 4  5  6]
 [ 8  9 10]]
```

由运行结果可见，二维数组的切片式索引形似“坐标”，“,”前面表示行，“,”后面表示列。

> **注意**
> 二维数组切片式索引的参数同样可以为负数，表示反向索引。

3. 花式索引

“花式索引”是 NumPy 用来描述使用整数数组作为索引的术语，其意义是以索引数组的值作为目标数组的某个轴的下标。使用一维整数数组作为索引时，如果目标是一维数组，那么索引的结果就是对应位置的元素；如果目标是二维数组，那么索引的结果就是对应下标的行。

例 3-17 花式索引的具体代码如下。

```
arr = np.arange(25).reshape((5,5))
print(arr)
print(arr[[1,3,4]])
print(arr[[1,3,4],[2,3,4]])
```

运行结果如下。

```
[[ 0  1  2  3  4]
 [ 5  6  7  8  9]
 [10 11 12 13 14]
 [15 16 17 18 19]
 [20 21 22 23 24]]
[[ 5  6  7  8  9]
 [15 16 17 18 19]
 [20 21 22 23 24]]
[ 7 18 24]
```

4. 布尔索引

读者可以通过建立一个布尔数组来索引目标数组，以数组的逻辑运算作为索引，找出与布尔数组中的 True 值对应的目标数组中的数据。布尔数组的长度必须与目标数组的轴的长度一致。布尔索引用于确定数据位的显示与关闭。

例 3-18 布尔索引的具体代码如下。

```
arr = np.arange(8) # 创建长度为 8 的数组
```

```
boolarr = np.array([True,False,False,True,True,True,False,True]) # 规定哪些元素为真值
arr[boolarr] # 输出为真值的元素
```

运行结果如下。

```
array([0, 3, 4, 5, 7])
```

3.2.6 数组重塑

NumPy 中有数组重塑的概念，数组重塑意味着更改数组的形状。数组的形状是每个维度上元素的数量，通过重塑可以添加或删除维度、更改维度上的元素数量。在实际数据处理过程中，数据分析师经常会通过数组形状的变换来提高数据处理和使用效率。NumPy 中的 reshape()函数常被用来改变数组的形状，其语法格式如下。

```
numpy.reshape(a, newshape, order='C')
```

值得注意的是，reshape()函数参数的乘积应该与重塑前数组形状属性的乘积保持一致。

例 3-19 重塑一维数组，具体代码如下。

```
import numpy as np
arr = np.array([1, 2, 3, 4, 5, 6, 7, 8, 9, 10, 11, 12]) # 创建新的数组
newarr = arr.reshape(4, 3) # 重塑数组
newarr1 = arr.reshape(2, 3, 2)
print(newarr)
print(newarr1)
```

运行结果如下。

```
[[ 1  2  3]
 [ 4  5  6]
 [ 7  8  9]
 [10 11 12]]
[[ [ 1  2]
 [ 3  4]
 [ 5  6]]
 [ [ 7  8]
 [ 9 10]
 [11 12]]]
```

3.2.7 数组迭代

数组迭代意味着逐一遍历元素。在 NumPy 中处理多维数组时，可以使用 Python 的基本 for 循环来完成此操作。

例 3-20 迭代一维数组，具体代码如下。

```
import numpy as np
arr = np.array([1, 2, 3])
for x in arr:
  print(x)
```

运行结果如下。

```
1
2
3
```

例 3-21 迭代二维数组，具体代码如下。

```
import NumPy as np
arr = np.array([[1, 2, 3], [4, 5, 6]])
```

```
for x in arr:
  print(x)
```

运行结果如下。

```
[1 2 3]
[4 5 6]
```

3.3 NumPy 矩阵操作

NumPy 中除了数组类型，还有另外一种类型概念就是矩阵。在 NumPy 中，矩阵是数组的分支，数组和矩阵有些时候是通用的，二维数组也称为矩阵。本节将介绍矩阵的一些基本操作。

3.3.1 矩阵的创建

数组和矩阵虽然都可以用来处理以行列表示的数组元素，但是在这两种数据类型上执行相同的数学运算时，可能会得到不同的结果。本小节简单介绍怎样创建一个矩阵。

例 3-22 创建矩阵通常用到 mat()函数，具体代码如下。

```
import numpy as np
arr = np.mat('1 2 5 6;3 4 7 8')
arr
```

运行结果如下。

```
matrix([[1, 2, 5, 6],
        [3, 4, 7, 8]])
```

可以看到，例 3-22 在 mat()函数中使用分号（;）来分隔两个数组，从而组成一个 2×4 的矩阵。但是在实际操作中这样不免有些复杂，除了使用分号，还可以像创建数组一样，直接以数组作为参数。

例 3-23 创建矩阵使用数组作为参数，具体代码如下。

```
arr = np.mat([[1, 2, 5, 6],[3, 4, 7, 8]])
arr
```

运行结果如下。

```
matrix([[1, 2, 5, 6],
        [3, 4, 7, 8]])
```

当在数据处理过程中需要创建一些具有一定规律的矩阵时，这样“手动输入”还是有些复杂，这时就可以使用一些特定的函数去直接生成有一定规律的矩阵。

下面来列举一些常见的规律矩阵。

例 3-24 创建一个 5×5 元素全为 0 的矩阵，具体代码如下。

```
arr = np.mat(np.zeros((5,5)))
arr
```

运行结果如下。

```
matrix([[ 0.,  0.,  0.,  0.,  0.],
        [ 0.,  0.,  0.,  0.,  0.],
        [ 0.,  0.,  0.,  0.,  0.],
        [ 0.,  0.,  0.,  0.,  0.],
        [ 0.,  0.,  0.,  0.,  0.]])
```

例 3-25 创建一个 5×5 元素全为 1 的矩阵，具体代码如下。

```
arr = np.mat(np.ones((5,5)))
arr
```

运行结果如下。

```
matrix([[ 1.,  1.,  1.,  1.,  1.],
        [ 1.,  1.,  1.,  1.,  1.],
        [ 1.,  1.,  1.,  1.,  1.],
        [ 1.,  1.,  1.,  1.,  1.],
        [ 1.,  1.,  1.,  1.,  1.]])
```

例 3-26 创建一个元素为 1～5 随机整数的 5×5 矩阵，具体代码如下。

```
arr = np.mat(np.random.randint(1,6,size = (5,5)))
arr
```

运行结果如下。

```
matrix([[4, 2, 3, 2, 3],
        [4, 4, 2, 4, 3],
        [5, 1, 5, 3, 5],
        [4, 3, 2, 4, 3],
        [2, 2, 4, 3, 1]])
```

例 3-27 创建一个 5×5 对角矩阵，具体代码如下。

```
arr = np.mat(np.diag([1,2,3,4,5]))
arr
```

运行结果如下。

```
matrix([[1, 0, 0, 0, 0],
        [0, 2, 0, 0, 0],
        [0, 0, 3, 0, 0],
        [0, 0, 0, 4, 0],
        [0, 0, 0, 0, 5]])
```

3.3.2 矩阵的运算

与数组类似，如果两个矩阵大小相同，我们也可以对这两个矩阵进行加、减、乘、除运算。本小节来介绍如何对两个大小相同的矩阵进行基础运算。

例 3-28 实现矩阵的加、减、乘、除运算。

首先创建两个矩阵 arr_1 和 arr_2 来实现矩阵的加、减、除运算，具体代码如下。

```
arr_1 = np.mat([[1, 2, 5, 6],[3, 4, 7, 8]])
arr_2 = np.mat([[1, 2, 5, 6],[3, 4, 7, 8]]) # 创建两个矩阵
print(arr_1 + arr_2) # 矩阵相加
print(arr_1 - arr_2) # 矩阵相减
print(arr_1 / arr_2) # 矩阵相除
```

运行结果如下。

```
[[ 2  4 10 12]
 [ 6  8 14 16]]
[[0 0 0 0]
 [0 0 0 0]]
[[ 1.  1.  1.  1.]
 [ 1.  1.  1.  1.]]
```

当使用以上两个矩阵相乘时，碰到了以下报错。

```
ValueError: shapes (2,4) and (2,4) not aligned: 4 (dim 1) != 2 (dim 0)
```

这说明在做矩阵相乘时，必须保证两个矩阵的形状相互兼容，也就是说，数据的维度是需要“对齐”的，即上一个矩阵的输出维度等于下一个矩阵的输入维度。很明显，这里的(2,4)中的dim1=1 是上一个矩阵的输出维度，(2,4)中的 dim0=2 是下一个矩阵的输入维度，两者不相等，所以会报错。

保证两个矩阵的维度相等，具体代码如下。

```
arr_1 = np.mat([[1, 2],[3, 4],[3, 4],[3, 4]])
arr_2 = np.mat([[1, 2, 5, 6],[3, 4, 7, 8]]) # 创建两个矩阵
print(arr_1 * arr_2) # 矩阵相乘
```

运行结果如下。

```
[[ 7 10 19 22]
 [15 22 43 50]
 [15 22 43 50]
 [15 22 43 50]]
```

除此之外，还有其他保证两个矩阵维度相等的形式，这里不一一列举。

3.3.3 矩阵的转置与求逆

1. 矩阵的转置

在 NumPy 中获得矩阵的转置非常容易，只需访问其 T 属性。NumPy 在进行矩阵转置时不会实际移动内存中的任何数据，只是改变对原始矩阵的索引方式，因此这样是非常高效的。但是，这也意味着要特别注意修改对象的方式，因为它们共享数据。

例 3-29 矩阵的转置，具体代码如下。

```
mat = np.mat([[1, 2],[3, 4],[7, 8],[5, 6]])
print("转置前为\n",mat)
print("转置后为\n",mat.T)
```

运行结果如下。

```
转置前为
 [[1 2]
  [3 4]
  [7 8]
  [5 6]]
转置后为
 [[1 3 7 5]
  [2 4 8 6]]
```

2. 矩阵的求逆

例 3-30 访问矩阵的 I 属性即可实现对矩阵的逆运算，具体代码如下。

```
mat = np.mat([[1, 2],[3, 4],[7, 8],[5, 6]])
print("求逆前为\n",mat)
print("求逆后为\n",mat.I)
```

运行结果如下。

```
求逆前为
 [[1 2]
  [3 4]
  [7 8]
```

```
 [5 6]]
求逆后为
 [[ -1.00000000e+00  -5.00000000e-01   5.00000000e-01   3.71230824e-16]
  [  8.50000000e-01   4.50000000e-01  -3.50000000e-01   5.00000000e-02]]
```

3.4 NumPy 常用统计函数

NumPy 提供了很多统计函数，用于从数组中查找最小元素、最大元素、百分位标准差和方差等。本节将对以上统计函数进行详细介绍。

最大值函数与最小值函数说明如下。

① numpy.amin()用于计算数组中的元素沿指定轴的最小值。

② numpy.amax()用于计算数组中的元素沿指定轴的最大值。

例 3-31 查找数组中元素最大值与最小值，具体代码如下。

```
import numpy as np
a = np.array([[3,7,5],[8,4,3],[2,4,9]])
print('amin()函数：')  # 查找横向数组中最小值
print(np.amin(a,1))
print('amin()函数：')  # 查找纵向数组中最小值
print(np.amin(a,0))
print('amax()函数：')  # 查找所有数组中最大值
print(np.amax(a))
```

运行结果如下。

```
amin()函数:
[3 3 2]
amin()函数:
[2 4 3]
amax()函数:
9
```

除此之外，还可以使用 numpy.ptp()函数计算数组中元素最大值与最小值的差。

例 3-32 计算数组中元素最大值与最小值的差，具体代码如下。

```
import numpy as np
a = np.array([[3,7,5],[8,4,3],[2,4,9]])
print(np.ptp(a)) # ptp()函数
print(np.ptp(a, axis = 1)) # 沿轴 1 调用 ptp()函数
print(np.ptp(a, axis = 0)) # 沿轴 0 调用 ptp()函数
```

运行结果如下。

```
7
[4 5 7]
[6 3 6]
```

例 3-33 使用 NumPy 还可以求出一组数据中的方差和标准差，具体代码如下。

```
import numpy as np
print(np.std([1,2,3,4])) # 标准差
print(np.var([1,2,3,4])) # 方差
```

运行结果如下。

```
1.1180339887498949
1.25
```

NumPy 在处理数据时还提供了排序、去重等手段，这些函数可以更好地提高开发者的效率。

例 3-34 对数组进行排序，具体代码如下。

```
import numpy as np
arr=np.random.randint(1,10,size=10)
print('排序前的数组为',arr)
arr.sort()
print('排序后的数组为',arr)
arr_1=np.random.randint(1,20,size=(3,3))# 生成 3 行 3 列的随机数组
print('排序前的数组为\n',arr_1)
arr_1.sort(axis=1) # 沿着横轴排序
print('沿着横轴排序后的数组为\n',arr_1)
arr_2=np.random.randint(1,20,size=(3,3))# 生成 3 行 3 列的随机数组
print('排序前的数组为\n',arr_2)
arr_2.sort(axis=0) # 沿着纵轴排序
print('沿着纵轴排序后的数组为\n',arr_2)
```

运行结果如下。

```
排序前的数组为[5 1 3 8 6 8 9 4 1 1]
排序后的数组为[1 1 1 3 4 5 6 8 8 9]
排序前的数组为
 [[12  7  2]
  [ 3 17  5]
  [17 17 17]]
沿着横轴排序后的数组为
 [[ 2  7 12]
  [ 3  5 17]
  [17 17 17]]
排序前的数组为
 [[ 2  2  5]
  [ 1  1 19]
  [ 2 12  6]]
沿着纵轴排序后的数组为
 [[ 1  1  5]
  [ 2  2  6]
  [ 2 12 19]]
```

例 3-35 对数组进行去重，具体代码如下。

```
import numpy as np
names = np.array(['小千','闹闹','小锋','小千','小可','小华','小千','小名'])
print('去重前的数组：',names)
print('去重后的数组：',np.unique(names))
print('去重后的数组：',sorted(set(names)))   # set 表示去重，sorted 表示排序
num = np.array([1,3,5,2,6,1,5,8])
print('去重前的数组：',num)
print('去重后的数组：',np.unique(num))
print('去重后的数组：',sorted(set(num))) # set 表示去重，sorted 表示排序
```

运行结果如下。

```
去重前的数组：['小千' '闹闹' '小锋' '小千' '小可' '小华' '小千' '小名']
去重后的数组：['小千' '小华' '小可' '小名' '小锋' '闹闹']
去重后的数组：['小千', '小华', '小可', '小名', '小锋', '闹闹']
去重前的数组：[1 3 5 2 6 1 5 8]
```

```
去重后的数组：[1 2 3 5 6 8]
去重后的数组：[1, 2, 3, 5, 6, 8]
```

3.5 NumPy——随机漫步

有一类问题总称为“随机漫步”（random walk）问题，这类问题长久以来吸引着数学界学者。随机漫步是一种数学统计模型，它由一连串轨迹所组成，其中每一次的轨迹都是随机的。它能用来表示不规则的变动形式，如同一个人乱步所形成的随机记录。这类问题中，即使是最简单的问题解决起来也是极其困难的，实际上它们在很大程度上还远没有得到解决。“随机漫步”问题可以描述如下。

在矩形的房间里，铺有 $n \times m$ 块瓷砖，现将一只老鼠放在地板中间的一块指定瓷砖上。老鼠随机地从一块瓷砖“漫步”到另一块瓷砖。假设它可能从其所在的瓷砖移动到其周围八块瓷砖中的任何一块（除非碰到墙壁），那么它把每一块瓷砖都至少接触一次将用多长时间？

NumPy 可以用来实现“随机漫步”，下面来学习如何使用 NumPy 库中的模块简单地实现“随机漫步”。

现假设老鼠只能前进或者后退，并以“1”和“−1”来代表这两种行为，老鼠的总步数为 1000 步。因此，这里首先使用 random 模块创建一个只有 1 和−1 的随机数据集，并计算老鼠“漫步”的步长累计值。

```
import numpy as np
import matplotlib.pyplot as plt
import pylab
import random
nsteps=1000
draws=np.random.randint(0,2,size=nsteps)
steps=np.where(draws>0,1,-1)
walk=steps.cumsum()
print(walk)
```

运行结果如下。

```
[ -1  -2  -1  -2  -3  -2  -3  -4  -3  -2  -1  -2  -1   0  -1  -2  -3  -4
  -5  -4  -3  -2  -3  -4  -5  -4  -3  -4  -3  -4  -3  -2  -1  -2  -1   0
  -1   0  -1  -2  -3  -4  -5  -4  -5  -6  -7  -8  -7  -8  -7  -8  -7  -8
  -9  -8  -9  -8  -9  -8  -9 -10  -9 -10 -11 -12 -13 -14 -15 -14 -13 -12
 -13 -12 -13 -14 -15 -16 -15 -16 -15 -16 -15 -14 -13 -12 -11 -10 -11 -10
 -11 -10 -11 -10  -9 -10  -9  -8  -7  -8  -7  -8  -7  -6  -7  -6  -5  -6
  -5  -6  -7  -8  -7  -8  -9  -8  -9  -8  -7  -6  -5  -6  -7  -8  -9 -10
  -9 -10 -11 -12 -11 -10 -11 -10 -11 -12 -11 -10 -11 -12 -11 -12 -11 -12
 -11 -12 -13 -12 -13 -14 -13 -14 -15 -16 -15 -14 -13 -14 -15 -16 -17 -16
 -17 -18 -19 -18 -19 -20 -21 -22 -23 -22 -23 -24 -25 -26 -27 -28 -29 -30
 -31 -32 -31 -30 -29 -28 -29 -28 -27 -28 -27 -26 -27 -28 -29 -28 -27 -28
  ......
  0    1   0  -1   0   1   2   1   2   1   0
  -1   0   1   2   1   0   1   0  -1   0   1   2   1   0  -1  -2  -3  -2
  -0   1   0   1   2   1   0   1   2   1   0  -1   0
   1   0   1   2   1   0   1   2   1   0  -1  -2  -3  -2  -1   0   1   0
  -1  -2  -1   0   1   0   1   0  -1  -2  -3  -4  -5  -4  -5  -6  -5  -6
  -5  -4  -3  -4  -5  -4  -5  -6  -5  -4  -5  -4  -3  -2  -3  -4  -5  -4
```

```
-5  -4  -5  -6  -5  -6  -5  -6  -7  -6  -5  -4  -5  -6  -7  -6  -5  -4
-5  -6  -5  -6  -5  -6  -7  -6  -7  -8  -7  -6  -7  -6  -7  -6  -7  -8
-7  -8  -9  -8  -7  -8  -7  -6  -7  -8]
```

由于原数据长度过长，故以上程序运行结果将部分数据省去。

现在，我们得到了老鼠走过的“路程”。但是为了使数据更加直观，下面使用 Matplotlib 库生成一个二维折线图来表示老鼠走过的“路程”。

```
x=np.arange(nsteps)
y=walk
plt.plot(x,y,color="red",linewidth=1)
plt.xlabel("steps")
plt.ylabel("position")
plt.title("random walk")
plt.xlim(0,1000)
pylab.show()
```

运行结果如图 3.3 所示。

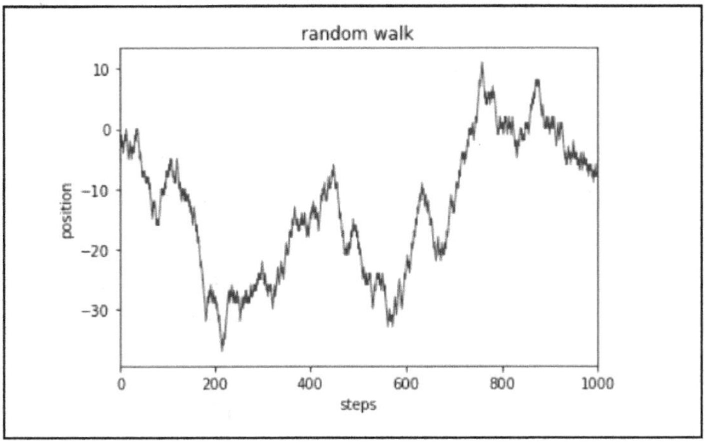

图 3.3　老鼠走过的“路程”

接下来，我们利用学到的 NumPy 相关知识去获取老鼠在“漫步”时留下的一些信息。

```
print(walk.min()) # 走到的最小值位置
print(walk.max()) # 走到的最大值位置
print((np.abs(walk) >= 30).argmax()) # 走到-30 或 30 位置时的步数
```

运行结果如下。

```
-37
11
179
```

3.6 本章小结

NumPy 是 Python 的一种开源的数值计算扩展工具，支持大量的维度数组与矩阵运算。本章首先讲解了 NumPy 的安装方法；然后讲解了 NumPy 的相关数组操作，包括数组的属性与创建方法，数组的运算、切片与索引，数组的重塑和迭代；接着讲解了 NumPy 的相关矩阵操作，包括创建、运算，以及转置与求逆；最后简单地介绍了 NumPy 的经典案例——“随机漫步”，帮助读者在实际处理数据时提高处理效率。

3.7 习题

1．填空题

（1）NumPy 提供了一个高性能的________对象。
（2）数组的属性主要包括________、________、________、________等。
（3）矩阵中查找最大元素与最小元素使用________、________。
（4）数组的基础运算是________与________之间、________与________之间的四则运算。
（5）arange()函数可以通过指定________、________和________来创建数组。
（6）NumPy 中通常会用到________函数来改变数组的形状。

2．选择题

（1）【多选】现有一维数组 new_arr1 = [0,2,0,4,1,6]，以下语句中（　　）可以输出整个数组。

A．print(new_arr1[0:6])　　B．print(new_arr1[:])
C．print(new_arr1[:6])　　D．print(new_arr1[-1:-7:-1])

（2）计算数组中元素最大值与最小值的差使用的函数是（　　）。

A．matrix()　　B．ptp()
C．savetxt()　　D．sum()

（3）创建矩阵常用到（　　）函数。

A．mat()　　B．ptp()
C．savetxt()　　D．sum()

3．简答题

NumPy 中数组的索引方式有几种？分别是什么？

第4章 Pandas——高性能的数据结构和数据分析工具

本章学习目标

- 掌握 Pandas 模块的基本数据结构。
- 掌握 Series 和 DataFrame 的相关操作。
- 掌握 Pandas 的常用数据处理与统计方法。
- 掌握 Pandas 的 I/O 操作。

Pandas—高性能的数据

Pandas 是一个快速、强大、灵活且易于使用的开源数据分析和操作工具，基于 NumPy 开发，可以帮助读者在数据分析过程中提高数据处理的效率。

4.1 初识 Pandas

Pandas 是 Python 数据分析的核心支持库，提供了快速、灵活、明确的数据结构，旨在简单、直观地处理关系型、标记型数据。Pandas 的目标是成为 Python 数据分析实践与实战的必备高级工具，其长远目标是成为强大、灵活、可支持任何语言的开源数据分析工具。

4.2 Pandas 数据结构的基本操作

Pandas 有两种常用的数据结构——Series 与 DataFrame。Series 是一种类似于一维数组的对象，它由一组数据（即各种 NumPy 数据类型）和一组与之相关的数据标签（即索引）组成。DataFrame 是一个表格型的数据结构，它含有一组有序的列，每列可以是不同的值类型（数值型、字符串型、布尔型等）。DataFrame 既有行索引也有列索引，它可以被看作由 Series 组成的字典（共同用一个索引）。本节将对 Pandas 数据结构的基本操作进行详细讲解。

4.2.1 Series 对象的创建

Pandas 中的 Series 类似于 NumPy 中的一维数组，可以保存任何数据类型。同 NumPy 一样，Pandas 也提供了创建对应数据类型的基本类，Series 对象的创建语法格式如下。

```
pandas.Series(data=None, index=None, dtype=None, name=None, copy=False,
fastpath=False)
```

Series 的部分参数说明如表 4.1 所示。

表 4.1　　Series 的部分参数说明

参数	说明
data	存储在 Series 中的数据。如果 data 是一个字典，则保持参数顺序
index	数据索引。如果不指定，默认从 0 开始
dtype	输出 Series 的数据类型。如果未指定，将从 data 推断
name	赋予 Series 的名称
copy	复制输入数据。仅复制 Series 或一维 Ndarray

例 4-1　直接通过 Series 类创建数据，具体代码如下。

```
from pandas import Series   # 导入 Series 类
import pandas as pd         # 导入 Pandas 模块
ser = Series([1,2,3,4,5])   # 以列表类型创建 Series 数据
ser
```

运行结果如下。

```
0    1
1    2
2    3
3    4
4    5
dtype: int64
```

例 4-2　当以字典类型创建 Series 数据时，具体代码如下。

```
ser = Series({'a':1,'b':2,'c':3,'d':4,'e':5})
ser
```

运行结果如下。

```
a    1
b    2
c    3
d    4
e    5
dtype: int64
```

由例 4-1 和例 4-2 的运行结果来看，当以列表的形式创建 Series 数据时，列表中的每个数据都默认添加了索引；当以字典的形式创建 Series 数据时，字典中的键默认作为索引。

例 4-3　当需要添加指定索引时，可以使用 Series 类中的 index 参数去指定数据的索引，具体代码如下。

```
ser = Series([1,2,3,4,5],index=[2,3,4,5,6])
ser
```

运行结果如下。

```
2    1
3    2
4    3
5    4
6    5
dtype: int64
```

注意
这里的数据元素个数应该与 index 参数的个数相同。

4.2.2 Series 对象的属性

Series 对象常用属性包含两大类：索引与数据。Series 对象的属性如表 4.2 所示。

表 4.2 Series 对象的属性

属性	说明
values	存储在 Series 中的数据。如果 values 是一个字典，则保持参数顺序
index	数据索引。如果不指定，默认从 0 开始
dtype	输出 Series 的数据类型。如果未指定，将从 data 推断
name	赋予 Series 的名称
index.name	索引的名称

下面来具体说明 Series 对象属性的用法。

例 4-4 使用 values 可以查看 Series 对象 ser 的数据，使用 index 可以查看 ser 的索引。具体代码如下。

```
print(ser.values) # 查看数据
print(ser.index)  # 查看索引
```

运行结果如下。

```
[1 2 3 4 5]
Int64Index([2, 3, 4, 5, 6], dtype='int64')
```

例 4-5 查看指定索引，具体代码如下。

```
print(ser)
print(ser[3]) # 查看索引为 3 的数据
print(ser[4]) # 查看索引为 4 的数据
```

运行结果如下。

```
0    1
1    2
2    3
3    4
4    5
dtype: int64
4
5
```

例 4-6 Series 对象中其他属性的用法。

除了以上可以查看的数据与索引，还可以对 Series 对象查看元素数据类型、查看形状以及查看该对象占用了多少字节等，具体代码如下。

```
print(ser.dtype)  # 元素的数据类型
print(ser.shape)  # 形状
print(ser.nbytes) # Series 对象占用多少字节
```

运行结果如下。

```
int64
(5,)
40
```

例 4-7 Series 对象的基本运算。

pandas.Series 可以进行 Series 对象与常数、Series 对象与 Series 对象之间的基本运算，也可以进行简单的成分判断与筛选，具体代码如下。

```
ser = Series([1,2,3,4,5])     # 创建 Series 对象
ser_2 = Series([1,2,3,4,5])   # 创建 Series 对象
print(ser + 1)  # Series 对象与常数进行加法运算
print("*"*10)
print(ser - 1)  # Series 对象与常数进行减法运算
print("*"*10)
print(ser * 2)  # Series 对象与常数进行乘法运算
print("*"*10)
print(ser / 2)  # Series 对象与常数进行除法运算
print("*"*10)
print(ser + ser_2)  # Series 对象与 Series 对象进行加法运算
print("*"*10)
print(ser + ser_2)  # Series 对象与 Series 对象进行减法运算
print("*"*10)
print(ser * ser_2)  # Series 对象与 Series 对象进行乘法运算
print("*"*10)
print(ser / ser_2)  # Series 对象与 Series 对象进行除法运算
print("*"*10)
print(3 in ser)     # 判断 3 是否在 Series 对象元素中
print("*"*10)
print(ser[ser>3])   # 找出 Series 对象中大于 3 的元素
```

运行结果如下。

```
0    2
1    3
2    4
3    5
4    6
dtype: int64
**********
0    0
1    1
2    2
3    3
4    4
dtype: int64
**********
0     2
1     4
2     6
3     8
4    10
dtype: int64
**********
0    0.5
1    1.0
2    1.5
3    2.0
```

```
4    2.5
dtype: float64
**********
0      2
1      4
2      6
3      8
4     10
dtype: int64
**********
0      2
1      4
2      6
3      8
4     10
dtype: int64
**********
0      1
1      4
2      9
3     16
4     25
dtype: int64
**********
0     1.0
1     1.0
2     1.0
3     1.0
4     1.0
dtype: float64
**********
True
**********
3    4
4    5
dtype: int64
```

4.2.3　DataFrame 对象的创建

Pandas 中另一个重要的数据类型为 DataFrame。DataFrame 对象的创建语法格式如下。

```
pandas.DataFrame(data, index, columns, dtype, copy)
```

DataFrame 的部分参数说明如表 4.3 所示。

表 4.3　DataFrame 的部分参数说明

参数	说明
data	数据本身（Ndarray、Series、map、list、dict 等类型）
index	索引
columns	列名，默认为 RangeIndex (0, 1, 2,⋯, n)
dtype	数据类型
copy	复制数据，默认值为 False

例 4-8 要创建一个 DataFrame 对象，首先需要建立原始数据；通常原始数据以字典的形式创建，具体代码如下。

```
from pandas import DataFrame
import pandas as pd
# 创建原始字典数据
dic = {姓名 : ['小千','小锋','小亮','小可'],'性别' : ['男','男','男','女'],'数学成绩' :
[89,90,98,94],'语文成绩' : [81,87,93,95]}
dic
```

运行结果如下。

```
{'姓名': ['小千', '小锋', '小亮', '小可'],
 '性别': ['男', '男', '男', '女'],
 '数学成绩': [89, 90, 98, 94],
 '语文成绩': [81, 87, 93, 95]}
```

例 4-9 DataFrame 对象的默认创建方式。

通常一组字典数据可以直接用来创建 DataFrame 类型数据，具体代码如下。

```
df = DataFrame(dic) # 使用默认方式创建 DataFrame 类型数据
df
```

运行结果如下。

```
      姓名   性别   数学成绩    语文成绩
0     小千   男     89          81
1     小锋   男     90          87
2     小亮   男     98          93
3     小可   女     94          95
```

通过字典创建 DataFrame 数据时，字典中的键自动作为列的索引，同时生成行索引。

例 4-10 通过指定列名创建 DataFrame 数据。

当需要改变 DataFrame 数据中列的顺序时，可以通过直接指定列名来创建 DataFrame 数据，具体代码如下。

```
df = DataFrame(dic,columns=['性别','姓名','语文成绩','数学成绩'])
# 使用指定列名方式创建 DataFrame 类型数据
df
```

运行结果如下。

```
   性别  姓名  语文成绩 数学成绩
0  男    小千  81       89
1  男    小锋  87       90
2  男    小亮  93       98
3  女    小可  95       94
```

4.2.4 DataFrame 对象的基本操作

在 4.2.3 小节介绍了创建 DataFrame 对象之后，本小节将讲述 DataFrame 对象的基本操作。

1. DataFrame 对象的行列操作

在进行数据分析工作前，需要进行脏数据的清洗，其中不免需要对一组数据中的指定数据进行增、删、改、查等操作。这时通常会涉及对某行或者某列进行操作。

例 4-11 查看行、列数据，具体代码如下。

```
from pandas import DataFrame
import pandas as pd
```

```
# 创建原始 DataFrame 对象
dic  = {"姓名" : ['小千','小锋','小亮','小可'],'性别' : ['男','男','男','女'],'数学成绩' : [89,90,98,94],'语文成绩' : [81,87,93,95]}
df = DataFrame(dic)
print(df)
print('*'*10)
print(df['姓名'])  # 获取“姓名”列数据
print('*'*10)
print(df.iloc[[2]])  #获取行索引为 2 数据
```

运行结果如下。

```
   姓名  性别  数学成绩  语文成绩
0  小千  男    89        81
1  小锋  男    90        87
2  小亮  男    98        93
3  小可  女    94        95
**********
0  小千
1  小锋
2  小亮
3  小可
Name: 姓名, dtype: object
**********
  姓名  性别  数学成绩  语文成绩
2 小亮  男     98        93
```

例 4-12 修改行、列数据，具体代码如下。

Pandas 模块提供了“[]”运算符进行数据的直接赋值操作。当进行数据清洗操作时，若某行或者某列的数据需要修改，可以对其进行直接赋值操作，具体代码如下。

```
df['评价'] = '优'  # 新增“评价”列
df
```

运行结果如下。

```
   姓名  性别  数学成绩  语文成绩  评价
0  小千  男    89        81        优
1  小锋  男    90        87        优
2  小亮  男    98        93        优
3  小可  女    94        95        优
```

例 4-13 进行数据修改操作，具体代码如下。

```
df['评价'] = '良'
df
```

运行结果如下。

```
   姓名  性别  数学成绩  语文成绩  评价
0  小千  男    89        81        良
1  小锋  男    90        87        良
2  小亮  男    98        93        良
3  小可  女    94        95        良
```

例 4-14 当需要修改整行数据时，可以使用 iloc[]函数，具体代码如下。

```
df.iloc[[2]] = ['小明','女','93','99','优']
df
```

运行结果如下。

```
    姓名  性别  数学成绩  语文成绩  评价
0   小千  男    89        81        良
1   小锋  男    90        87        良
2   小明  女    93        99        优
3   小可  女    94        95        良
```

由例 4-14 可见，当需要修改某行或者某列的数据时，只要对其进行重新赋值即可实现修改操作。

例 4-15 当一组数据中存在脏数据时，在不影响数据分析结果的情况下，需要将其删去，具体代码如下。

```
df = df.drop(2,axis=0)
df
```

运行结果如下。

```
    姓名  性别  数学成绩  语文成绩  评价
0   小千  男    89        81        良
1   小锋  男    90        87        良
3   小可  女    94        95        良
```

默认情况下，原始 DataFrame 保持不变，并返回一个新的 DataFrame。如果参数 inplace 设置为 True，则将更改原始 DataFrame，在这种情况下，不会返回任何新的 DataFrame，并且返回值为 None。

例 4-16 将 DataFrame 恢复为例 4-14 中的形状，然后进行"评价"列的删除操作，具体代码如下。

```
df = df.drop('评价',axis=1)
df
```

运行结果如下。

```
    姓名  性别  数学成绩  语文成绩
0   小千  男    89        81
1   小锋  男    90        87
2   小明  女    93        99
3   小可  女    94        95
```

2. DataFrame 对象的 NaN 值填充操作

在创建 DataFrame 对象时，经常会有某一行或者某一列出现 NaN 值（空值），此时需要对 NaN 值进行填充操作。

例 4-17 NaN 值填充，具体代码如下。

```
from pandas import DataFrame
import pandas as pd
# 创建初始字典数据
dic = {"姓名" : ['小千','小锋','小亮','小可'],'性别' : ['男','男','男','女'],'数学成绩' : [89,90,98,94],'语文成绩' : [81,87,93,95],'评价':['良','良','优','良']}
df = DataFrame(dic,columns=['姓名','性别','数学成绩','语文成绩','评价','平均成绩'])
df
```

运行结果如下。

```
    姓名  性别  数学成绩  语文成绩  评价  平均成绩
0   小千  男    89        81        良    NaN
1   小锋  男    90        87        良    NaN
2   小亮  男    98        93        优    NaN
3   小可  女    94        95        良    NaN
```

由例 4-17 的运行结果可见，当创建一个 DataFrame 对象，其中的某一行或列的元素没有被赋值时，那么这一行或列中就会出现 NaN 值。

例 4-18 在某些时候可以将 NaN 值替换为某个值，具体代码如下。

```
df = df.fillna(0) # 将 DataFrame 中的 NaN 值替换为 0
df
```

运行结果如下。

```
     姓名   性别   数学成绩  语文成绩  评价  平均成绩
0    小千   男     89       81        良    0
1    小锋   男     90       87        良    0
2    小亮   男     98       93        优    0
3    小可   女     94       95        良    0
```

DataFrame 中 fillna()函数可以将 NaN 值替换为任意数值或者字符串，读者在开发过程中可灵活运用。

3. DataFrame 对象的转置

同第 3 章中 NumPy 的矩阵转置一样，DataFrame 对象的转置也可以通过访问 T 属性来实现。

例 4-19 DataFrame 对象的转置，具体代码如下。

```
df.T
```

运行结果如下。

```
          0    1    2    3
姓名      小千 小锋 小亮 小可
性别      男   男   男   女
数学成绩  89   90   98   94
语文成绩  81   87   93   95
评价      良   良   优   良
平均成绩  -99  -99  -99  -99
```

4.3 Pandas 的计算与统计

在实际开发过程中，要使数据变得“规整”，计算与统计环节必不可少。数据的计算与汇总可以很大程度地提高数据分析的准确性与高效性。通过数据统计，我们可以找出数据潜在的规律，从而提炼出对分析目标有意义与指导价值的数据。

4.2 节讲述了如何创建 Series 对象与 DataFrame 对象，以及如何运用其属性进行基本操作。本节主要讲述 Pandas 中数据的基本运算与统计操作。

4.3.1 DataFrame 对象的基本计算

DataFrame 对象的计算是多维度的，与 Series 对象的计算方式类似，DataFrame 对象同样支持基本的四则运算。

例 4-20 创建 DataFrame 对象，具体代码如下。

```
from pandas import DataFrame
import pandas as pd
list1 = [[1,2,3,4,5],[6,7,8,9,0],[2,4,6,8,0],[1,3,5,7,9]]  # 创建原始列表数据
# 使用原始数据创建两个 DataFrame 对象
```

```
df_1 = DataFrame(list1,columns=['A','B','C','D','E'])
df_2 = DataFrame(list1,columns=['A','B','C','D','E'])
print(df_1)
print(df_2)
```

运行结果如下。

```
   A  B  C  D  E
0  1  2  3  4  5
1  6  7  8  9  0
2  2  4  6  8  0
3  1  3  5  7  9
   A  B  C  D  E
0  1  2  3  4  5
1  6  7  8  9  0
2  2  4  6  8  0
3  1  3  5  7  9
```

例 4-21 对例 4-20 创建完成的两组 DataFrame 数据进行基本运算，具体代码如下。

```
print(df_1 + df_2)  # 相加
print('*'*10)
print(df_1 - df_2)  # 相减
print('*'*10)
print(df_1 * df_2)  # 相乘
print('*'*10)
print(df_1 / df_2)  # 相除
```

运行结果如下。

```
    A   B   C   D   E
0   2   4   6   8  10
1  12  14  16  18   0
2   4   8  12  16   0
3   2   6  10  14  18
**********
   A  B  C  D  E
0  0  0  0  0  0
1  0  0  0  0  0
2  0  0  0  0  0
3  0  0  0  0  0
**********
    A   B   C   D   E
0   1   4   9  16  25
1  36  49  64  81   0
2   4  16  36  64   0
3   1   9  25  49  81
**********
     A    B    C    D    E
0  1.0  1.0  1.0  1.0  1.0
1  1.0  1.0  1.0  1.0  NaN
2  1.0  1.0  1.0  1.0  NaN
3  1.0  1.0  1.0  1.0  1.0
```

由例 4-21 可以看出，DataFrame 对象之间的基本运算发生在元素与元素之间，其中除法运算的被除数若为 0，则结果为 NaN 值。

4.3.2 DataFrame 对象与 Series 对象之间的基本计算

Pandas 支持不同数据类型之间的计算，Series 对象与 DataFrame 对象之间即为单维度数据与多维度数据的计算。

例 4-22 创建 DataFrame 对象与 Series 对象，具体代码如下。

```
from pandas import DataFrame,Series
import pandas as pd
list1 = [[1,2,3,4,5],[6,7,8,9,0],[2,4,6,8,0],[1,3,5,7,9]]  # 创建原始列表数据
# 创建 DataFrame 对象
df_1 = DataFrame(list1,columns=['A','B','C','D','E'])
print(df_1)
print('*'*10)
# 创建 Series 对象
ser_1 = Series([1,2,3,4,5],index=['A','B','C','D','E'])
print(ser_1)
```

运行结果如下。

```
   A  B  C  D  E
0  1  2  3  4  5
1  6  7  8  9  0
2  2  4  6  8  0
3  1  3  5  7  9
**********
A    1
B    2
C    3
D    4
E    5
dtype: int64
```

例 4-23 对例 4-22 创建完成的 DataFrame 对象与 Series 对象进行基本的四则运算，具体代码如下。

```
print(df_1 + ser_1) # 相加
print("*"*10)
print(df_1 - ser_1) # 相减
print("*"*10)
print(df_1 * ser_1) # 相乘
print("*"*10)
print(df_1 / ser_1) # 相除
```

运行结果如下。

```
   A  B   C   D   E
0  2  4   6   8  10
1  7  9  11  13   5
2  3  6   9  12   5
3  2  5   8  11  14
**********
   A  B  C  D  E
0  0  0  0  0  0
1  5  5  5  5 -5
2  1  2  3  4 -5
3  0  1  2  3  4
```

```
**********
   A   B   C   D   E
0  1   4   9  16  25
1  6  14  24  36   0
2  2   8  18  32   0
3  1   6  15  28  45
**********
     A    B         C     D    E
0  1.0  1.0  1.000000  1.00  1.0
1  6.0  3.5  2.666667  2.25  0.0
2  2.0  2.0  2.000000  2.00  0.0
3  1.0  1.5  1.666667  1.75  1.8
```

注意

DataFrame 对象与 Series 对象之间进行运算需保证索引一致，当两种数据的索引不一致时，运算结果为并集形式的 NaN 值。

4.3.3 Pandas 中常用的统计方法

数据分析面对的往往是一组杂乱的数据，此时需要提炼出这组数据中隐藏的有价值的信息。Pandas 有一些统计方法，大部分属于约简和汇总统计，用于从 Series 中提取单个值，或者从 DataFrame 的行或列中提取一个 Series。下面通过示例讲解一些常用的统计函数的使用方法。

例 4-24 创建含有 NaN 值的 DataFrame 对象，并对其进行统计操作。

创建 DataFrame 对象的具体代码如下。

```
from pandas import DataFrame
import pandas as pd
# 创建原始字典数据
dic = {"姓名" : ['小千','小锋','小亮','小可'],'性别' : ['男','男','男','女'],'数学成绩' : [89,90,98,94],'语文成绩' : [81,87,93,95],'评价':['良','良','优','良']}
df = DataFrame(dic,columns=['姓名','性别','数学成绩','语文成绩','评价','平均成绩'])
df
```

运行结果如下。

```
   姓名  性别  数学成绩  语文成绩  评价  平均成绩
0  小千  男    89        81        良    NaN
1  小锋  男    90        87        良    NaN
2  小亮  男    98        93        优    NaN
3  小可  女    94        95        良    NaN
```

① 求行列值总和。

模拟数据是基于班级成绩创建的，实际应用中经常需要求学生的总成绩。Pandas 提供了 sum()函数进行求和，具体代码如下。

```
df.sum(axis=1)  # 求行值总和
print('\n')
print(df.sum()) # 求列值总和
```

运行结果如下。

```
0    170
1    177
```

```
2    191
3    189
dtype: int64
姓名     小千 小锋 小亮 小可
性别     男   男   男   女
数学成绩 371
语文成绩 356
评价     良   良   优   良
平均成绩 0
dtype: object
```

注意

在求行数据总和时会出现以下 FutureWarning 警告信息，这表示该行中存在无法求和的数据，如人名、性别等中文字符，此时求和函数会默认将可求和的数据相加，即数学成绩和语文成绩。

```
FutureWarning: Dropping of nuisance columns in DataFrame reductions(with 'numeric_only=None') is deprecated; in a future version this will raise TypeError. Select only valid columns before calling the reduction.
```

② 求行列值平均数。

创建的 DataFrame 中存在列索引为“平均成绩”的 NaN 值数据，Pandas 提供了 mean() 函数进行求均值操作，具体代码如下。

```
df.mean(axis=1)
```

运行结果如下。

```
0    85.0
1    88.5
2    95.5
3    94.5
dtype: float64
```

例 4-25 在运行求均值函数时，同求和函数一样，可能会警告有无法求均值的数据，此时函数会默认对数值型的数据求均值，我们可以将运行结果赋值给“平均成绩”这一列，具体代码如下。

```
df['平均成绩'] = df.mean(axis=1)
df
```

运行结果如下。

```
   姓名 性别 数学成绩 语文成绩 评价 平均成绩
0  小千 男   89       81       良   85.0
1  小锋 男   90       87       良   88.5
2  小亮 男   98       93       优   95.5
3  小可 女   94       95       良   94.5
```

由运行结果可以看到，“平均成绩”这一列已使用均值填充完毕。

① 分别求“数学成绩”列和“语文成绩”列数据的均值，具体代码如下。

```
df.mean()
```

运行结果如下。

```
数学成绩    92.750
语文成绩    89.000
```

```
平均成绩     90.875
dtype: float64
```

② 分别求最大值与最小值。

Pandas 提供了 min()函数与 max()函数，用于求每行或者每列的最大值与最小值，具体代码如下。

```
print(df['数学成绩'].min())  # 数学成绩最小值
print(df['数学成绩'].max())  # 数学成绩最大值
```

运行结果如下。

```
89
98
```

求某行的最小值与最大值时，在函数参数中加上 axis = 1 即可。

③ 多种汇总统计。

Pandas 还提供了 describe()函数来一次性产生多个汇总统计，具体代码如下。

```
print(df['数学成绩'].describe())
```

运行结果如下。

```
count     4.000000
mean     92.750000
std       4.112988
min      89.000000
25%      89.750000
50%      92.000000
75%      95.000000
max      98.000000
Name: 数学成绩, dtype: float64
```

④ 数据分组统计。

分组统计是数据分析中常用的操作，为此 Pandas 提供了 groupby()函数，对分组结果可以应用 sum()、mean()、count()等函数。

groupby()函数根据给定的条件将数据拆分成组，每个组都可以应用函数，结果可以合并到一个数据结构中。其语法格式如下。

```
DataFrame.groupby(by=None,
                  axis=0,
                  level=None,
                  as_index=True,
                  sort=True,
                  group_keys=True,
                  squeeze=NoDefault.no_default,
                  observed=False,
                  dropna=True)
```

groupby()函数的部分参数说明如表 4.4 所示。

表 4.4 groupby()函数的部分参数说明

参数	说明
by	用于确定分组条件
axis	沿行（0）或列（1）拆分
level	在多层索引的情况下，用来指定在哪个索引级别上进行分组

续表

参数	说明
sort	对组键进行排序
group_keys	当调用 apply()时，将组键添加到 index 以识别字段
dropna	如果为 True，并且组键包含 NaN 值，则 NaN 值连同行/列被删除；如果为 False，NaN 值也被视为组中的键

具体代码如下。

```
df.groupby('性别')
```

运行结果如下。

```
<pandas.core.groupby.generic.DataFrameGroupBy object at 0x00000188E3639D90>
```

由运行结果可见，当对数据中的“性别”列进行 groupby()操作时，返回的结果是其内存地址，并不利于直观地理解。为了看看 group 内部究竟是什么，这里把 group 转换成 list 的形式，具体代码如下。

```
list(df.groupby('性别'))
```

运行结果如下。

```
[('女',
     姓名    性别   数学成绩    语文成绩  评价  平均成绩   总成绩
  3  小可    女     94          95        良    NaN        189),
 ('男',
     姓名    性别   数学成绩    语文成绩  评价  平均成绩   总成绩
  0  小千    男     89          81        良    NaN        170
  1  小锋    男     90          87        良    NaN        177
  2  小亮    男     98          93        优    NaN        191)]
```

由运行结果可知，列表由两个元组组成，由“性别”分出两个元组；每个元组中，第一个元素为性别，之后的元素为 DataFrame 数据。

groupby()函数的执行过程就是将原有的 DataFrame 按照字段划分为若干个组，被分为多少个组就有多少个分组 DataFrame。因此，在 groupby()之后的一系列操作，均是基于分组 DataFrame 的操作。

4.4 Pandas 其他常用函数

在日常开发中，Pandas 还可以完成数据去重、数据排序、数据合并以及日期数据处理等常用操作。本节将对 Pandas 其他常用函数进行详细讲解。

4.4.1 Pandas 数据重复值处理

对于数据中存在的重复数据，包括某几行或者某几列的数据重复，一般应做删除处理。使用 drop_duplicates()函数可以查找和删除数据的重复行或重复列。

例 4-26 创建一组具有重复值的模拟数据，具体代码如下。

```
from pandas import DataFrame
import pandas as pd
# 创建原始字典数据
```

```
dic = {"姓名" : ['小千','小锋','小锋','小可'],'性别' : ['男','男','男','女'],'数学成绩' : [89,90,90,94],'语文成绩' : [81,87,87,95],'评价':['良','良','良','良']}
df = DataFrame(dic,columns=['姓名','性别','数学成绩','语文成绩','评价'])
df
```

运行结果如下。

```
     姓名   性别   数学成绩  语文成绩  评价
0    小千   男     89        81        良
1    小锋   男     90        87        良
2    小锋   男     90        87        良
3    小可   女     94        95        良
```

由例 4-26 的运行结果可知，这组数据中第 2 行数据与第 3 行数据重复，通常这种情况需要做删除操作。

例 4-27 判断数据每一行是否重复，具体代码如下。

```
df.duplicated()
```

运行结果如下。

```
0     False
1     False
2      True
3     False
dtype: bool
```

由运行结果可见，duplicated()函数运行后返回了布尔型数据，其中 False 代表该行数据不存在重复值，True 代表该行数据存在重复值。

例 4-28 对于重复值，需要使用 drop_duplicates()函数进行删除操作，具体代码如下。

```
df.drop_duplicates()
```

运行结果如下。

```
     姓名   性别   数学成绩  语文成绩  评价
0    小千   男     89        81        良
1    小锋   男     90        87        良
3    小可   女     94        95        良
```

由运行结果可见，drop_duplicates()函数运行后删除了数据中存在的重复行。需要取出指定列的重复数据时，在 drop_duplicates()函数参数中加上列索引参数即可。例如，删除“数学成绩”列的重复数据，具体代码如下。

```
drop_duplicates(['数学成绩'])
```

如果需要保留重复行中的最后一行，需要加上 keep 参数，具体代码如下。

```
df.drop_duplicates(keep='last')
```

运行结果如下。

```
     姓名   性别   数学成绩  语文成绩  评价
0    小千   男     89        81        良
2    小锋   男     90        87        良
3    小可   女     94        95        良
```

由运行结果可知，此时数据的行索引发生了改变，保留了重复行的最后一行。

4.4.2 Pandas 数据排序

在实际开发中，通常需要将数据按照一定的顺序排列。DataFrame 数据排序主要使用 sort_values()函数，该函数类似于 SQL 中的 order by，可以对 DataFrame 的指定行或者指定列进行升序或降序的排列。

sort_values()函数的语法格式如下。

```
DataFrame.sort_values(by='##', axis=0, ascending=True, inplace=False, na_position=
'last')
```

sort_values()函数的主要参数说明如表 4.5 所示。

表 4.5　　sort_values()函数的主要参数说明

参数	说明
by	指定列索引（axis=0/'index'）或行索引（axis=1/'columns'）
axis	若 axis=0/'index'，则按照指定列中数据大小排序；若 axis=1/'columns'，则按照指定行中数据大小排序。默认 axis=0
ascending	是否按升序排列，默认值为 True，即升序排列
inplace	是否用排序后的数据集替换原来的数据，默认值为 False，即不替换
na_position	{'first', 'last'}，设置缺失值的显示位置

例 4-29　创建一组模拟数据，具体代码如下。

```
from pandas import DataFrame
import pandas as pd
# 创建原始字典数据
dic = {"姓名" : ['小千','小锋','小亮','小可','小丽'],'性别' : ['男','男','男','女',
'女'],'数学成绩' : [89,87,90,94,92],'语文成绩' : [81,87,87,95,98],'评价':['良','良','优',
'优','优']}
df = DataFrame(dic,columns=['姓名','性别','数学成绩','语文成绩','评价'])
df
```

运行结果如下。

```
   姓名  性别  数学成绩  语文成绩  评价
0  小千  男    89        81        良
1  小锋  男    87        87        良
2  小亮  男    90        87        优
3  小可  女    94        95        优
4  小丽  女    92        98        优
```

例 4-30　按单列数据排序。

新增列“总成绩”，并依据总成绩对数据进行降序排列，具体代码如下。

```
df['总成绩'] = df['数学成绩'] + df['语文成绩']  # 新增总成绩 = 数学成绩 + 语文成绩
df = df.sort_values(by = '总成绩',ascending=False)  # 依据总成绩进行降序排列
df
```

运行结果如下。

```
   姓名  性别  数学成绩  语文成绩  评价 总成绩
4  小丽  女    92        98        优   190
3  小可  女    94        95        优   189
2  小亮  男    90        87        优   177
1  小锋  男    87        87        良   174
0  小千  男    89        81        良   170
```

例 4-31　按多列数据排序。

有时数据排序的基准不止一列数据，例如，针对已经创建的模拟数据中的“性别”与“总

成绩”进行排序，来分别获得男生与女生的排名，具体代码如下。

```
df = df.sort_values(by = ['性别','总成绩'],ascending=[False,False])
df
```

运行结果如下。

```
     姓名  性别   数学成绩  语文成绩  评价  总成绩
2    小亮  男     90       87       优   177
1    小锋  男     87       87       良   174
0    小千  男     89       81       良   170
4    小丽  女     92       98       优   190
3    小可  女     94       95       优   189
```

由运行结果可见，已经对男生与女生的总成绩分别进行降序排名，其中男生第一名为小亮，总成绩为 177 分；女生第一名为小丽，总成绩为 190 分。

例 4-32 数据排名。

在面对大量数据时，可能需要对数据基于某列进行总的排名。现在使用 Pandas 创建 100 条职业数据，具体代码如下。

```
import pandas as pd
import numpy as np
df = pd.DataFrame()
size = 100
df["ID"] = np.random.randint(100000,200000,size)
df["年龄"] = np.random.randint(0,100,size)
df["体重"] = np.random.randint(3,150,size)
df["职业"] = np.random.choice(["医生","教师","工程师","职员","高管","自由职业"],size)
df["学历"] = np.random.choice(["高中","大专","大学","硕士","博士"],size)
df["工资"] = np.random.randint(3000,30000,size)
print(type(df))
df
```

运行结果如下。

```
     ID       年龄  体重  职业      学历  工资
0    129203   60    92    高管      大专  13166
1    172838   25    55    医生      大专  27907
2    140672   72    8     职员      博士  28974
3    177217   17    113   医生      博士  24453
4    158493   60    63    职员      大专  29847
...  ...      ...   ...   ...       ...   ...
95   144966   63    47    医生      大学  27975
96   189470   76    138   教师      大专  9859
97   116560   83    26    工程师    硕士  14786
98   192437   67    141   自由职业  大学  22349
99   194318   1     123   医生      硕士  28923
100 rows×6 columns
```

现创建了 100 条关于职业的模拟数据，要对这些数据根据“工资”进行排名。排名通常使用 Pandas.rank()函数，该函数的语法格式如下。

```
DataFrame.rank(axis=0,method='average',numeric_only=None,na_option='keep',
ascending=True,pct=False)
```

rank()函数的部分参数说明如表 4.6 所示。

表 4.6 rank()函数的部分参数说明

参数	说明
axis	直接排名的索引
numeric_only	对于 DataFrame 对象，如果设置为 True，则仅对数字列进行排名
na_option	对 NaN 值进行排序
pct	布尔型，默认值为 False，是否以百分比形式显示返回的排名

① 使用 rank()函数进行顺序排名的具体代码如下。

```
df = df.sort_values(by = '工资',ascending = False)  # 根据工资进行各职业的排名
df['顺序排名'] = df['工资'].rank(method="first",ascending=False)  # 进行顺序排名
df
```

运行结果如下。

```
    ID      年龄 体重 职业     学历 工资    顺序排名
4   158493  60   63   职员     大专 29847  1.0
32  179742  16   61   高管     大学 29161  2.0
2   140672  72   8    职员     博士 28974  3.0
99  194318  1    123  医生     硕士 28923  4.0
65  146724  77   60   自由职业 大学 28739  5.0
... ...     ...  ...  ...      ...  ...    ...
33  115528  13   107  教师     硕士 4202   96.0
87  170857  94   108  医生     硕士 4144   97.0
73  106879  81   142  工程师   高中 4074   98.0
40  170359  15   79   教师     高中 4046   99.0
27  113377  12   9    工程师   高中 3082   100.0
100 rows×7 columns
```

② 平均排名是在数据相同时的顺序排名的平均值。使用 rank()函数进行平均排名的具体代码如下。

```
df['平均排名'] = df['工资'].rank(ascending=False)   # 进行平均排名
df
```

运行结果如下。

```
    ID      年龄 体重 职业     学历 工资    顺序排名 平均排名
26  120265  19   129  自由职业 硕士 29784  1.0      1.0
71  174706  99   118  工程师   大专 29589  2.0      3.5
7   131039  64   142  教师     硕士 29589  3.0      3.5
34  116741  89   66   高管     硕士 29589  4.0      3.5
82  105939  46   87   高管     博士 29589  5.0      3.5
... ...     ...  ...  ...      ...  ...    ...      ...
78  197351  39   111  工程师   大学 3518   96.0     96.0
53  154977  54   96   自由职业 高中 3513   97.0     97.0
8   189014  12   112  自由职业 大专 3437   98.0     98.0
68  122317  41   119  高管     大专 3334   99.0     99.0
92  103395  21   70   职员     大学 3282   100.0    100.0
```

4.4.3 Pandas 数据合并

在实际的业务需求中，需要处理的数据可能存在于不同的库表中。很多情况下需要进行多表的连接查询来实现数据的提取，可以使用 SQL 的 join 语句，如 left join、right join、inner join 等。

Pandas 中也有实现此类功能的函数，如 concat()、append()、join()、merge()。本小节重点介绍的是 merge()函数，这也是 Pandas 中最为重要的一个实现数据合并的函数。

merge()函数基于两个 DataFrame 对象中列索引相同的列进行连接合并，两个 DataFrame 对象必须有列索引相同的列。merge()函数的语法格式如下。

```
merge(left, right, how='inner', on=None, left_on=None, right_on=None, left_
index=False, right_index=False, sort=False, suffixes=('_x', '_y'), copy=True,
indicator=False, validate=None)
```

merge()函数的部分参数说明如表 4.7 所示。

表 4.7　merge()函数的部分参数说明

参数	说明
left	拼接的左侧 DataFrame 对象
right	拼接的右侧 DataFrame 对象
how	可以是'left'、'right'、'outer'、'inner'，默认值为'inner'。'inner'是取交集，'outer'是取并集
on	要指定的列索引或索引级别名称。必须在左侧和右侧 DataFrame 对象中找到
left_on	左侧 DataFrame 中的列索引或索引级别名称用作键。连接键可以是列索引、索引级别名称，也可以是长度等于 DataFrame 长度的数组
right_on	右侧 DataFrame 中的列索引或索引级别名称用作键。连接键可以是列索引、索引级别名称，也可以是长度等于 DataFrame 长度的数组
left_index	如果为 True，则使用左侧 DataFrame 中的行索引作为其连接键
right_index	与 left_index 功能相似
sort	按字典顺序通过连接键对结果 DataFrame 进行排序。默认值为 True，设置为 False 将在很多情况下显著提高性能

为演示 Pandas 数据合并，我们创建两组模拟数据，即学生成绩表。其中一组数据包含学生的数学、语文成绩，另一组数据为学生的体育成绩。

例 4-33　创建模拟数据。

```
from pandas import DataFrame
import pandas as pd
# 创建原始字典数据
dic_1 = {"姓名" : ['小千','小锋','小亮','小可','小丽'],'性别' : ['男','男','男',
'女','女'],'数学成绩' : [89,87,90,94,92],'语文成绩' : [81,87,87,95,98],'评价':['良',
'良','优','优','优']}
dic_2 = {"姓名" : ['小千','小锋','小亮','小可','小丽'],'体育成绩' : [95,87,89,91,89]}
df_1 = DataFrame(dic_1)
df_2 = DataFrame(dic_2)
print(df_1)
print("*"*10)
print(df_2)
```

运行结果如下。

```
   姓名  性别  数学成绩  语文成绩  评价
0  小千  男    89        81        良
1  小锋  男    87        87        良
2  小亮  男    90        87        优
```

```
3  小可  女    94       95       优
4  小丽  女    92       98       优
**********
   姓名  体育成绩
0  小千     95
1  小锋     87
2  小亮     89
3  小可     91
4  小丽     89
```

例 4-34　常规合并数据。

现对两组数据进行常规合并，具体代码如下。

```
df_merge = pd.merge(df_1,df_2,on="姓名")
df_merge
```

运行结果如下。

```
    姓名   性别    数学成绩  语文成绩  评价 体育成绩
0   小千   男      89        81        良   95
1   小锋   男      87        87        良   87
2   小亮   男      90        87        优   89
3   小可   女      94        95        优   91
4   小丽   女      92        98        优   89
```

接下来对其进行调整，将“评价”放在最后一列，具体代码如下。

```
df_merge = df_merge[['姓名','性别','数学成绩','语文成绩','体育成绩','评价']]
df_merge
```

运行结果如下。

```
    姓名   性别    数学成绩  语文成绩  体育成绩  评价
0   小千   男      89        81        95        良
1   小锋   男      87        87        87        良
2   小亮   男      90        87        89        优
3   小可   女      94        95        91        优
4   小丽   女      92        98        89        优
```

例 4-35　通过行索引合并数据。

当需要通过指定行索引合并数据时，就需要设置 left_index 参数和 right_index 参数，具体代码如下。

```
df_merge = pd.merge(df_1,df_2,right_index=True,left_index=True)
df_merge
```

运行结果如下。

```
    姓名_x    性别 数学成绩  语文成绩  评价 姓名_y    体育成绩
0   小千      男   89        81        良   小千      95
1   小锋      男   87        87        良   小锋      87
2   小亮      男   90        87        优   小亮      89
3   小可      女   94        95        优   小可      91
4   小丽      女   92        98        优   小丽      89
```

例 4-36　合并数据去重。

在例 4-35 的运行结果中，有“姓名”列重复的现象，需要去除重复的列，具体代码如下。

```
df_merge = pd.merge(df_1,df_2,on='姓名',right_index=True,left_index=True)  # 方法一
df_merge = pd.merge(df_1,df_2,on='姓名',how='left')  # 方法二
df_merge
```

运行结果如下。

```
   姓名   性别    数学成绩  语文成绩  评价  体育成绩
0  小千   男      89        81        良    95
1  小锋   男      87        87        良    87
2  小亮   男      90        87        优    89
3  小可   女      94        95        优    91
4  小丽   女      92        98        优    89
```

4.4.4 Pandas 日期数据处理

进行数据分析时，我们会遇到很多带有日期、时间格式的数据集。在处理这些数据集时，可能会遇到日期格式不统一的问题，此时就需要对日期、时间做统一的格式化处理。

Pandas 提供了 to_datetime()函数去解决这一问题，该函数的语法格式如下。

```
pandas.to_datetime(arg, errors='raise', dayfirst=False, yearfirst=False, utc=None, format=None, exact=True, unit=None, infer_datetime_format=False, origin='unix', cache=True)
```

to_datetime()函数的部分参数说明如表 4.8 所示。

表 4.8　　to_datetime()函数的部分参数说明

参数	说明
errors	参数取'raise'时，表示传入数据格式不符合要求时会报错；取'ignore'时，表示忽略报错返回原数据；取'coerce'时，表示用 NaT 时间空值代替
dayfirst	表示传入数据的前两位数为天，如“030820”表示 2020-03-08
yearfirst	表示传入数据的前两位数为年份，如“030820”表示 2003-08-20
format	自定义输出格式，如“%Y-%m-%d”
unit	可以为['D', 'h' ,'m', 'ms' ,'s', 'ns']
infer_datetime_format	加速计算
origin	自定义开始时间，默认为 1990-01-01

例 4-37　Pandas 时间序列基础以及时间、日期处理。

Pandas 最基本的时间序列类型就是以时间戳（通常以 Python 字符串或 datetime 对象表示）为索引的 Series，具体代码如下。

```
import numpy as np
import pandas as pd

dates = ['2022-06-20','2022-06-21','2022-06-22','2022-06-23','2022-06-24',
'2022-06-25','2022-06-26','2022-06-27']

ts = pd.Series(np.random.randn(8),index = pd.to_datetime(dates))
ts
```

运行结果如下。

```
2022-06-20   -1.437633
2022-06-21   -0.876582
2022-06-22   -0.261704
2022-06-23    1.275579
2022-06-24    1.866331
```

```
2022-06-25   -0.274419
2022-06-26   -1.117529
2022-06-27    0.422183
dtype: float64
```

例 4-38 更改日期显示格式。

```
pd.to_datetime('10/11/12',dayfirst = True)
pd.to_datetime('12/10/11',dayfirst = True)
pd.to_datetime('10/11/12',yearfirst = True)
pd.to_datetime('10/11/12')
```

运行结果如下。

```
Timestamp('2012-11-10 00:00:00')
Timestamp('2011-10-12 00:00:00')
Timestamp('2010-11-12 00:00:00')
Timestamp('2012-10-11 00:00:00')
```

由运行结果可见，如果 dayfirst = True，则日期的显示顺序依次为日、月、年；如果 yearfirst = True，则日期的显示顺序依次为年、月、日。默认情况下，日期的显示顺序依次为月、日、年。

当从 DataFrame 的多个列中组合出日期、时间时，键可以是常见的英文单词或其缩写，如'year'、'month'、'day'、'minute'、'second'、'ms'、'us'、'ns'，或者相应的英语单词复数形式。

例 4-39 创建一个 DataFrame 对象，具体代码如下。

```
import pandas as pd
df = pd.DataFrame({'year': [2015, 2016],'month': [2, 3],'day': [4, 5]})
df
```

运行结果如下。

```
   year  month  day
0  2015      2    4
1  2016      3    5
```

将其转换为另一种时间显示形式，具体代码如下。

```
pd.to_datetime(df)
```

运行结果如下。

```
0   2015-02-04
1   2016-03-05
dtype: datetime64[ns]
```

4.5 实战 1：泰坦尼克号乘客数据处理与分析

4.5.1 任务说明

1. 案例背景

1912 年 4 月 14 日 23 时 40 分左右，泰坦尼克号与一座冰山相撞，造成右舷船艏至船中部破裂，五间水密舱进水。4 月 15 日凌晨 2 时 20 分左右，泰坦尼克船体断裂成两截后沉入大西洋底 3700 米处，多人丧生。本节就泰坦尼克号相关数据集来试分析船上人员生存率。

2．任务目标

① 查看泰坦尼克号沉船时船体与乘客的基本信息。
② 数据重复值处理，对数据集去除冗余属性、查看并删除空值等。
③ 分析乘客的舱位和存活率的关联性。

4.5.2　任务实现

1．文件读取与查看数据集

首先导入 Pandas 数据集，并查看数据集的 shape 属性，具体代码如下。

```
import pandas as pd
df=pd.read_csv('titanic/train.csv')
df.shape  # 查看数据集的 shape 属性
```

运行结果如下。

```
(891, 12)
```

然后查看前 5 行数据，具体代码如下。

```
df.head()
```

运行结果如图 4.1 所示。

	PassengerId	Survived	Pclass	Name	Sex	Age	SibSp	Parch	Ticket	Fare	Cabin	Embarked
0	1	0	3	Braund, Mr. Owen Harris	male	22.0	1	0	A/5 21171	7.2500	NaN	S
1	2	1	1	Cumings, Mrs. John Bradley (Florence Briggs Th...	female	38.0	1	0	PC 17599	71.2833	C85	C
2	3	1	3	Heikkinen, Miss. Laina	female	26.0	0	0	STON/O2. 3101282	7.9250	NaN	S
3	4	1	1	Futrelle, Mrs. Jacques Heath (Lily May Peel)	female	35.0	1	0	113803	53.1000	C123	S
4	5	0	3	Allen, Mr. William Henry	male	35.0	0	0	373450	8.0500	NaN	S

图 4.1　查看数据集

由图 4.1 可以看到，每一个成员具有 12 个属性。例如，Survived 属性只有 1 和 0 两个值，分别代表生存和遇难；Pclass 属性代表着乘客的客舱等级；SibSp 属性代表乘客同船的兄弟姐妹和配偶数量；Parch 属性代表乘客同船的父母与子女数量；最后的几个属性分别表示票的编号、票价、座位号和乘客的登船码头。

2．文件的信息查看与分析

接下来使用 isnull()函数来查看一下数据集的空值，具体代码如下。

```
df.isnull().sum()
```

运行结果如下。

```
PassengerId      0
Survived         0
Pclass           0
Name             0
Sex              0
Age            177
SibSp            0
```

```
Parch            0
Ticket           0
Fare             0
Cabin          687
Embarked         2
dtype: int64
```

由运行结果可以看到，该数据集中 Cabin 属性含有 687 个空值。由于空值太多，下面使用 drop()函数删除这个属性，具体代码如下。

```
df1=df.drop('Cabin',axis=1)
df1.head()
```

运行结果如图 4.2 所示。

	PassengerId	Survived	Pclass	Name	Sex	Age	SibSp	Parch	Ticket	Fare	Embarked
0	1	0	3	Braund, Mr. Owen Harris	male	22.0	1	0	A/5 21171	7.2500	S
1	2	1	1	Cumings, Mrs. John Bradley (Florence Briggs Th...	female	38.0	1	0	PC 17599	71.2833	C
2	3	1	3	Heikkinen, Miss. Laina	female	26.0	0	0	STON/O2. 3101282	7.9250	S
3	4	1	1	Futrelle, Mrs. Jacques Heath (Lily May Peel)	female	35.0	1	0	113803	53.1000	S
4	5	0	3	Allen, Mr. William Henry	male	35.0	0	0	373450	8.0500	S

图 4.2　删除 Cabin 属性

下面查看各个字段的类型，具体代码如下。

```
df.dtypes
```

运行结果如下。

```
PassengerId      int64
Survived         int64
Pclass           int64
Name            object
Sex             object
Age            float64
SibSp            int64
Parch            int64
Ticket          object
Fare           float64
Cabin           object
Embarked        object
dtype: object
```

查看字段类型代码的运行结果显示了数据集中各个字段的数据类型。

下面查看船上人员的生还情况，这里可以直接读取 Survived 属性的值，具体代码如下。

```
df1.Survived.value_counts()
```

运行结果如下。

```
0    549
1    342
Name: Survived, dtype: int64
```

由运行结果可见，乘客生存 342 人，遇难 549 人。接下来可以查看不同舱位的人分别有多少，具体代码如下。

```
df1.Pclass.value_counts()
```

运行结果如下。

```
3    491
1    216
2    184
Name: Pclass, dtype: int64
```

在查看数据集的空值情况时，还发现 Age 属性有 177 个空值，可以用模拟数据填充，具体代码如下。

```
df1['Age']=df1['Age'].fillna(20)
```

此时查看空值，具体代码如下。

```
df1.isnull().sum()
```

运行结果如下。

```
PassengerId    0
Survived       0
Pclass         0
Name           0
Sex            0
Age            0
SibSp          0
Parch          0
Ticket         0
Fare           0
Embarked       2
dtype: int64
```

由运行结果可见，Embarked 属性仍存在两个空值，将这两个成员删去即可，具体代码如下。

```
df2=df1[df1['Embarked'].notnull()]
df2.isnull().sum()
```

运行结果如下。

```
PassengerId    0
Survived       0
Pclass         0
Name           0
Sex            0
Age            0
SibSp          0
Parch          0
Ticket         0
Fare           0
Embarked       0
dtype: int64
```

下面分析男女存活的人数。利用 pivot_table()函数来建立表格，具体代码如下。

```
df2.pivot_table(values='PassengerId',index='Survived',columns='Sex',aggfunc='count')
```

运行结果如图 4.3 所示。

Sex	female	male
Survived		
0	81	468
1	231	109

图 4.3　男女存活人数

最后通过 corr()函数判断两个属性是否具有相关性。这里判断舱位与存活的关系，具体代码如下。

```
df['Survived'].corr(df['Pclass'])
```

运行结果如下。

```
-0.3384810359610148
```

运行结果为一个负数，证明是负相关，也就是说，舱位数值越高（也就是舱的档次越低），遇难概率也越高。

4.6 本章小结

Pandas 是知名的开源数据处理库，用户可以通过它对数据集进行快速读取、转换、过滤、分析等一系列操作。除此之外，Pandas 拥有强大的缺失数据处理与数据透视功能，可谓数据预处理的必备“利器”。

本章介绍 Pandas 的常用方法，Pandas 的数据类型主要有 Series（一维数组）和 DataFrame（二维数组）。本章主要讲述了 Series、DataFrame 的相关操作，包括两种数据类型的创建、数据的索引以及数据的基本运算等。

Pandas 所有数据结构的值都是可变的，但数据结构的大小并非都是可变的，例如，Series 的长度不可改变，但 DataFrame 里就可以插入列。Pandas 中，绝大多数函数都不改变原始的输入数据，而是复制数据，生成新的对象，更加稳妥。

4.7 习题

1. 填空题

（1）Panda 常见的数据类型主要有________、________、________、________。

（2）Panda 中求行列值总和使用________函数。

（3）DataFrame 是一个________的数据结构。

（4）Pandas 中也有实现合并功能的函数，如________、________、________、________。

（5）Series 对象常用属性包含两大类：________、________。

（6）Series 对象与 DataFrame 对象之间即为________与________的计算。

2. 选择题

（1）下列说法错误的是（　　）。

A. drop_duplicates()函数用来删除数据中的重复行或列

B. sort_values()函数用来进行数据的排序

C. Series 可以被看作由 DataFrame 组成的字典

D. Series 数据与 DataFrame 数据之间可以进行运算

（2）Pandas 提供了（　　）函数进行求均值操作。

A. mean()　　B. count()　　C. sort_values()　　D. merge()

（3）Pandas 提供了（　　）函数进行求和操作。

A．mean()　　B．count()　　C．sort_values()　　D．sum()

（4）Pandas 提供了（　　）函数进行 NaN 值填充操作。

A．mean()　　B．fillna()　　C．sort_values()　　D．merge()

3．简答题

（1）如何用 Python 列表创建一个 Series？

（2）如何用 Python 列表创建一个 DataFrame？

第5章 数据预处理

数据预处理

本章学习目标

- 掌握数据预处理的基本流程。
- 掌握数据清洗的基本方法。
- 了解数据标准化的基本方法。
- 掌握数据类型转换的基本方法。

前 4 章讲解了如何使用 NumPy 模块与 Pandas 模块，使用它们的目的就是更加方便、高效地处理数据。数据预处理的目的就是准备数据，以便进行数据分析，也就是使要寻找的信息以更加清晰的方式展现出来，易于可视化。

本章主要讲解 Pandas 更加深入的功能，也就是用 Pandas 模块去应对处理数据所需经历的 3 个阶段：数据准备、数据变换和数据清洗。

5.1 数据准备

在进行数据预处理之前，需要先准备好数据，使数据结构便于使用 Pandas 的各种工具进行处理。一般来说，数据的准备阶段包括若干步骤，即数据的加载、数据的合并，以及数据的删除等。本节将对数据的加载与合并的方法进行讲解。

5.1.1 数据的加载

数据的存在形式多种多样，也可能来自不同的数据源，数据分析师通常会把不同格式的数据转换成 DataFrame 等结构。也就是说，在获取到数据之后，还需要做进一步处理，才能把数据准备好。

前面章节讲到了如何利用 Pandas 库去处理各种常见格式的数据文件。数据的加载就是将这些常见格式的数据以相对路径或者绝对路径载入，此时可能存在数据量过于庞大的情况，可以选择采用逐块读取的方式。下面以 Pandas 模块为例，对已有的示例数据集（train.csv）做逐块读取操作。

方法一具体代码如下。

```
import pandas as pd
df = pd.read_csv("train.csv")  # 使用相对路径加载数据
df.head(100)  # 读取前 100 条数据
```

运行结果如下。

```
datetime  season  holiday  workingday  weather  temp  atemp  humidity
windspeed  casual  registered  count
0  2011-01-01 00:00:00  1  0  0  1  9.84  14.395  81   0.0000  3   13   16
1  2011-01-01 01:00:00  1  0  0  1  9.02  13.635  80   0.0000  8   32   40
2  2011-01-01 02:00:00  1  0  0  1  9.02  13.635  80   0.0000  5   27   32
3  2011-01-01 03:00:00  1  0  0  1  9.84  14.395  75   0.0000  3   10   13
4  2011-01-01 04:00:00  1  0  0  1  9.84  14.395  75   0.0000  0    1    1
...  ...  ...  ...  ...  ...  ...  ...  ...  ...  ...  ...  ...
95  2011-01-05 04:00:00  1  0  1  1  9.84  11.365  48  15.0013  0    2    2
96  2011-01-05 05:00:00  1  0  1  1  9.02  11.365  47  11.0014  0    3    3
97  2011-01-05 06:00:00  1  0  1  1  8.20   9.850  47  15.0013  0   33   33
98  2011-01-05 07:00:00  1  0  1  1  7.38   9.090  43  12.9980  1   87   88
99  2011-01-05 08:00:00  1  0  1  1  8.20   9.090  40  19.9995  3  192  195
100 rows×12 columns
```

head()函数括号中的数字可以根据实际需要来改变，以读取前若干条数据。

方法二具体代码如下。

```
df = pd.read_csv("train.csv", chunksize=10)
for i in df:
    print(i)
```

由于数据量过于庞大，这里不做运行结果的展示。参数“chunksize=10”表示将所有数据以一次 10 条的形式读取出来，这样可以减小对计算机内存的压力。注意，此时返回的是一个可迭代的对象 TextFileReader，可以通过 for 循环迭代读取数据。当然，同样可以选择使用 head()函数读取返回的前若干条数据。

5.1.2 堆叠合并数据

堆叠合并数据就是简单地把两个表拼在一起，分为横向堆叠和纵向堆叠。通常使用 concat()函数将相同或者不同的数据对象堆叠合并。

Pandas 通过 concat()函数能够轻松地将 Series 对象与 DataFrame 对象组合在一起，沿某个特定的轴执行连接操作。concat()函数用于数据集的合并，类似于关系数据库中的 join 语句。

concat()函数的语法格式如下。

```
pd.concat(objs, axis=0, join='outer', join_axes=None, ignore_index=False, keys=None, levels=None, names=None, verify_integrity=False, sort=None, copy=True)
```

concat()函数的部分参数说明如表 5.1 所示。

表 5.1　　concat()函数的部分参数说明

参数	说明
objs	一个序列或者 Series、DataFrame 对象
axis	表示在哪个轴方向上（行或者列）进行连接操作。默认 axis=0 表示行方向，即横向拼接；axis=1 表示列方向，即纵向拼接
join	指定连接方式，可取值为{'inner', 'outer'}。默认值为'outer'，表示取并集；'inner'表示取交集
join_axes	表示索引对象的列表
ignore_index	布尔型，默认值为 False，如果为 True，表示不在连接的轴上使用索引

例 5-1 相同字段的表首尾相接。

```
# 先将表构成 list，然后作为 concat() 的输入
In [4]: frames = [df1, df2, df3] # 多个 DataFrame
In [5]: result = pd.concat(frames)
```

运行结果如图 5.1 所示。

由运行结果可见，左边三个数据表被首尾相接为右边一个整数据表。要在相接的时候加上一个层次的 keys 来识别数据源自于哪张表，可以增加 keys 参数。

例 5-2 增加 keys 参数。

```
result = pd.concat(frames, keys=['x', 'y', 'z'])
```

运行结果如图 5.2 所示。

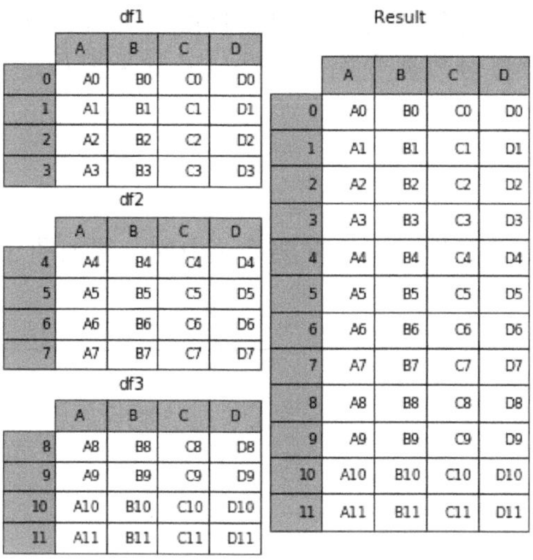

图 5.1 相同字段的表首尾相接

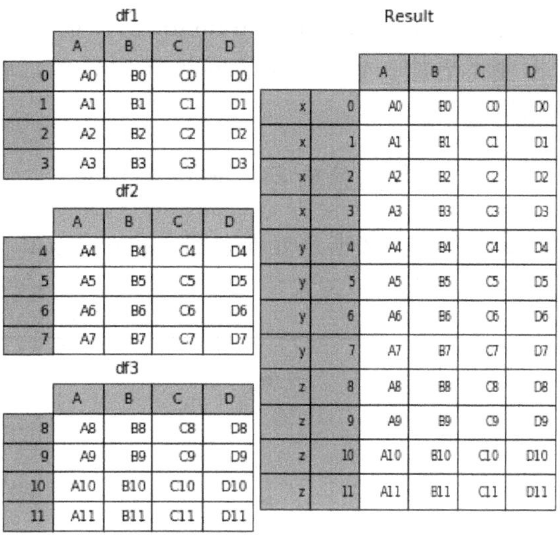

图 5.2 增加 keys 参数

由运行结果可见，在添加了 keys 参数后，左边三个数据表首尾相接为右边一个整数据表，并在左侧增加了新的索引列，索引分别为 x、y、z。

5.1.3 重叠合并数据

重叠合并数据并不常用。当两组数据的索引完全重合或部分重合，且数据中存在缺失值时，可以采用重叠合并的方式组合数据，该方式能将一组数据的 NaN 值填充为另一组数据中对应位置的值，如图 5.3 所示。

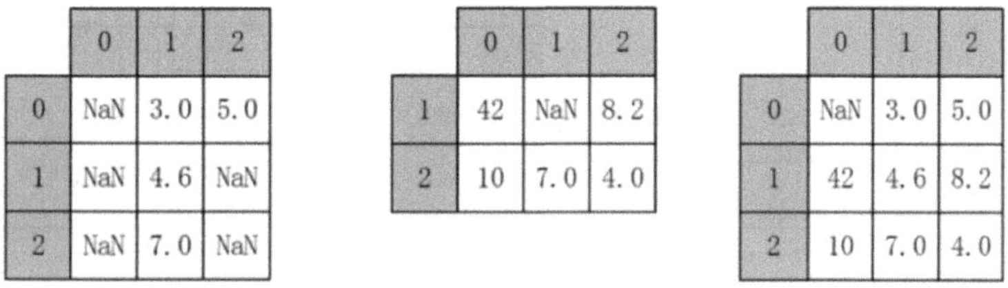

图 5.3 重叠合并数据

combine()函数用于重叠合并数据，其语法格式如下。

```
df1.combine(df2, func, fill_value=None, overwrite=True)
```

注意

combine()函数需要按列进行对比，而不是按行、按值等。

5.2 数据变换

数据经过加工处理后，很可能需要进行标准化、离散化等操作，这些方法有些能够提高模型拟合的程度，有些能够使原始属性被更抽象或更高层次的概念代替。这些方法可统称为数据变换（data transform）。简单来说，数据变换就是通过标准化、离散化让数据变得更加一致，更加容易被模型处理。本节将对数据变换的方法以及常见操作进行详细讲解。

5.2.1 数据分析与挖掘体系位置

数据变换是数据预处理中的一个过程。其在数据分析与挖掘框架系统中的位置如图 5.4 所示。

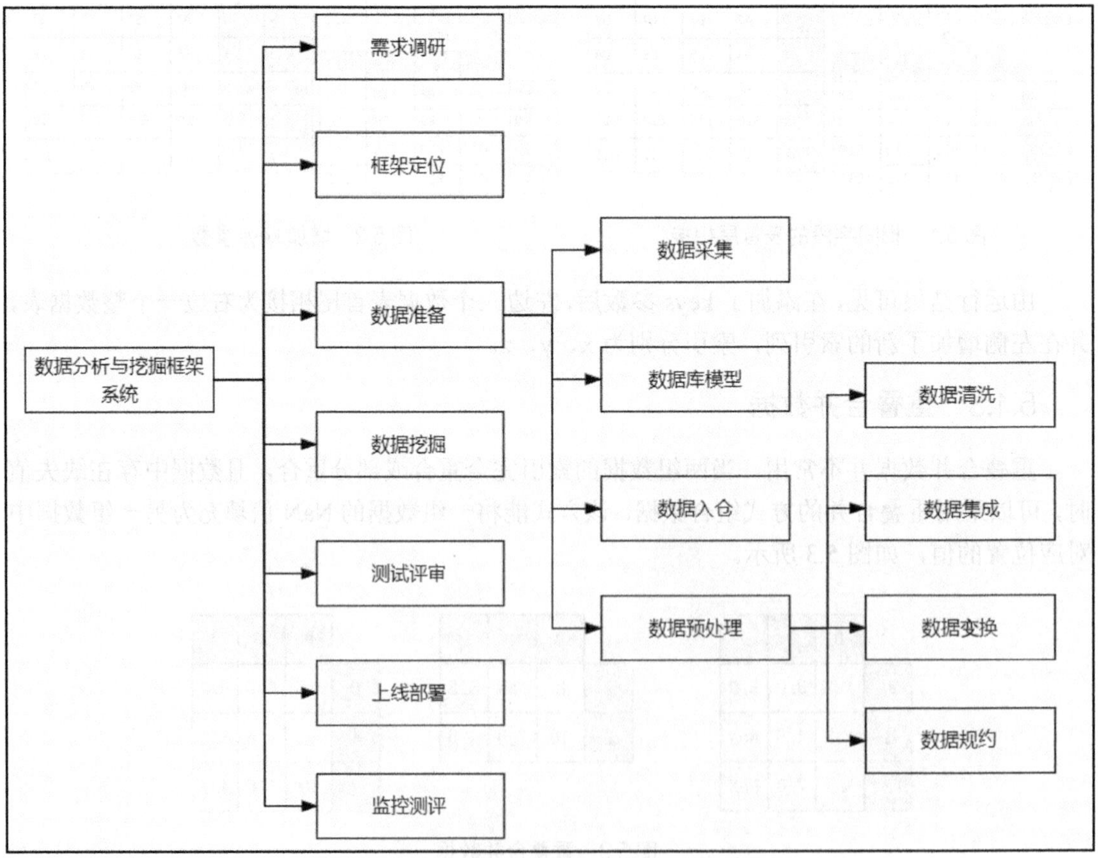

图 5.4 数据变换在数据分析与挖掘框架系统中的位置

5.2.2 数据变换的方法

常见的数据变换方法如下。

1. 数据标准化

数据标准化（data standardization）是指将数据按比例缩放，使数据都落在特定的区间。数据标准化的目的是避免数据量级对模型的训练造成影响。数据标准化常见的方法有最小-最大（min-max）标准化、Z-Score 标准化、小数定标标准化。

（1）最小-最大标准化

假设原始变量的值为 x，使用最小-最大标准化将 0 和 1 之间的值转换为 y，最大值定义为 A，最小值定义为 B，则：

$$y=\frac{x-B}{A-B}$$

（2）Z-Score 标准化

将总体数据的均值（μ）、总体数据的标准差（σ）以及个体的观测值（x）代入 Z-Score 公式即可实现标准化，公式如下。

$$y=\frac{x-\mu}{\sigma}$$

（3）小数定标标准化

小数定标标准化通过整体移动变量的小数点位置达到标准化的目的。移动的位数取决于变量的最大值。例如，变量的最大值为 789，则小数点需要移动的位数是 3，那么就把变量中所有的数据除以 1000，全部数据被规范到[−1,1]。

2. 数据离散化

数据离散化（data discretization）是指将数据用区间或者类别来替换。数据离散化的方法与数据清洗和数据规约的方法有重合之处，毕竟在数据预处理中，很多理念是相通的。数据离散化较常用的方法有分箱离散化、直方图离散化、聚类与分类离散化、相关度离散化等。

（1）分箱离散化

分箱离散化就是将数据排序，然后分入等频的箱中，最后将箱中的值统一替换成同样的指标值。分箱离散化对箱子的个数很敏感，同时，当数据中异常值很多时，也容易影响分箱结果。

（2）直方图离散化

直方图离散化与分箱离散化是很相似的，它与分箱离散化都属于无监督方法。直方图离散化通过将值分入相等的分区，把值离散化到直方图不同的柱中，保证直方图每个柱中的数据相同，或者直方图的柱间距相同。

（3）聚类与分类离散化

不论是用聚类方法还是用分类方法，都是将变量的值分为簇或组。簇或组内的值用统一的属性代替，由此实现离散化。

（4）相关度离散化

ChiMerge 算法是相关度离散化的一种手段，它采取自下而上的方式，通过递归找到邻近的区间，通过不断合并形成大区间。ChiMerge 算法的合并依据是卡方值，具有较小卡方值的数据会被合并在一起，之后不断循环递归。

5.2.3 常见操作

1. 简单函数变换

简单函数变换是对原始数据进行某些数学变换，常用的函数变换包括平方、开方、取对数、差分运算等。

$$x' = x^2$$

$$x' = \sqrt{x}$$

$$x' = \log(x)$$

$$\Delta f(x_k) = f(x_{k+1}) - f(x_k)$$

数据变换的目的是将数据转换成更方便分析的数据。简单函数变换常用来将不具有正态分布的数据转换成具有正态分布的数据。

在时间序列分析中，有时简单的对数变换或者差分运算就可以将非平稳序列转换成平稳序列。

2. 连续特征变换

连续特征变换的常用方法有三种：基于多项式的数据变换、基于指数函数的数据变换、基于对数函数的数据变换。连续特征变换能够增加数据的非线性特征捕获，有效提高模型的复杂度。通过对连续特征进行变换，可以引入非线性关系，从而更好地描述特征之间的复杂关系。其具体代码如下。

```
#encoding=utf-8
import numpy as np
from sklearn.preprocessing import PolynomialFeatures
from sklearn.preprocessing import FunctionTransformer  #导入相关模块
X = np.arange(9).reshape(3,3)
print(X)  # 多项式 X
ploy = PolynomialFeatures(2)
print(ploy.fit_transform(X))  # 当 degree = 2 时
ploy = PolynomialFeatures(3)
print(ploy.fit_transform(X))  # 当 degree = 3 时
X = np.array([[0,1],[2,3]])
transformer = FunctionTransformer(np.log1p) # 括号内的就是自定义函数
print(transformer.fit_transform(X))  # 正态化处理
transformer = FunctionTransformer(np.exp)
print(transformer.fit_transform(X))  # 指数函数处理多项式
```

多项式 X 运行结果如下。

```
[[0 1 2]
 [3 4 5]
 [6 7 8]]
```

当 degree = 2 时，以第 2 行为例，运行结果如下。

```
[[ 1.  0.  1.  2.  0.  0.  0.  1.  2.  4.]
 [ 1.  3.  4.  5.  9. 12. 15. 16. 20. 25.]
 [ 1.  6.  7.  8. 36. 42. 48. 49. 56. 64.]]
```

当 degree = 3 时，以第 2 行为例，运行结果如下。

```
[[  1.   0.   1.   2.   0.   0.   0.   1.   2.   4.   0.   0.   0.   0.
    0.   0.   1.   2.   4.   8.]
 [  1.   3.   4.   5.   9.  12.  15.  16.  20.  25.  27.  36.  45.  48.
   60.  75.  64.  80. 100. 125.]
 [  1.   6.   7.   8.  36.  42.  48.  49.  56.  64. 216. 252. 288. 294.
  336. 384. 343. 392. 448. 512.]]
```

正态化处理，生成多项式，运行结果如下。

```
[[0.         0.69314718]
 [1.09861229 1.38629436]]
```

指数函数处理多项式，运行结果如下。

```
[[ 1.          2.71828183]
 [ 7.3890561  20.08553692]]
```

从上面的例子可以看出，生成多项式时，在输入数据中增加非线性特征可以有效提高模型的复杂度，简单且常用的方法就是使用多项式特征。

以下小节主要以小费数据集（tips.csv）为例，介绍数据预处理中常用到的不同数据类型转换方法，即分类型数据转换成数值型数据、连续型数据转换成离散型数据。

5.2.4 数据基本字段

小费数据集包含 244 个样本，对应数据集的每行数据。每行数据包含每个样本的 7 个特征（总消费金额、小费金额、顾客性别、是否抽烟、聚餐在星期几、聚餐的时间段、聚餐人数），所以该数据集是一个 244 行 7 列的二维表。

其中，总消费金额（total_bill）和小费金额（tip）均为连续型数据集；顾客性别（sex）、是否抽烟（smoker）、聚餐在星期几（day）、聚餐的时间段（time）均为分类型数据；聚餐人数（size）为离散型数据。数据基本字段如图 5.5 所示。

	total_bill	tip	sex	smoker	day	time	size
0	16.99	1.01	Female	No	Sun	Dinner	2
1	10.34	1.66	Female	No	Sun	Dinner	3
2	21.01	3.50	Male	No	Sun	Dinner	3
3	23.68	3.31	Male	No	Sun	Dinner	2

图 5.5 数据基本字段

5.2.5 数据类型转换

1. 读取数据

```
import pandas as pd
tips = pd.read_csv('tips.csv')
tips.head()
```

2. 分类型数据转换成数值型数据

在数据预处理过程中，将分类型数据转换为数值型数据有多种方式，具体介绍如下。

（1）map()函数

先创建一个 map，再将 map 映射为表格中的值，具体代码如下。

```
df1 = tips.copy()
dict1 = {'Male':0,'Female':1}        # 设置字典参数
df1.sex = df1.sex.map(dict1)
dict2 = {'No':0,'Yes':1}
df1.smoker = df1.smoker.map(dict2)
dict3 = {'Sun':6, 'Sat':5, 'Thur':3, 'Fri':4}
df1.day = df1.day.map(dict3)
dict4 = {'Dinner':0, 'Lunch':1}
df1.time = df1.time.map(dict4)
df1.head()
```

运行结果如图 5.6 所示。

	total_bill	tip	sex	smoker	day	time	size
0	16.99	1.01	1	0	6	0	2
1	10.34	1.66	1	0	6	0	3
2	21.01	3.50	0	0	6	0	3
3	23.68	3.31	0	0	6	0	2

图 5.6　map()函数将分类型数据转换为数值型数据

（2）replace()函数

replace()函数可以把字符串中的旧字符串替换成新字符串。如果指定第三个参数 max，则替换不超过 max 次。其具体代码如下。

```
df2 = tips.copy()
df2.sex = df2.sex.replace(df2.sex.unique(),[0,1])
df2.smoker = df2.smoker.replace(df2.smoker.unique(),[0,1])
df2.day = df2.day.replace(df2.day.unique(),[6,5,3,4])
df2.time = df2.time.replace(df2.time.unique(),[0,1])
df2.head()
```

运行结果如图 5.7 所示。

	total_bill	tip	sex	smoker	day	time	size
0	16.99	1.01	0	0	6	0	2
1	10.34	1.66	0	0	6	0	3
2	21.01	3.50	1	0	6	0	3
3	23.68	3.31	1	0	6	0	2

图 5.7　replace()函数将分类型数据转换为数值型数据

（3）LabelEncoder()函数

LabelEncoder()函数可以将值转换为 0~n−1 个类型，也可以将非数值标签转换为数值标签（需要确保非数值标签是可比的和可散列的）。其具体代码如下。

```
df3 = tips.copy()
from sklearn.preprocessing import LabelEncoder
df3.sex = LabelEncoder().fit_transform(df3.sex)
df3.smoker = LabelEncoder().fit_transform(df3.smoker)
df3.day = LabelEncoder().fit_transform(df3.day)
df3.time = LabelEncoder().fit_transform(df3.time)
df3.head()
```

运行结果如图 5.8 所示。

	total_bill	tip	sex	smoker	day	time	size
0	16.99	1.01	0	0	2	0	2
1	10.34	1.66	0	0	2	0	3
2	21.01	3.50	1	0	2	0	3
3	23.68	3.31	1	0	2	0	2

图 5.8　LabelEncoder()函数将分类型数据转换为数值型数据

（4）get_dummies()函数

get_dummies()相当于独热编码，常用于把离散的类别信息转换为独热编码形式。其具体代码如下。

```
df4 = tips.copy()
df4 = pd.get_dummies(df4.iloc[:,2:-1])  # 返回 pd.DataFrame 对象
df4.head()
```

运行结果如图 5.9 所示。

	sex_Female	sex_Male	smoker_No	smoker_Yes	day_Fri	day_Sat	day_Sun	day_Thur	time_Dinner	time_Lunch
0	1	0	1	0	0	0	1	0	1	0
1	1	0	1	0	0	0	1	0	1	0
2	0	1	1	0	0	0	1	0	1	0
3	0	1	1	0	0	0	1	0	1	0

图 5.9　get_dummies()函数转换类别信息

（5）OneHotEncoder()函数

在 sklearn 包中，OneHotEncoder()函数非常实用，它可以将表现分类特征的每个元素转换为一个可用来计算的值。其具体代码如下。

```
df5 = tips.copy()
from sklearn.preprocessing import OneHotEncoder
mat = OneHotEncoder().fit_transform(df5.iloc[:,2:-1])  # 返回 sparse matrix 对象
arr = arr.toarray()   # 返回 np.array 对象
arr
```

运行结果如图 5.10 所示。

```
array([[1., 0., 1., ..., 0., 1., 0.],
       [1., 0., 1., ..., 0., 1., 0.],
       [0., 1., 1., ..., 0., 1., 0.],
       ...,
       [0., 1., 0., ..., 0., 1., 0.],
       [0., 1., 1., ..., 0., 1., 0.],
       [1., 0., 1., ..., 1., 1., 0.]])
```

图 5.10　OneHotEncoder()函数转换数值

3. 连续型数据转换为离散型数据

连续型数据转换为离散型数据通常使用等宽法、等频法以及二值化，具体介绍如下。

（1）等宽法

等宽法基于连续型变量的极差对变量进行等差区间的划分，具体代码如下。

```
data1 = tips.copy()
data1.total_bill = pd.cut(x=data1.total_bill,bins=4,labels=range(0,4))
data1.tip = pd.cut(x=data1.tip,bins=4,labels=range(0,4))
data1.head()
```

运行结果如图 5.11 所示。

	total_bill	tip	sex	smoker	day	time	size
0	1	0	Female	No	Sun	Dinner	2
1	0	0	Female	No	Sun	Dinner	3
2	1	1	Male	No	Sun	Dinner	3
3	1	1	Male	No	Sun	Dinner	2

图 5.11　等宽法

（2）等频法

等频法基于区间内数据点数量相等或相近的原则将连续型随机变量划入等频的区间，即划分后的不同区间内的变量取值点数量相同或相近。其具体代码如下。

```
data2 = tips.copy()
data2.total_bill = pd.cut(x=data2.total_bill,bins=4,labels=range(0,4))
data2.tip = pd.cut(x=data2.tip,bins=4,labels=range(0,4))
data2.head()
```

运行结果如图 5.12 所示。

	total_bill	tip	sex	smoker	day	time	size
0	1	0	Female	No	Sun	Dinner	2
1	0	0	Female	No	Sun	Dinner	3
2	1	1	Male	No	Sun	Dinner	3
3	1	1	Male	No	Sun	Dinner	2

图 5.12　等频法

（3）二值化

二值化常用 Binarizer 类及其类方法 transform()。其基本原理是设置一个阈值 threshold，数据大于该阈值则被标注为 1，否则标注为 0。

```
import numpy as np
from sklearn.preprocessing import Binarizer
data3 = tips.copy()
arr1 = np.array(data3.total_bill)
data3.total_bill = Binarizer(threshold=20).transform(arr1.reshape(-1, 1))
arr2 = np.array(data3.tip)
data3.tip = Binarizer(threshold=5).transform(arr2.reshape(-1, 1))
data3.head()
```

运行结果如图 5.13 所示。

	total_bill	tip	sex	smoker	day	time	size
0	0.0	0.0	Female	No	Sun	Dinner	2
1	0.0	0.0	Female	No	Sun	Dinner	3
2	1.0	0.0	Male	No	Sun	Dinner	3
3	1.0	0.0	Male	No	Sun	Dinner	2

图 5.13 二值化

5.3 数据清洗

数据清洗是数据预处理的关键环节，占整个数据分析过程的 50%到 70%。通俗地说，数据清洗就是检测到数据中有问题的部分，如数据的缺失、重复和异常等，然后将良莠不齐的“脏”数据，清洗成满足实际需求的质量较高的“干净”数据。本节将对数据清洗相关操作进行详细讲解。

5.3.1 导入与查看数据集

本小节选用帕尔默企鹅数据集，此数据集由克里斯汀·戈尔曼（Kristen Gorman）博士和南极洲的帕尔默科考站共同创建，包含 344 只企鹅的数据。

数据说明如下。

- species：3 个企鹅种类，包括阿德利企鹅、巴布亚企鹅、帽带企鹅。
- culmen_length_mm：企鹅的嘴峰长度。
- culmen_depth_mm：企鹅的嘴峰深度。
- flipper_length_mm：脚掌长度。
- body_mass_g：体重。
- island：岛屿的名字。
- sex：企鹅的性别。

1. 读入 CSV 数据

为方便起见，接下来使用相对路径读取数据，具体代码如下。

```
import pandas as pd
data=pd.read_csv('penguins_lter.csv')
print(data)
```

运行结果如下。

```
    studyName  Sample Number                              Species  Region  \
0     PAL0708              1  Adelie Penguin (Pygoscelis adeliae)  Anvers
1     PAL0708              2  Adelie Penguin (Pygoscelis adeliae)  Anvers
2     PAL0708              3  Adelie Penguin (Pygoscelis adeliae)  Anvers
3     PAL0708              4  Adelie Penguin (Pygoscelis adeliae)  Anvers
4     PAL0708              5  Adelie Penguin (Pygoscelis adeliae)  Anvers
..        ...            ...                                  ...     ...
339   PAL0910            120    Gentoo penguin (Pygoscelis papua)  Anvers
340   PAL0910            121    Gentoo penguin (Pygoscelis papua)  Anvers
341   PAL0910            122    Gentoo penguin (Pygoscelis papua)  Anvers
342   PAL0910            123    Gentoo penguin (Pygoscelis papua)  Anvers
343   PAL0910            124    Gentoo penguin (Pygoscelis papua)  Anvers

        Island               Stage Individual ID Clutch Completion  Date Egg\
0    Torgersen  Adult, 1 Egg Stage          N1A1               Yes  11/11/07
1    Torgersen  Adult, 1 Egg Stage          N1A2               Yes  11/11/07
2    Torgersen  Adult, 1 Egg Stage          N2A1               Yes  11/16/07
3    Torgersen  Adult, 1 Egg Stage          N2A2               Yes  11/16/07
4    Torgersen  Adult, 1 Egg Stage          N3A1               Yes  11/16/07
..         ...                 ...           ...               ...       ...
339     Biscoe  Adult, 1 Egg Stage         N38A2                No   12/1/09
340     Biscoe  Adult, 1 Egg Stage         N39A1               Yes  11/22/09
341     Biscoe  Adult, 1 Egg Stage         N39A2               Yes  11/22/09
342     Biscoe  Adult, 1 Egg Stage         N43A1               Yes  11/22/09
343     Biscoe  Adult, 1 Egg Stage         N43A2               Yes  11/22/09

     Culmen Length (mm)  Culmen Depth (mm)  Flipper Length (mm)  \
0                  39.1               18.7                181.0
1                  39.5               17.4                186.0
2                  40.3               18.0                195.0
3                   NaN                NaN                  NaN
4                  36.7               19.3                193.0
..                  ...                ...                  ...
339                 NaN                NaN                  NaN
340                46.8               14.3                215.0
341                50.4               15.7                222.0
342                45.2               14.8                212.0
343                49.9               16.1                213.0

     Body Mass (g)     Sex  Delta 15 N (o/oo)  Delta 13 C (o/oo)  \
0           3750.0    MALE                NaN                NaN
1           3800.0  FEMALE            8.94956          -24.69454
2           3250.0  FEMALE            8.36821          -25.33302
3              NaN     NaN                NaN                NaN
4           3450.0  FEMALE            8.76651          -25.32426
```

```
...          ...     ...            ...         ...
339          NaN     NaN            NaN         NaN
340       4850.0  FEMALE        8.41151   -26.13832
341       5750.0    MALE        8.30166   -26.04117
342       5200.0  FEMALE        8.24246   -26.11969
343       5400.0    MALE        8.36390   -26.15531

                               Comments
0    Not enough blood for isotopes.
1                                   NaN
2                                   NaN
3                   Adult not sampled.
4                                   NaN
...                                 ...
339                                 NaN
340                                 NaN
341                                 NaN
342                                 NaN
343                                 NaN

[344 rows x 17 columns]
```

2. 审视整体数据

审视整体数据的核心目的：观察各数据字段的数据类型，分清楚连续型数据、分类型数据和时间型数据，观察数据有无缺失的部分。

① 查看数据集前 5 行。

```
data.head()  # 查看数据集前 5 行
```

运行结果如图 5.14 所示。

	studyName	Sample Number	Species	Region	Island	Stage	Individual ID	Clutch Completion	Date Egg	Culmen Length (mm)	Culmen Depth (mm)	Flipper Length (mm)	Body Mass (g)	Sex	Delta 15 N (o/oo)	Delta 13 C (o/oo)
0	PAL0708	1	Adelie Penguin (Pygoscelis adeliae)	Anvers	Torgersen	Adult, 1 Egg Stage	N1A1	Yes	11/11/07	39.1	18.7	181.0	3750.0	MALE	NaN	NaN
1	PAL0708	2	Adelie Penguin (Pygoscelis adeliae)	Anvers	Torgersen	Adult, 1 Egg Stage	N1A2	Yes	11/11/07	39.5	17.4	186.0	3800.0	FEMALE	8.94956	-24.69454
2	PAL0708	3	Adelie Penguin (Pygoscelis adeliae)	Anvers	Torgersen	Adult, 1 Egg Stage	N2A1	Yes	11/16/07	40.3	18.0	195.0	3250.0	FEMALE	8.36821	-25.33302
3	PAL0708	4	Adelie Penguin (Pygoscelis adeliae)	Anvers	Torgersen	Adult, 1 Egg Stage	N2A2	Yes	11/16/07	NaN	NaN	NaN	NaN	NaN	NaN	NaN
4	PAL0708	5	Adelie Penguin (Pygoscelis adeliae)	Anvers	Torgersen	Adult, 1 Egg Stage	N3A1	Yes	11/16/07	36.7	19.3	193.0	3450.0	FEMALE	8.76651	-25.32426

图 5.14　查看数据集前 5 行

② 查看数据集后 5 行。

```
data.tail() # 查看数据集后 5 行
```

运行结果如图 5.15 所示。

	studyName	Sample Number	Species	Region	Island	Stage	Individual ID	Clutch Completion	Date Egg	Culmen Length (mm)	Culmen Depth (mm)	Flipper Length (mm)	Body Mass (g)	Sex	Delta 15 N (o/oo)	Delta 13 C (o/oo)
339	PAL0910	120	Gentoo penguin (Pygoscelis papua)	Anvers	Biscoe	Adult, 1 Egg Stage	N38A2	No	12/1/09	NaN	NaN	NaN	NaN	NaN	NaN	NaN
340	PAL0910	121	Gentoo penguin (Pygoscelis papua)	Anvers	Biscoe	Adult, 1 Egg Stage	N39A1	Yes	11/22/09	46.8	14.3	215.0	4850.0	FEMALE	8.41151	-26.13832
341	PAL0910	122	Gentoo penguin (Pygoscelis papua)	Anvers	Biscoe	Adult, 1 Egg Stage	N39A2	Yes	11/22/09	50.4	15.7	222.0	5750.0	MALE	8.30166	-26.04117
342	PAL0910	123	Gentoo penguin (Pygoscelis papua)	Anvers	Biscoe	Adult, 1 Egg Stage	N43A1	Yes	11/22/09	45.2	14.8	212.0	5200.0	FEMALE	8.24246	-26.11969
343	PAL0910	124	Gentoo penguin (Pygoscelis papua)	Anvers	Biscoe	Adult, 1 Egg Stage	N43A2	Yes	11/22/09	49.9	16.1	213.0	5400.0	MALE	8.36390	-26.15531

图 5.15　查看数据集后 5 行

③ 查看数据集基本信息。

```
data.info()   # 查看数据集基本信息
```

运行结果如图 5.16 所示。

```
<class 'pandas.core.frame.DataFrame'>
RangeIndex: 418 entries, 0 to 417
Data columns (total 11 columns):
 #   Column       Non-Null Count  Dtype
---  ------       --------------  -----
 0   PassengerId  418 non-null    int64
 1   Pclass       418 non-null    int64
 2   Name         418 non-null    object
 3   Sex          418 non-null    object
 4   Age          332 non-null    float64
 5   SibSp        418 non-null    int64
 6   Parch        418 non-null    int64
 7   Ticket       418 non-null    object
 8   Fare         417 non-null    float64
 9   Cabin        91 non-null     object
 10  Embarked     418 non-null    object
dtypes: float64(2), int64(4), object(5)
memory usage: 36.0+ KB
```

图 5.16　查看数据集基本信息

④ 查看数据集列名。

```
data.columns   # 查看数据集列名
```

运行结果如下。

```
<class 'pandas.core.frame.DataFrame'>
RangeIndex: 344 entries, 0 to 343
Data columns (total 17 columns):
 #   Column                Non-Null Count  Dtype
---  ------                --------------  -----
 0   studyName             344 non-null    object
 1   Sample Number         344 non-null    int64
 2   Species               344 non-null    object
 3   Region                344 non-null    object
 4   Island                344 non-null    object
```

```
 5   Stage                  344 non-null    object
 6   Individual ID          344 non-null    object
 7   Clutch Completion      344 non-null    object
 8   Date Egg               344 non-null    object
 9   Culmen Length (mm)     342 non-null    float64
 10  Culmen Depth (mm)      342 non-null    float64
 11  Flipper Length (mm)    342 non-null    float64
 12  Body Mass (g)          342 non-null    float64
 13  Sex                    334 non-null    object
 14  Delta 15 N (o/oo)      330 non-null    float64
 15  Delta 13 C (o/oo)      331 non-null    float64
 16  Comments               26 non-null     object
dtypes: float64(6), int64(1), object(10)
memory usage: 45.8+ KB
```

⑤ 查看数据集统计信息。

```
data.describe()  # 查看数据集统计信息
```

运行结果如下。

```
Sample Number  Culmen Length (mm)  Culmen Depth (mm)  Flipper Length (mm)
Body Mass (g)  Delta 15 N (o/oo)  Delta 13 C (o/oo)
```

count	344.000000	342.000000	342.000000	342.000000	342.000000	330.000000	331.000000
mean	63.151163	43.921930	17.151170	200.915205	4201.754386	8.733382	-25.686292
std	40.430199	5.459584	1.974793	14.061714	801.954536	0.551770	0.793961
min	1.000000	32.100000	13.100000	172.000000	2700.000000	7.632200	-27.018540
25%	29.000000	39.225000	15.600000	190.000000	3550.000000	8.299890	-26.320305
50%	58.000000	44.450000	17.300000	197.000000	4050.000000	8.652405	-25.833520
75%	95.250000	48.500000	18.700000	213.000000	4750.000000	9.172123	-25.062050
max	152.000000	59.600000	21.500000	231.000000	6300.000000	10.025440	-23.787670

⑥ 查看数据集每一列有无空值。

```
data.isna().sum()  # 查看数据集每一列有无空值
```

运行结果如下。

```
studyName               0
Sample Number           0
Species                 0
Region                  0
Island                  0
Stage                   0
Individual ID           0
Clutch Completion       0
Date Egg                0
Culmen Length (mm)      2
Culmen Depth (mm)       2
Flipper Length (mm)     2
Body Mass (g)           2
Sex                    10
Delta 15 N (o/oo)      14
Delta 13 C (o/oo)      13
Comments              318
dtype: int64
```

3. 审视局部数据（单行/列，多行/列）

① 筛选指定列。

```
data.studyName # 筛选指定列数据
```

运行结果如下。

```
0       PAL0708
1       PAL0708
2       PAL0708
3       PAL0708
4       PAL0708
          ...
339     PAL0910
340     PAL0910
341     PAL0910
342     PAL0910
343     PAL0910
Name: studyName, Length: 344, dtype: object
```

② 查看数据集中指定列各值的个数。

```
data.studyName.value_counts(dropna =False)   # 查看指定列各值的个数
```

运行结果如下。

```
PAL0910    120
PAL0809    114
PAL0708    110
Name: studyName, dtype: int64
```

③ 查看数据集行数据信息。

筛选第 5 行数据：

```
data.iloc[4]
```

筛选第 1～5 行数据：

```
data.iloc[0:4]
```

筛选第 1～5 列数据：

```
data.iloc[:,0:4]
```

筛选第 1 行、第 3 行、第 5 行数据的第 4 列、第 5 列数据：

```
data.iloc[[0,2,4],[3,4]]
```

按照某一列的值从小到大排序（True 为从小到大，False 为从大到小）：

```
data.sort_values(by=['Age'],ascending=True)
```

5.3.2 缺失值处理

缺失值处理是每个数据分析师都避不开的问题。数据分析中的大部分时间都用在了数据预处理上，数据预处理做得好，往往会使数据分析工作事半功倍。其中，正确处理缺失值更是重中之重。处理缺失值需要考虑的 4 个要素如图 5.17 所示。

1. 完全变量和不完全变量

在数据集中，不含缺失值的变量称为完全变量，含有缺失值的变量称为不完全变量。

如图 5.18 所示，“Culmen Length”列与“Culmen Depth”列就属于不完全变量，另外两列属于完全变量。

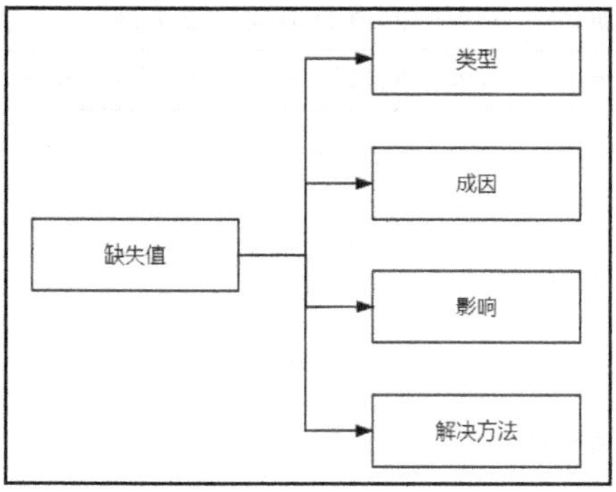

图 5.17 处理缺失值需要考虑的 4 个要素

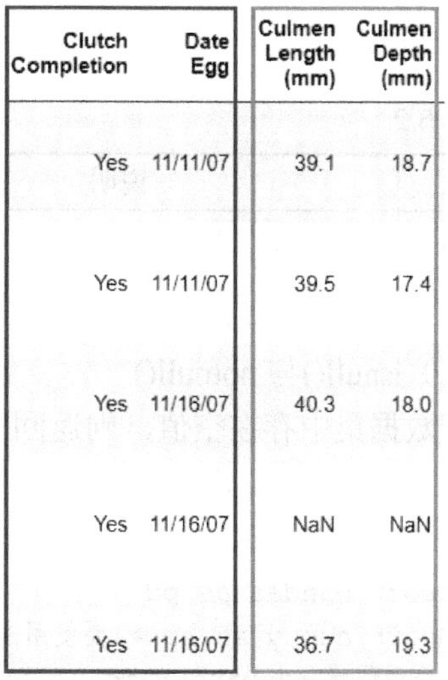

Clutch Completion	Date Egg	Culmen Length (mm)	Culmen Depth (mm)
Yes	11/11/07	39.1	18.7
Yes	11/11/07	39.5	17.4
Yes	11/16/07	40.3	18.0
Yes	11/16/07	NaN	NaN
Yes	11/16/07	36.7	19.3

图 5.18 完全变量与不完全变量

2. 缺失值的类型

（1）随机丢失

随机丢失（missing at random，MAR）意味着数据缺失的概率与缺失的数据本身无关，而仅与部分已观测到的数据有关，即数据的缺失不是完全随机的，该类数据的缺失依赖于其他完全变量。

（2）完全随机丢失

完全随机丢失（missing completely at random，MCAR）意味着数据的缺失是完全随机的，不依赖于任何不完全变量或完全变量，不影响样本的无偏性。简单来说，就是数据缺失的概率与其假设值及其他变量值都完全无关。

（3）非随机丢失

非随机丢失（missing not at random，MNAR）意味着数据的缺失与不完全变量自身的取值有关，分为两种情况：缺失值取决于其假设值（例如，高收入人群通常不希望在调查中透露他们的收入）；缺失值取决于其他变量值（假设女性通常不想透露她们的年龄，则这里年龄变量缺失值受性别变量的影响）。

随机丢失和完全随机丢失可以根据情况删除包含缺失值的数据，同时，随机丢失可以通过已知变量对缺失值进行估计。

对非随机丢失而言，删除包含缺失值的数据可能会导致模型出现偏差，同时，对数据进行填充也需要格外谨慎。

正确判断缺失值的类型能给数据分析工作带来很大的便利，但目前还没有一套规范的缺失值类型判定标准，数据分析师大多依据经验或具体业务进行判断。

3. 检测缺失值

Pandas 可以用 isnull()、isna()、notnull()和 notna()这 4 个函数来检测缺失值。若要直观

地统计表中各列的缺失率，则可以用自定义函数或者 missingno 库来实现。检测缺失值函数如表 5.2 所示。

表 5.2 检测缺失值函数

函数	说明	函数	说明
isnull()	若返回的值为 True，说明存在缺失值	isna()	若返回的值为 True，说明存在缺失值
notnull()	若返回的值为 False，说明存在缺失值	notna()	若返回的值为 False，说明存在缺失值

（1）isnull()与 notnull()

若数据集中存在空值，则返回 True。

例 5-3 创建并输出二维数据，并判断数据中有无空值。

① 创建并输出二维数据，具体代码如下。

```
import pandas as pd
import numpy as np # 要使用 NaN、NAN 或 nan 都必须导入 NumPy 库
# 手动创建一个 DataFrame
# 注意：手动创建的时候，空值必须用 NumPy 中的 NaN、NAN 或 nan 占位
df=pd.DataFrame({'序号':['S1','S2','S3','S4'],
                 '姓名':['张千','李峰','王诗','赵德'],
                 '性别':['男','男','女','男'],
                 '年龄':[15,16,15,14],
                 '住址':[np.nan,np.nan,np.nan,np.nan]})
print(df)
```

运行结果如下。

```
   序号  姓名  性别  年龄  住址
0  S1   张千  男    15   NaN
1  S2   李峰  男    16   NaN
2  S3   王诗  女    15   NaN
3  S4   赵德  男    14   NaN
```

② 利用 isna()检测缺失值，具体代码如下。

```
import pandas as pd
import numpy as np # 要使用 NaN、NAN 或 nan 都必须导入 NumPy 库
# 手动创建一个 DataFrame 或者读取文件
# 注意：手动创建的时候，空值必须用 NumPy 中的 NaN、NAN 或 nan 占位
df=pd.DataFrame({'序号':['S1','S2','S3','S4'],
                 '姓名':['张千','李峰','王诗','赵德'],
                 '性别':['男','男','女','男'],
                 '年龄':[15,16,15,14],
                 '住址':[np.nan,np.nan,np.nan,np.nan]})
df.isna()
```

运行结果如下。

```
序号 姓名   性别    年龄    住址
0   False  False  False  False  True
1   False  False  False  False  True
2   False  False  False  False  True
3   False  False  False  False  True
```

（2）isna()与 notna()

若数据集中存在空值，则返回 False。具体代码如下。

```
import pandas as pd
data=pd.read_csv('penguins_lter.csv')
data.notna()   # 查看数据集是否含有空值
```

运行结果如图 5.19 所示。

	studyName	Sample Number	Species	Region	Island	Stage	Individual ID	Clutch Completion	Date Egg	Culmen Length (mm)	Culmen Depth (mm)	Flipper Length (mm)	Body Mass (g)	Sex	Delta 15 N (o/oo)	Delta 13 C (o/oo)	Comments
0	True	True	True	True	True	True	True	True	True	True	True	True	True	True	False	False	True
1	True	True	True	True	True	True	True	True	True	True	True	True	True	True	True	True	False
2	True	True	True	True	True	True	True	True	True	True	True	True	True	True	True	True	False
3	True	True	True	True	True	True	True	True	True	False	False	False	False	False	False	False	True
4	True	True	True	True	True	True	True	True	True	True	True	True	True	True	True	True	False
...	...	...	...	...	...	...	...	...	...	...	...	...	...	...	...	...	...
339	True	True	True	True	True	True	True	True	True	False	False	False	False	False	False	False	False
340	True	True	True	True	True	True	True	True	True	True	True	True	True	True	True	True	False
341	True	True	True	True	True	True	True	True	True	True	True	True	True	True	True	True	False
342	True	True	True	True	True	True	True	True	True	True	True	True	True	True	True	True	False
343	True	True	True	True	True	True	True	True	True	True	True	True	True	True	True	True	False

344 rows × 17 columns

图 5.19　数据集空值情况

查看数据集每一列是否含有空值，具体代码如下。

```
data.isna().sum() # 查看数据集每一列是否有空值
```

运行结果如下。

```
studyName                0
Sample Number            0
Species                  0
Region                   0
Island                   0
Stage                    0
Individual ID            0
Clutch Completion        0
Date Egg                 0
Culmen Length (mm)       2
Culmen Depth (mm)        2
Flipper Length (mm)      2
Body Mass (g)            2
Sex                     10
Delta 15 N (o/oo)       14
Delta 13 C (o/oo)       13
Comments               318
dtype: int64
```

4．处理缺失值

（1）删除缺失值

去除含有缺失值的记录，这种处理方式是比较直接的，适用于数据量较大（记录较多）且缺失值比较少的情形，去除后对总体影响不大。一般不建议这样做，因为很可能会造成数据丢失、数据偏移。

Pandas 提供了删除缺失值的 dropna()函数。dropna()函数用于删除缺失值所在的一行或一列的数据，并返回一个删除缺失值后的新对象，其语法格式如下。

```
DataFrame.dropna(axis=0, how='any', thresh=None, subset=None, inplace=False)
```

dropna()函数的参数说明如表 5.3 所示。

表 5.3 dropna()函数的参数说明

参数	说明	取值与举例
axis	表示是否删除包含缺失值的行或列	0 或'index'，代表按行删；1 或'columns'，代表按列删
how	表示删除缺失值的方式	'any'，当任何值为 NaN 值时删除整行或整列； 'all'，当所有值都为 NaN 值时删除整行或整列
thresh	表示保留至少有 n 个非 NaN 值的行或列	数值，例如，thresh=3，只要这行或这列有 3 个以上的非空值，就不删除
subset	表示删除指定列的缺失值	列表，例如，subset=['name', 'born']指定了要删除缺失值的列
inplace	表示是否操作原数据	True，直接修改原数据文件；False，修改原数据的副本

（2）使用常量填充

在进行缺失值填充之前，要先对缺失的变量进行业务上的了解，即了解变量的含义、获取方式、计算逻辑，以便知道该变量为什么会出现缺失值、缺失值代表什么。例如，“age”缺失，每个人均有年龄，此缺失应该为随机丢失；“loanNum”缺失，可能代表无贷款，这是有实在意义的缺失。全局常量缺失值可以用 0、均值、中位数、众数等填充。均值适用于近似正态分布数据，即观测值较为均匀地散布均值周围；中位数适用于偏态分布或者有离群点数据，它能更好地代表数据中心趋势；众数一般用于分类型数据，无大小、先后之分。

```
# 均值填充
data['col'] = data['col'].fillna(data['col'].means())
# 中位数填充
data['col'] = data['col'].fillna(data['col'].median())
# 众数填充
data['col'] = data['col'].fillna(stats.mode(data['col'])[0][0])
```

（3）插值填充

插值填充就是采用某种插入模式进行填充，如取缺失值前后值的均值进行填充。

```
# interpolate()插值法取缺失值前后值的均值，但是若缺失值前后也存在缺失值，则不进行计算插补
df['c'] = df['c'].interpolate()
# 用前面的值替换，当第 1 行有缺失值时，该行利用向前替换无值可取，仍缺失
df.fillna(method='pad')
# 用后面的值替换，当最后一行有缺失值时，该行利用向后替换无值可取，仍缺失
df.fillna(method='backfill')
```

（4）k 近邻填充

利用 k 近邻算法填充缺失值，其实是把目标列当作目标量，利用非缺失的数据进行 k 近邻算法拟合，最后对目标列缺失值进行预测（对于连续型数据一般做加权平均，对于离散型数据一般做加权投票）。这里简单了解即可。

（5）随机森林填充

随机森林算法填充缺失值的思想和 k 近邻填充是类似的，即利用已有数据拟合模型，对缺失值进行预测。此处简单了解即可。

5.3.3　重复值处理

1. 检测重复值

常见的重复值分为记录重复（一个或多个特征的某几条记录值完全相同）、特征重复（一个或多个特征的名称不同，但是数据完全相同）。

Pandas 中使用 duplicated()函数来检测数据中的重复值，检测完会返回一个由布尔值组成的 Series 对象，该对象若包含 True，说明该值对应的一行数据为重复项。该函数的语法格式如下。

```
DataFrame.duplicated(subset=None, keep='first')
```

duplicated()函数的参数说明如下。

（1）subset 表示识别重复项的列索引或列索引序列。默认标识所有的列索引。

（2）keep 表示采用哪种方式保留重复项。其中，'first'为默认值，删除重复项，仅保留第一次出现的数据项；'last'，删除重复项，仅保留最后一次出现的数据项；'False'，将所有相同的数据都标记为重复值。

具体代码如下。

```
import pandas as pd
import numpy as np
stu_info=pd.DataFrame({'序号':['S1','S2','S3','S4','S4'],
                       '姓名':['张三','李四','王五','赵六','赵六'],
                       '性别':['男','男','女','男','男'],
                       '年龄':[15,16,15,14,14],
                       '住址':['苏州','南京',np.nan,np.nan,np.nan]})
# 检测 stu_info 对象中的重复值
stu_info.duplicated()
```

运行结果如下。

```
0     False
1     False
2     False
3     False
4      True
dtype: bool
```

由运行结果可知，行索引为 4 的数据和行索引为 3 的数据完全相同，所以调用 duplicated()函数会默认保留第一次出现的数据，将后面出现的重复值标记为 True。

若想筛选出重复值标记为 True 的所有数据，可以用如下代码。

```
stu_info[stu_info.duplicated()]  # 筛选 stu_info 中重复值标记为 True 的数据
```

运行结果如图 5.20 所示。

	序号	姓名	性别	年龄	住址
4	S4	赵六	男	14	NaN

图 5.20　检测重复值

2. 处理重复值

数据去重是处理重复值的主要方法，但如下几种情况需慎重去重。

（1）样本不均衡时，故意重复采样。

（2）分类模型某个分类训练数据过少时，采取简单复制样本的方法来增加样本数量。

（3）事务型数据，尤其与钱相关的业务场景下出现重复数据，如重复订单，重复出库申请等。

对于重复值，Pandas 中一般使用 drop_duplicates()函数删除重复值，其语法格式如下。

```
DataFrame.drop_duplicates(subset=None, keep='first', inplace=False, ignore_index=
False)
```

drop_duplicates()函数的参数说明如表 5.4 所示。

表 5.4 drop_duplicates()函数的参数说明

参数	说明
subset	表示删除重复项的列索引或列索引序列，默认删除所有的列索引
keep	表示采用哪种方式保留重复项
inplace	表示是否放弃副本数据，返回新的数据，默认值为 False
ignore_index	表示是否对删除重复值后的对象的行索引重新排序，默认值为 False

其具体代码如下。

```
# 删除 stu_info 对象中的重复值
stu_info.drop_duplicates()
```

5.3.4 异常值处理

1．概述

模型通常是对整体样本数据结构的一种表达方式，这种表达方式通常抓住的是整体样本的一般性质，而那些在这些性质上表现得与整体样本不一致的点，就称为异常点，其对应的值称为异常值。

异常点在某些场景下极为重要，如疾病预测。通常健康人的身体指标在某些维度上是相似的，如果一个人的身体指标出现了异常值，那么他的身体情况在某些方面肯定发生了改变。当然这种改变并不一定是由疾病引起（通常被称为噪声点），但异常值检测是疾病预测的一个重要起始点。与之相似的场景还有信用欺诈、网络攻击等。

2．异常值检测

（1）简单统计

直接观察整体数据可使用 Pandas.describe()观察数据的统计描述（数据应当为连续型数据），通常采用散点图，如图 5.21 所示。

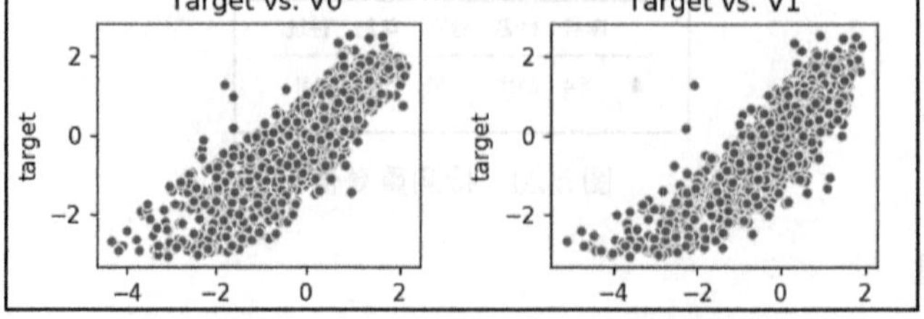

图 5.21 简单统计

（2）3σ 原则

前提条件：数据分布需要服从正态分布或者近似正态分布。3σ 原则是根据正态分布的性质而得出的方法，如图 5.22 所示。

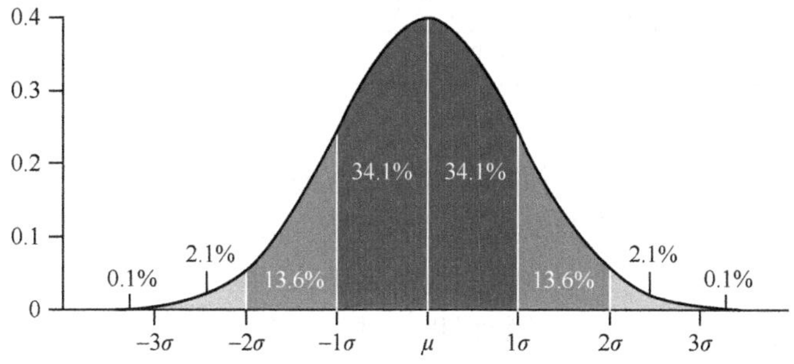

图 5.22　3σ原则

3．处理异常值

异常值的清洗方法主要包括使用统计分析方法识别可能的异常值（如用偏差分析识别不遵守分布或回归方程的值）、使用简单规则库（常识性规则、业务特定规则等）检测出异常值、使用不同属性间的约束以及外部数据检测和处理异常值。

（1）删除异常值——drop()函数

Pandas 提供 drop()函数，可按指定行索引或列索引来删除异常值，其语法格式如下。

```
DataFrame.drop(labels=None, axis=0, index=None, columns=None, level=None,
inplace=False, errors='raise')
```

drop()函数的部分参数说明如表 5.5 所示。

表 5.5　drop()函数的部分参数说明

参数	说明
labels	表示要删除异常值的行索引或列索引，可以指定一个或多个
axis	指定删除行或删除列
index	指定要删除的行
columns	指定要删除的列

删除异常值后，可以再次调用自定义的异常值检测函数，以确保数据中的异常值全部被删除。结果输出 Series([], Name: value, dtype: int64)则说明异常值已经全部删除成功。

（2）替换异常值——replace()函数

异常值处理最常用的方式是用指定的值或根据算法计算出来的值替换检测出的异常值。replace()函数的语法格式如下。

```
DataFrame.replace(to_replace=None, Value=None, inplace=False, limit=None, regex=
False, method='pad')
```

replace()函数的部分参数说明如表 5.6 所示。

表 5.6　　　　replace()函数的部分参数说明

参数	说明
to_replace	表示被替换的值
value	表示被替换后的值，默认值为 None
inplace	表示是否修改原数据
method	表示替换方式

（3）其他处理异常值的方法

① 删除含有异常值的记录：直接将含有异常值的记录删除。

② 视为缺失值：将异常值视为缺失值，利用缺失值处理的方法进行处理。

③ 均值修正：可用前后两个观测值的均值修正该异常值。

④ 不处理：直接在具有异常值的数据集上进行数据挖掘与分析。

5.4　数据标准化

在数据分析之前，通常需要先将数据标准化。数据标准化也就是统计数据的指数化。

数据标准化处理主要包括数据同趋化处理和无量纲化处理两个方面。数据同趋化处理主要解决数据性质不同问题，对不同性质指标直接加总不能正确反映不同作用力的综合结果，须先考虑改变逆指标数据性质，使所有指标对测评方案的作用力趋同化，再将不同性质的指标加总才能得出正确结果。数据无量纲化处理主要解决数据的可比性。

数据标准化的方法有很多种，常用的有 min-max 标准化、Z-Score 标准化、线性比例标准化、log 函数标准化等。经过上述标准化处理，原始数据均转换为无量纲指标测评值，即各指标值都处于同一个数量级别上，此时可以进行综合测评分析。本节将对数据标准化相关操作进行详细讲解。

5.4.1　数据标准化的原因

当某些算法要求样本具有零均值和单位方差，需要消除样本不同属性具有不同数量级的影响时，就要进行数据标准化处理。数据标准化的原因可概括如下。

① 数量级的差异将导致量级较大的属性占据主导地位。

② 数量级的差异将导致迭代收敛速度减慢。

③ 依赖于样本距离的算法对数据的数量级非常敏感。

在不同的问题中，数据标准化的目的不同。

在回归预测中，数据标准化是为了让特征值有均等的权重。

在训练神经网络的过程中，通过将数据标准化，能够加速权重参数的收敛。

在主成分分析中，需要对数据进行标准化处理，默认指标间权重相等，不考虑指标间差异和相互影响。

5.4.2　数据标准化的方法

目前数据标准化的方法有很多，大概可以分为直线型方法（如极值法、标准差法）、折线型方法（如三折线法）、曲线型方法（如半正态分布）。不同的标准化方法，对系统的评价结果会产生不同的影响，目前在数据标准化方法的选择上还没有通用的法则可以遵循。

下面介绍本节开头提到的 4 种常用的数据标准化方法。

1．min-max 标准化

min-max 标准化也叫极差标准化，是消除变量量纲和变异范围影响最简单的方法。

具体方法：找出每个属性的最小值 X_{min} 和最大值 X_{max}，将一个原始值 X 通过 min-max 标准化映射成在区间[0,1]上的值 X'。

公式：$X' = (X - X_{min})/(X_{max} - X_{min})$。

无论原始数据是正值还是负值，经过处理后，该变量的观测值 X'满足 $0 \leqslant X' \leqslant 1$，并且正指标、逆指标均可转换为正向指标，作用力方向一致。

但如果有新数据加入，就可能导致最大值（X_{max}）和最小值（X_{min}）发生变化，因此需要进行重新定义，并重新计算极差（R）。

2．Z-Score 标准化（规范化）

当遇到某个属性的最大值和最小值未知的情况或有超出取值范围的离群数据时，上面的方法就不再适用了。这时可以采用数据标准化最常用的方法，即 Z-Score 标准化，也叫标准差标准化。

它基于原始数据的均值（mean）和标准差（standard deviation）进行数据的标准化，将属性 A 的原始值 X 使用 Z-Score 标准化为 X'。

公式：新数据=(原数据−均值)/标准差。

均值和标准差都是在样本集上定义的，而不是在单个样本上定义的。标准化是针对某个属性的，需要用到所有样本在该属性上的值。

3．线性比例标准化

（1）极大化法

对于正指标，取该属性的最大值 X_{max}，然后用该变量的每一个观测值除以最大值，即 $X' = X / X_{max}$（$X \geqslant 0$）。

（2）极小化法

对于逆指标，取该属性的最小值 X_{min}，然后用该变量的最小值除以每一个观测值，即 $X' = X_{min} / X$（$X > 0$）。

> **注意**
>
> 以上两种方法不适用于 $X<0$ 的情况。

正指标：正指标的数值越大表示绩效越好或结果越理想。在线性比例标准化中，正指标的原始值越大，其标准化分数也越高。正指标的标准化分数范围通常是 0 到 1，其中 1 表示最佳表现。

逆指标：逆指标的数值越小表示绩效越好或结果越理想。在线性比例标准化中，逆指标的原始值越小，其标准化分数也越高。逆指标的标准化分数范围通常是 0 到 1，其中 1 表示最佳表现。

对逆指标使用线性比例标准化后，实际上是进行了非线性的变换，变换后的指标无法客观地反映原始指标的相互关系，转换时需要注意。

4．log 函数标准化

首先对变量的每一个观测值取以 10 为底的对数，然后除以该变量最大值（X_{max}）的以 10 为底的对数，即

$$X' = \frac{\log_{10} X}{\log_{10} X_{max}}$$

> **注意**
> $X = \log_{10} X$ 的区间不一定是[0,1]；X_{max} 为样本最大值；此方法要求 $X \geq 1$。

5.4.3 数据标准化的区别与意义

1．数据标准化与数据归一化的区别

数据归一化是将样本的特征值转换到同一量纲下，把数据映射到[0,1]或者[−1,1]区间上（仅由变量的极值决定）。

数据标准化的缩放和每个值都有关系，可通过方差体现出来。当数据集中时，数据标准化后会更分散；数据分布很广时，数据标准化后会更集中。数据标准化的输出范围为 $-\infty \sim +\infty$。

如果对输出范围有要求，用数据归一化。

如果数据较稳定，不存在极端的最大值或最小值，用数据归一化。

如果数据含有异常值和较多噪声，用数据标准化。数据标准化可间接通过中心化避免异常值对分析结果的影响。

2．数据标准化的意义

数据标准化其实是对向量 X 按比例压缩再平移，本质上是一种线性变换。线性变换有很多良好的性质，这决定了数据标准化能提高数据分析效率。例如，线性变换不改变原始数据的数值排序，这保证了数据变换后依然有意义，因为线性组合与线性关系式不变。

5.5 实战 2：运动员数据分析预处理

5.5.1 任务说明

1．案例背景

当前，篮球运动是最受欢迎的运动之一，相应地，篮球运动员的信息也被广泛关注。本案例针对篮球运动员的个人信息进行相关的分析与统计，完成运动员数据分析预处理工作。

2. 任务目标

针对以下需求进行数据预处理。

① 计算我国男篮、女篮运动员的平均身高与平均体重。

② 分析我国篮球运动员的年龄分布。

③ 计算我国篮球运动员的体质指数。

工作环境：Windows 10-64bit、Anaconda 及 Jupyter Notebook。

5.5.2 任务实现

1. 具体流程

数据分析与预处理的具体流程如图 5.23 所示。

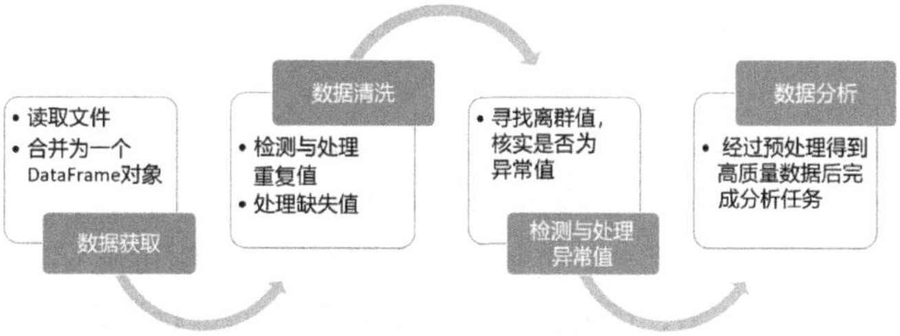

图 5.23　数据分析与预处理的具体流程

2. 数据获取与处理

（1）文件读取

首先读取数据集，具体代码如下。

```
import pandas as pd
all_data=pd.read_excel('data/运动员信息.xlsx')
```

运行结果如图 5.24 所示。

	中文名	外文名	性别	国籍	出生日期	身高	体重	项目	地区
0	阿**	Al**	男	尼日利亚	33137	206厘米	98kg	篮球	NaN
1	安**	Anderson**	男	巴西	30222	211厘米	118kg	篮球	NaN
2	博**	BONEVA**	女	保加利亚	31429	NaN	NaN	射击	NaN
3	阿**	Aron**	男	澳大利亚	31755	208厘米	118kg	篮球	NaN
4	埃**	Emily**	女	澳大利亚	33760	1.80米	64kg	游泳	NaN
...	...	...	...	...	...	...	...	...	...
229	罗**	Roberta**	女	意大利	30365	NaN	NaN	网球	NaN
230	梁**	Liang**	女	中国	34342	166cm	65kg	曲棍球	广东
231	罗**	Luo**	女	中国	1988年	NaN	NaN	自行车	甘肃
232	李**	Li**	女	中国	33262	173厘米	65kg	羽毛球	重庆
233	拉**	Rafael**	男	巴西	34040	178cm	75kg	男子足球	NaN

234 rows × 9 columns

图 5.24　数据读取

（2）数据筛选

现对此数据集筛选中国运动员的数据，具体代码如下。

```
# 筛选出国籍为中国的运动员
all_data=all_data[all_data['国籍']=='中国']
# 查看 DataFrame 对象的摘要，包括索引、各列数据类型、非空值数量、内存使用情况等
all_data.info()
```

运行结果如图 5.25 所示。

```
<class 'pandas.core.frame.DataFrame'>
Int64Index: 141 entries, 11 to 232
Data columns (total 9 columns):
 #   Column  Non-Null Count  Dtype
---  ------  --------------  -----
 0   中文名     141 non-null    object
 1   外文名     141 non-null    object
 2   性别      141 non-null    object
 3   国籍      141 non-null    object
 4   出生日期    123 non-null    object
 5   身高      96 non-null     object
 6   体重      88 non-null     object
 7   项目      141 non-null    object
 8   地区      137 non-null    object
dtypes: object(9)
memory usage: 11.0+ KB
```

图 5.25　数据筛选

观察输出结果可知，数据中后 5 列的非空值数量不等，说明可能存在缺失值、重复值等；所有列的数据类型均为 Object 型，因此后续需要先对部分列进行数据类型转换操作，之后才能计算要求的统计指标。

（3）数据清洗

在对数据进行分析之前，需要先解决前面发现的数据问题，包括重复值、缺失值和异常值的检测与处理，从而为后期分析工作提供高质量的数据。

① 检测重复值。

检测重复值，具体代码如下。

```
all_data[all_data.duplicated().values==True]   # 检测重复值
```

运行结果如图 5.26 所示，没有找到重复值。

中文名	外文名	性别	国籍	出生日期	身高	体重	项目	地区

图 5.26　无重复值

② 处理缺失值。

由于本案例只需要分析中国篮球运动员，因此需要进一步筛选出项目为“篮球”的数据。

```
# 筛选出项目为篮球的数据
basketball_data = all_data[all_data['项目']=='篮球']
```

运行结果部分数据如图 5.27 所示。

通过观察筛选出的数据，发现女篮运动员数据中“体重”一列存在缺失值，且该列中行索引为 65 的数据与其他行数据的单位不统一。先统一数据单位，具体代码如下。

```
# 先统一数据单位
basketball_data.loc[:,'体重']=basketball_data.loc[:,'体重'].replace({'88千克':'88kg'})
basketball_data
```

运行结果部分数据如图 5.28 所示。

	中文名	外文名	性别	国籍	出生日期	身高	体重	项目	地区
23	陈*	Chen*	女	中国	30658	197厘米	90kg	篮球	青岛胶南
27	陈**	Chen**	女	中国	32235	180厘米	70kg	篮球	江苏无锡
56	丁**	Di**	男	中国	34201	200厘米	91kg	篮球	新疆克拉玛依
57	李*	Li*	女	中国	34701	NaN	76kg	篮球	辽宁
58	高*	Gao*	女	中国	33710	191cm	85kg	篮球	黑龙江
59	潘**	Pan**	女	中国	34943	191cm	82kg	篮球	河南
60	张*	Zhang*	女	中国	1999年	1米89公分	NaN	篮球	河南
61	李**	Li**	女	中国	1999年	2.01米	103kg	篮球	山西
62	郭**	Guo**	女	中国	35446	187公分	NaN	篮球	河北
63	孙**	Sun**	女	中国	33786	1.97M	77kg	篮球	天津
64	黄**	Huang**	女	中国	35072	192cm	8kg	篮球	广东
65	张**	Zhang**	女	中国	34547	1.98米	88千克	篮球	湖北
89	高*	Gao*	女	中国	33710	191厘米	85kg	篮球	黑龙江
103	郭**	Guo**	男	中国	34287	192厘米	85kg	篮球	辽宁
115	黄**	Huang**	女	中国	32599	195厘米	80kg	篮球	广西南宁
154	李**	Li**	男	中国	33757	NaN	111kg	篮球	贵州贵阳
176	李**	Li**	女	中国	31868	177厘米	70kg	篮球	江苏
227	露*	Lu*	女	中国	32964	191厘米	78kg	篮球	内蒙古鄂尔多斯

图 5.27 进一步筛选

	中文名	外文名	性别	国籍	出生日期	身高	体重	项目	地区
23	陈*	Chen*	女	中国	30658	197厘米	90kg	篮球	青岛胶南
27	陈**	Chen**	女	中国	32235	180厘米	70kg	篮球	江苏无锡
56	丁**	Di**	男	中国	34201	200厘米	91kg	篮球	新疆克拉玛依
57	李*	Li*	女	中国	34701	NaN	76kg	篮球	辽宁
58	高*	Gao*	女	中国	33710	191cm	85kg	篮球	黑龙江
59	潘**	Pan**	女	中国	34943	191cm	82kg	篮球	河南
60	张*	Zhang*	女	中国	1999年	1米89公分	NaN	篮球	河南
61	李**	Li**	女	中国	1999年	2.01米	103kg	篮球	山西
62	郭**	Guo**	女	中国	35446	187公分	NaN	篮球	河北
63	孙**	Sun**	女	中国	33786	1.97M	77kg	篮球	天津
64	黄**	Huang**	女	中国	35072	192cm	8kg	篮球	广东
65	张**	Zhang**	女	中国	34547	1.98米	88kg	篮球	湖北
89	高*	Gao*	女	中国	33710	191厘米	85kg	篮球	黑龙江
103	郭**	Guo**	男	中国	34287	192厘米	85kg	篮球	辽宁
115	黄**	Huang**	女	中国	32599	195厘米	80kg	篮球	广西南宁
154	李**	Li**	男	中国	33757	NaN	111kg	篮球	贵州贵阳
176	李**	Li**	女	中国	31868	177厘米	70kg	篮球	江苏
227	露*	Lu*	女	中国	32964	191厘米	78kg	篮球	内蒙古鄂尔多斯

图 5.28 统一单位

可以看到，“体重”列存在 NaN 值。一种方法是直接用向前填充的方式将其替换为与上一行相同的数值，此方法适合缺失值较少的数据集。

```
# 采用向前填充的方式
basketball_data['体重'].replace(to_replace=None,method='pad',inplace=True)
basketball_data
```

运行结果部分数据如图 5.29 所示。

	中文名	外文名	性别	国籍	出生日期	身高	体重	项目	地区
23	陈*	Chen*	女	中国	30658	197厘米	90kg	篮球	青岛胶南
27	陈**	Chen**	女	中国	32235	180厘米	70kg	篮球	江苏无锡
56	丁**	Di**	男	中国	34201	200厘米	91kg	篮球	新疆克拉玛依
57	李*	Li*	女	中国	34701	NaN	76kg	篮球	辽宁
58	高*	Gao*	女	中国	33710	191cm	85kg	篮球	黑龙江
59	潘**	Pan**	女	中国	34943	191cm	82kg	篮球	河南
60	张*	Zhang*	女	中国	1999年	1米89公分	82kg	篮球	河南
61	李**	Li**	女	中国	1999年	2.01米	103kg	篮球	山西
62	郭**	Guo**	女	中国	35446	187公分	103kg	篮球	河北
63	孙**	Sun**	女	中国	33786	1.97M	77kg	篮球	天津
64	黄**	Huang**	女	中国	35072	192cm	77kg	篮球	广东
65	张**	Zhang**	女	中国	34547	1.98米	88kg	篮球	湖北
89	高*	Gao*	女	中国	33710	191厘米	85kg	篮球	黑龙江
103	郭**	Guo**	男	中国	34287	192厘米	85kg	篮球	辽宁
115	黄**	Huang**	女	中国	32599	195厘米	80kg	篮球	广西南宁
154	李**	Li**	男	中国	33757	NaN	111kg	篮球	贵州贵阳
176	李**	Li**	女	中国	31868	177厘米	70kg	篮球	江苏
227	露*	Lu*	女	中国	32964	191厘米	78kg	篮球	内蒙古鄂尔多斯

图 5.29　替换缺失值

这里还有另一种方法可以处理 NaN 值，即用正常体重数据的“平均数”来填充。先清除所有缺失值，再将数据类型转换为整数类型，然后计算平均体重，最后用得到的平均体重填充缺失值。其具体代码如下。

```
# 计算女篮运动员的平均体重——先清除缺失值，再转换数据类型，然后计算平均数
female_weight=basketball_data['体重'].dropna()
# lambda x:x[0:-2]意为删掉最后两个字符，即去除单位，astype(int)意为将体重数据转换为整数类型
female_weight=female_weight.apply(lambda x:x[0:-2]).astype(int)
# mean()意为求平均数，round()意为四舍五入
fill_female_weight=round(female_weight.mean())
# 将平均体重的小数部分舍弃，只保留整数，转换为字符串类型之后就可以把 kg 这个单位拼接回来了
fill_female_weight=str(int(fill_female_weight))+'kg'
# 填充缺失值
basketball_data.loc[:,'体重'].fillna(fill_female_weight, inplace=True)
basketball_data
```

由运行结果可知，缺失值已填充成功，如图 5.30 所示。

	中文名	外文名	性别	国籍	出生日期	身高	体重	项目	地区
23	陈*	Chen*	女	中国	30658	197厘米	90kg	篮球	青岛胶南
27	陈**	Chen**	女	中国	32235	180厘米	70kg	篮球	江苏无锡
56	丁**	Di**	男	中国	34201	200厘米	91kg	篮球	新疆克拉玛依
57	李*	Li**	女	中国	34701	NaN	76kg	篮球	辽宁
58	高*	Gao**	女	中国	33710	191cm	85kg	篮球	黑龙江
59	潘**	Pan**	女	中国	34943	191cm	82kg	篮球	河南
60	张*	Zhang*	女	中国	1999年	1米89公分	80kg	篮球	河南
61	李**	Li**	女	中国	1999年	2.01米	103kg	篮球	山西
62	郭**	Guo**	女	中国	35446	187公分	80kg	篮球	河北
63	孙**	Sun**	女	中国	33786	1.97M	77kg	篮球	天津
64	黄**	Huang**	女	中国	35072	192cm	8kg	篮球	广东
65	张**	Zhang**	女	中国	34547	1.98米	88kg	篮球	湖北
89	高*	Gao*	女	中国	33710	191厘米	85kg	篮球	黑龙江
103	郭**	Guo**	男	中国	34287	192厘米	85kg	篮球	辽宁
115	黄**	Huang**	女	中国	32599	195厘米	80kg	篮球	广西南宁
154	李**	Li**	男	中国	33757	NaN	111kg	篮球	贵州贵阳
176	李**	Li**	女	中国	31868	177厘米	70kg	篮球	江苏
227	露*	Lu*	女	中国	32964	191厘米	78kg	篮球	内蒙古鄂尔多斯

图 5.30 填充缺失值

将“体重”列转换为整数类型，并将该列的索引重命名为“体重/kg”，具体代码如下。

```
basketball_data=pd.concat([male_data,female_data])
basketball_data['体重']=basketball_data['体重'].apply(lambda x:x[0:-2]).astype(int)
basketball_data.rename(columns={'体重':'体重/kg'},inplace = True)
basketball_data
```

运行结果部分数据如图 5.31 所示。

请读者按照上述方法整理“身高”列数据，整理后的列索引为“身高/cm”。

③ 检测与处理异常值。

为提高后期计算的准确性，需要对数据做异常值检测。这里通过箱线图和 3σ 原则分别检测“身高/cm”和“体重/kg”两列数据。

使用箱线图检测男篮运动员的身高数据，具体代码如下。

```
from matplotlib import pyplot as plt
# 设置中文显示
plt.rcParams['font.sans-serif']=['SimHei']
# 使用箱线图检测男篮运动员“身高/cm”一列是否有异常值
male_data.boxplot(column=['身高/cm'])
plt.show()
```

运行结果如图 5.32 所示。

	中文名	外文名	性别	国籍	出生日期	身高	体重/kg	项目	地区
23	陈*	Chen*	女	中国	30658	197厘米	90	篮球	青岛胶南
27	陈**	Chen**	女	中国	32235	180厘米	70	篮球	江苏无锡
56	丁**	Di**	男	中国	34201	200厘米	91	篮球	新疆克拉玛依
57	李*	Li*	女	中国	34701	NaN	76	篮球	辽宁
58	高*	Gao*	女	中国	33710	191cm	85	篮球	黑龙江
59	潘**	Pan**	女	中国	34943	191cm	82	篮球	河南
60	张*	Zhang*	女	中国	1999年	1米89公分	80	篮球	河南
61	李**	Li**	女	中国	1999年	2.01米	103	篮球	山西
62	郭**	Guo**	女	中国	35446	187公分	80	篮球	河北
63	孙**	Sun**	女	中国	33786	1.97M	77	篮球	天津
64	黄**	Huang**	女	中国	35072	192cm	8	篮球	广东
65	张**	Zhang**	女	中国	34547	1.98米	88	篮球	湖北
89	高*	Gao*	女	中国	33710	191厘米	85	篮球	黑龙江
103	郭**	Guo**	男	中国	34287	192厘米	85	篮球	辽宁
115	黄**	Huang**	女	中国	32599	195厘米	80	篮球	广西南宁
154	李**	Li**	男	中国	33757	NaN	111	篮球	贵州贵阳
176	李**	Li**	女	中国	31868	177厘米	70	篮球	江苏
227	露*	Lu*	女	中国	32964	191厘米	78	篮球	内蒙古鄂尔多斯

图 5.31　再次转换数据类型

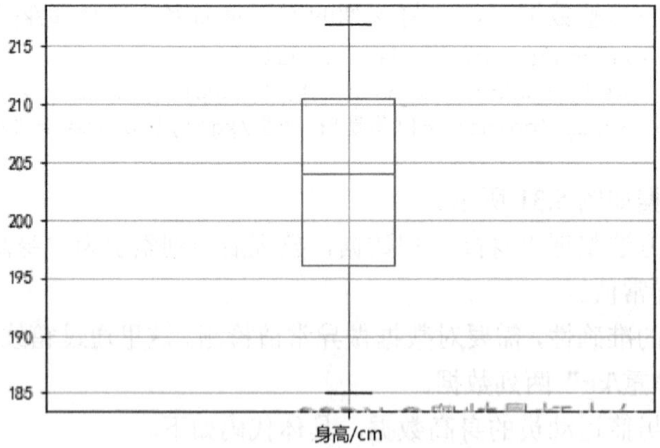

图 5.32　检测男篮异常值

使用箱线图检测女篮运动员的身高数据，具体代码如下。

```
# 使用箱线图检测女篮运动员“身高/cm”一列是否有异常值
female_data.boxplot(column=['身高/cm'])
plt.show()
```

运行结果如图 5.33 所示。

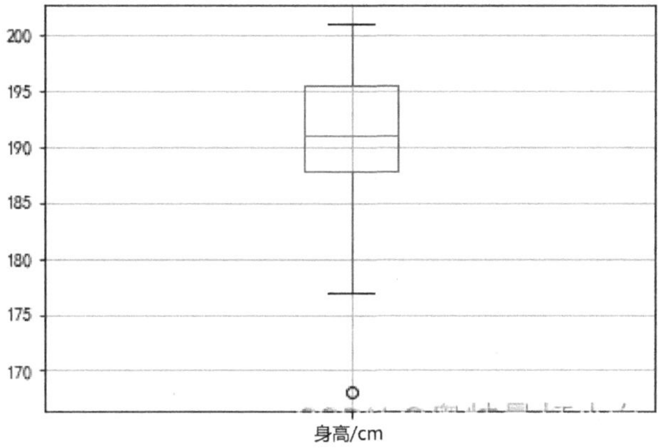

图 5.33 检测女篮异常值

观察以上两个箱线图可知，女篮运动员的身高数据中存在一个小于 170 的值，经核实后确认该值为非异常值，可直接忽略。

至此，该数据集中中国篮球运动员的数据分析预处理完毕，下一步就可以进行数据分析操作。

5.6 实战 3：豆瓣读书数据预处理

5.6.1 任务说明

豆瓣读书是豆瓣网的一个子栏目，上线于 2005 年，已成为国内信息最全、用户数量最大且最为活跃的在线读书社区。

本案例根据豆瓣读书数据情况将数据集进行预处理，包括异常数据清洗、数据类型转换，以及根据直观数据进行初步数据分析。

5.6.2 任务实现

数据获取与处理如下。

（1）文件读取

首先进行豆瓣读书数据集的读取，具体代码如下。

```
import pandas as pd
import numpy as np
df=pd.read_csv(r'/PythonTest/Data/book_douban.csv',index_col=0)
df.head(10)
```

运行结果部分数据如图 5.34 所示。

接着查看数据集的字段类型，具体代码如下。

```
df.info()
```

运行结果如下。

```
<class 'pandas.core.frame.DataFrame'>
Int64Index: 60626 entries, 1 to 60670
Data columns (total 9 columns):
```

```
 #   Column  Non-Null  Count     Dtype
---  ------  --------  ------    -----
 0   书名    60626     non-null  object
 1   作者    60623     non-null  object
 2   出版社  60626     non-null  object
 3   出版时间 60626    non-null  object
 4   数      60626     non-null  object
 5   价格    60611     non-null  object
 6   ISBN    60626     non-null  object
 7   评分    60626     non-null  float64
 8   评论数量 60626    non-null  object
dtypes: float64(1), object(8)
memory usage: 4.6+ MB
```

	书名	作者	出版社	出版时间	数	价格	ISBN	评分	评论数量
1	中***	叶***	None	1900	None	None	9.79E+12	0.0	None
2	How***	杨***	The***	1945	262	None	9.78E+12	0.0	None
3	吐***	黄***	中***	1954	208	None	None	0.0	None
4	塞***	列***	新***	1955	172	None	None	0.0	None
5	敦***	王***	人***	1957	922	None	None	0.0	None
6	可***	莫***	作***	1957	96	None	None	0.0	None
7	鲁***	石***	上***	1976	148	None	None	0.0	None
9	两***	约***	群***	1979	182	None	None	0.0	None
10	Lu***	Lu***	Foreign***	1980	None	None	9.78E+12	0.0	None
11	战***	林***	香***	1981	169	None	9.79E+12	0.0	None

图 5.34　数据读取

（2）数据清洗

① 字段重命名。

在数据读取时，发现字段名“数”表意不明确。为了更加直观，现将“数”改为“页数”，并重置索引，具体代码如下。

```
df=df.rename(columns={'数':'页数'})
df.reset_index(drop=True,inplace=True)
df.head(10)
```

运行结果部分数据如图 5.35 所示。

	书名	作者	出版社	出版时间	页数	价格	ISBN	评分	评论数量
0	中***	叶***	None	1900	NaN	NaN	9.79E+12	0.0	NaN
1	How***	杨***	The***	1945	262	NaN	9.78E+12	0.0	NaN
2	吐***	黄***	中***	1954	208	NaN	NaN	0.0	NaN
3	塞***	列***	新***	1955	172	NaN	NaN	0.0	NaN
4	敦***	王***	人***	1957	922	NaN	NaN	0.0	NaN
5	可***	莫***	作***	1957	96	NaN	NaN	0.0	NaN
6	鲁***	石***	上***	1976	148	NaN	NaN	0.0	NaN
7	两***	约***	群***	1979	182	NaN	NaN	0.0	NaN
8	Lu***	Lu***	Foreign***	1980	NaN	NaN	9.78E+12	0.0	NaN
9	战***	林***	香**	1981	169	NaN	9.79E+12	0.0	NaN

图 5.35　字段重命名

② 数据概览。

查看数据的矩阵形状，具体代码如下。

```
df.shape()
```

运行结果如下。

```
(60626, 9)
```

查看评分的统计信息，具体代码如下。

```
df.describe()
```

运行结果如图 5.36 所示。

	评分
count	60626.000000
mean	7.164194
std	2.616873
min	0.000000
25%	7.300000
50%	7.900000
75%	8.500000
max	10.000000

图 5.36 数据概览

③ 清洗缺失值。

接下来清洗数据集中的缺失值。首先将数据中的 None 值替换为空值，然后查看数据的空值情况，具体代码如下。

```
df.replace('None',np.nan,inplace=True)
df.isnull().sum()
```

运行结果如下。

```
书名          0
作者       1014
出版社     2718
出版时间    992
页数       4257
价格       1849
ISBN       1087
评分          0
评论数量   6655
dtype: int64
```

由运行结果可见，数据集中的空值较多。下面选取数据中空值较多的列进行清洗或删除，具体代码如下。

```
del df['ISBN']  # 去除“ISBN”列
df.dropna(axis=0,subset=['作者','出版社','出版时间','页数','价格','评分','评论数量'],
how='any',inplace=True)  # 去除指定列含有空值的行
df.reset_index(drop=True,inplace=True)   # 重置索引
```

接着确认数据中是否还存在空值，具体代码如下。

```
df.isnull().sum()
```

运行结果如下。

```
书名       0
作者       0
```

```
出版社      0
出版时间    0
页数        0
价格        0
评分        0
评论数量    0
dtype: int64
```

重新查看数据的矩阵形状，具体代码如下。

```
df.shape
```

运行结果如下。

```
(47745, 8)
```

④ 清洗“出版时间”列。

清洗“出版时间”列，将该字段由字符串类型转换为整数类型，并将出版时间大于当前实际时间的数据清除，具体代码如下。

```
df.drop(df[df['出版时间'].str.len()!=4].index,axis=0,inplace=True)
df['出版时间']=df['出版时间'].astype(np.int32)
df.drop(df[df['出版时间']>2022].index,inplace=True)
df.head()
```

运行结果部分数据如图 5.37 所示。

	书名	作者	出版社	出版时间	页数	价格	评分	评论数量
0	只***	乙***	青***	2005	217	55	8.7	4760
27	细***	刘***	湖***	1992	134	7.2	8.6	1399
32	LEVEL***	富***	新***	1999	597	3.5	9.4	565
33	世***	do***	None	2013	400	50	8.7	113
34	腹***	叶***	Ku***	2007	160	58	7.8	130

图 5.37 清洗“出版时间”列

重新查看数据矩阵形状，以了解被清除数据的数量，具体代码如下。

```
df.shape
```

运行结果如下。

```
(46180, 8)
```

⑤ 转换“评论数量”列的数据类型。

查看数据类型，发现“评论数量”字段数据类型为 Object 型，现将该字段转换为整数类型，具体代码如下。

```
df['评论数量']=df['评论数量'].astype(np.int32)
df.info()
```

运行结果如下。

```
<class 'pandas.core.frame.DataFrame'>
RangeIndex: 47745 entries, 0 to 47744
Data columns (total 8 columns):
 #   Column  Non-Null Count    Dtype
---  ------  --------- -----   -----
 0   书名    47745     non-null object
```

```
 1   作者      47745     non-null  object
 2   出版社    47745     non-null  object
 3   出版时间  47745     non-null  object
 4   页数      47745     non-null  object
 5   价格      47745     non-null  object
 6   评分      47745     non-null  float64
 7   评论数量  47745     non-null  int32
dtypes: float64(1), int32(1), object(6)
memory usage: 2.7+ MB
```

⑥ 清洗“页数”列。

首先查看“页数”列数据是否有含小数点的情况，具体代码如下。

```
df['页数'].str.contains('\.').value_counts()
```

运行结果如下。

```
False    47738
True         7
Name: 页数, dtype: int64
```

然后将“页数”列中的异常值清除，具体代码如下。

```
df['页数']=df['页数'].apply(lambda x:x.replace(',','').replace(' ',''))
df.drop(df[~(df['页数'].str.isdecimal())].index,axis=0,inplace=True)
df
```

运行结果如图 5.38 所示。

	书名	作者	出版社	出版时间	页数	价格	评分	评论数量
0	只***	乙***	青***	2005	217	55	8.7	4760
27	细***	刘***	湖***	1992	134	7.2	8.6	1399
32	LEVEL***	富***	新***	1999	597	3.5	9.4	565
33	世***	do***	None	2013	400	50	8.7	113
38	泰***	陶***	***社	2011	365	88	9.1	22
...	...	...	...	...	...	...	...	...
49591	怎***	人***	人***	1982	60	0.22	8.5	3078
49596	雪***	童***	人***	1979	86	0.2	8.1	38
49599	党***	黄***	少***	1959	17	0.18	8.1	77
49603	论***	毛***	人***	1976	28	0.07	8.3	126
49608	Princi***	Ra***	Br***	2011	123	0	9.1	164

图 5.38 清洗“页数”列

下面转换“页数”列的数据类型并清除页数为 0 的数据，具体代码如下。

```
df['页数']=df['页数'].astype(np.int32)
df.drop((df[df['页数']==0]).index,inplace=True)
df.info()
```

运行结果如下。

```
<class 'pandas.core.frame.DataFrame'>
Int64Index: 47456 entries, 0 to 47744
Data columns (total 8 columns):
 #   Column  Non-Null Count  Dtype
```

```
---  ------    ---------   -----    -----
 0   书名      47456       non-null  object
 1   作者      47456       non-null  object
 2   出版社    47456       non-null  object
 3   出版时间  47456       non-null  object
 4   页数      47456       non-null  int32
 5   价格      47456       non-null  object
 6   评分      47456       non-null  float64
 7   评论数量  47456       non-null  int32
dtypes: float64(1), int32(2), object(5)
memory usage: 2.9+ MB
```

⑦ 清洗“价格”列。

清洗“价格”列，去除其中不是纯数字的数据，具体代码如下。

```
df['价格']=df['价格'].apply(lambda x:x.replace(',','').replace(' ',''))
for r_index,row in df.iterrows():
    if row[5].replace('.','').isdecimal()==False:
        df.drop(r_index,axis=0,inplace=True)
    elif row[5][-1].isdecimal()==False:
        df.drop(r_index,axis=0,inplace=True)
df['价格']=df['价格'].astype(float)
df.tail()
```

运行结果部分数据如图 5.39 所示。

	书名	作者	出版社	出版时间	页数	价格	评分	评论数量
49602	怎***	人***	人***	1982	60	0.22	8.5	3078
49607	雪***	童***	人***	1979	86	0.20	8.1	38
49610	党***	黄***	少***	1959	17	0.18	8.1	77
49614	论***	毛***	人***	1976	28	0.07	8.3	126
49619	Princi***	Ra***	Br***	2011	123	0.00	9.1	164

图 5.39 清洗“价格”列

接下来清除价格低于 1 元的书籍，具体代码如下。

```
df.drop(df[df['价格']<1].index,inplace=True)
df.tail()
```

运行结果部分数据如图 5.40 所示。

	书名	作者	出版社	出版时间	页数	价格	评分	评论数量
49277	骑***	塞***	人***	1980	452	1.05	9.1	127
49282	日***	伊***	人***	1982	190	1.05	8.7	32
49293	唐***	刘***	人***	1981	368	1.00	9.4	68
49294	意***	忻***	北***	1984	353	1.00	9.0	34
49297	新***	童***	中***	1980	184	1.00	8.7	28

图 5.40 再次清洗“价格”列

⑧ 清洗“书名”列。

首先查看重复的书名，具体代码如下。

```
df['书名'].value_counts()
```

运行结果如下。

```
奇***                                    4
GOSICK***                                3
张***                                    3
世***                                    3
泡***                                    3
…
Buildi***b                               1
Advanc***b                               1
User-C***ed                              1
殷***                                    1
新***                                    1
Name: 书名, Length: 2149, dtype: int64
```

然后查看书名的总数量与重复书名数量，具体代码如下。

```
df['书名'].duplicated().value_counts()
```

运行结果如下。

```
False    2149
True       46
Name: 书名, dtype: int64
```

为了保证数据的可靠性，我们可以先将书名按照评论数量排序，然后进行去重。按照评论数量排序的具体代码如下。

```
df=df.sort_values(by='评论数量',ascending=False)
df.reset_index(drop=True,inplace=True)
df.head()
```

运行结果部分数据如图 5.41 所示。

	书名	作者	出版社	出版时间	页数	价格	评分	评论数量
0	撒***	三***	***社	1976	240	160.0	9.0	52883
1	鬼***	天***	安***	2006	257	25.0	8.1	34747
2	中***	钱***	生***	2001	178	12.0	9.1	21015
3	我***	王***	文***	1997	303	18.8	9.0	17149
4	数***	里***	译***	1997	493	23.3	8.9	15912

图 5.41 按照评论数量排序

对排序后的数据进行去重，具体代码如下。

```
df.drop_duplicates(subset='书名', keep='first', inplace=True)
df.reset_index(drop=True,inplace=True)
df['书名'].value_counts()   # 查看是否还有重名的数据
```

运行结果如下。

```
撒***                1
孔***                1
解***                1
中***                1
```

```
...
狼***                    1
怪***                    1
阿***                    1
从***                    1
蝴***                    1
Name: 书名, Length: 2149, dtype: int64
```

5.6.3 直观数据分析

下面依据处理后的数据进行直观的数据分析，查看书籍评分排名、作者排名等情况。

（1）书籍评分排名

现将评论数量大于 50000 的作品提取出来，并按照评分降序排列，具体代码如下。

```
sor=df[df['评论数量']>50000].sort_values(by='评分',ascending=False)
sor
```

运行结果如图 5.42 所示。

	书名	作者	出版社	出版时间	页数	价格	评分	评论数量
0	撒***	三***	***社	1976	240	160.0	9.0	52883

图 5.42　书籍评分排名

（2）作者排名

现将评论数量大于 100 且评分大于或等于 8 的作品的作者按作品数量排名，具体代码如下。

```
df1=df[df['评论数量']>100]
df1=df1[df1['评分']>=8]
writer=df1['作者'].value_counts()
writer=pd.DataFrame(writer)
writer.reset_index(inplace=True)
writer.rename(columns={'index':'作家','作者':'作品数量'},inplace=True)
writer
```

运行结果如图 5.43 所示。

	作家	作品数量
0	None	6
1	黄***	6
2	张***	5
3	三***	4
4	王***	4
...	...	...
582	顾***	1
583	(英***顿	1
584	以***	1
585	安***	1
586	Si***n Collison	1

587 rows × 2 columns

图 5.43　作者排名

接下来提取出作品数量大于或等于 10 的作者，并计算其作品的平均分，具体代码如下。

```
lst1=writer[writer['作品数量']>=10]['作家'].tolist()
writer_rank=df1[df1['作者'].isin(lst1)].groupby(by='作者',as_index=False).agg(
    {'评分':np.mean}).sort_values(by='评分',ascending=False).reset_index(drop=True).
head(20)
writer_rank
```

运行结果如下。

```
    作者      评分
0   汪***    8.953846
1   史***    8.900000
2   鲁***    8.886207
3   吕***    8.823077
4   朱***    8.820000
5   余***    8.800000
6   叶***    8.800000
7   夏***    8.785714
8   沈***    8.781818
9   艾***    8.770000
10  三***    8.767857
11  顾***    8.757143
12  南***    8.727500
13  王***    8.724590
14  寂***    8.718182
15  邓***    8.716667
16  郑***    8.710714
17  加***    8.710000
18  老***    8.709091
19  曹***    8.660000
```

5.7 本章小结

本章首先介绍了数据预处理的一般过程（先准备数据，再进行数据变换、清洗等重要操作），着重讲解了数据标准化处理；接着介绍数据清洗的一般检测步骤与处理方法；最后通过两个实战案例对所学知识进行巩固。通过对本章内容的学习，读者能够掌握常见的重复数据、缺失数据和异常数据的检测与处理方法，为接下来的数据分析奠定基础。

5.8 习题

1. 填空题

（1）导入数据集时，读取 CSV 文件的函数为________。

（2）检测异常值常用的两种方式为________和________。

（3）常见的 3 种缺失值处理方式为________、________和________。

（4）数据变换的常见操作有________、________等。

（5）在 Pandas 中 DataFrame 对象可以使用________或________实现轴向旋转操作。

2. 选择题

（1）以下说法错误的是（ ）。

A. 数据清洗能完全解决数据质量差的问题

B. 数据清洗在数据分析过程中是不可或缺的一个环节

C. 数据清洗的目的是提高数据质量

D. 可以借助 Pandas 来完成数据清洗工作

（2）关于为什么要做数据清洗，下列说法不正确的是（ ）。

A. 数据有重复　　B. 数据有缺失

C. 数据有错误　　D. 数据量太大

3. 简答题

简述数据分析中数据清洗的重要性。

第6章 Matplotlib——可视化绘图

Matplotlib—可视化绘图

本章学习目标

- 掌握 Matplotlib 绘制图表的流程及方法。
- 掌握 Matplotlib 绘制散点图的方法。
- 掌握 Matplotlib 绘制直方图的方法。
- 掌握 Matplotlib 绘制折线图的方法。
- 掌握 Matplotlib 绘制饼图的方法。
- 掌握 Matplotlib 绘制箱线图的方法。
- 掌握 Matplotlib 绘制正弦图和余弦图的方法。
- 掌握 Matplotlib 绘制误差条形图的方法。
- 掌握 Matplotlib 绘制玫瑰图的方法。
- 掌握 Matplotlib 绘制词云的方法。

Matplotlib 是一个 Python 的二维绘图库，它以各种硬拷贝格式和跨平台的交互式环境生成出版质量级别的图形。Matplotlib 可用于 Python 脚本、Python Shell 和 IPython Shell、Jupyter Notebook、Web 应用程序服务器，以及四个图形用户界面工具包。

Matplotlib 尝试使容易的事情变得更容易，使困难的事情变得可能。只需几行代码就可以生成直方图、功率谱、散点图等。

本章主要讲解 Matplotlib 绘制各种图表的方法，使读者了解并掌握数据分析流程中的数据可视化部分。

6.1 Matplotlib 的安装

安装 Matplotlib 的方式有很多种。这里使用 Anaconda 安装 Matplotlib。如图 6.1 所示，在“开始”菜单中单击“Anaconda Prompt（jupyter）”选项，输入如下代码即可安装 Matplotlib。

```
conda install Matplotlib
```

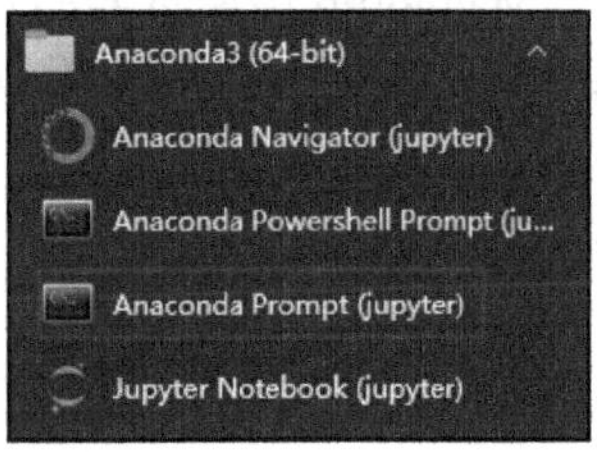

图 6.1 “开始”菜单中的选项

注意

安装过程中会出现“Proceed([y]/n)?”提示，在其之后输入“y”即可，如图 6.2 所示。

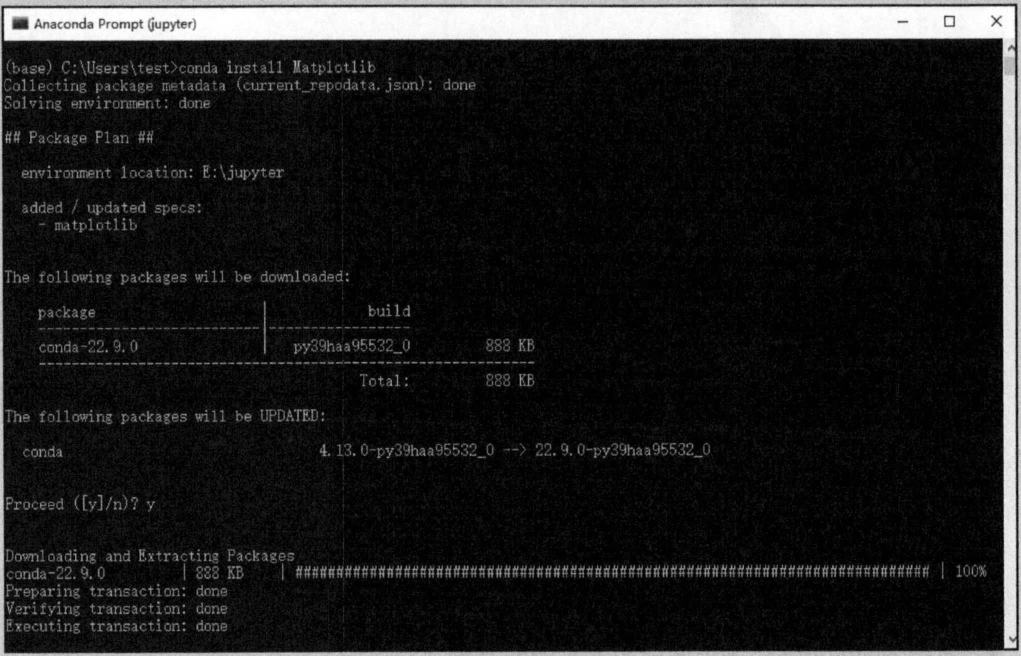

图 6.2　Matplotlib 的安装过程

6.2　Matplotlib 的绘制流程

Matplotlib 易于使用，是 Python 中被大众所知的可视化库，由约翰·亨特（John Hunter）在 2003 年推出。数据可视化的最大好处之一是以易于理解的视觉效果直观地呈现大量数据。Matplotlib 建立在 NumPy 数组之上，旨在与更广泛的 SciPy 堆栈一起使用，绘制出多种常见的统计图表，如折线图、条形图、散点图、直方图等。

使用 Matplotlib 除绘制基本图表外，还可以编辑图表的标题、轴刻度、图例等。Matplotlib 包含 pyplot 模块，用于绘制图形的状态机，为图形的绘制创建基本环境。Matplotlib 首先创建画布，其次对图层进行基本的绘制。用户主要对子图层进行绘制，一般使用面向对象的基本方法。

Matplotlib 中最重要的基类是 Artist 及其派生类，主要分为容器类型和绘图元素类型。容器类型包括 Figure、Axes、Axis，这些类确定一个绘图区域，为绘图元素类型提供显示位置；绘图元素类型包括 Line2D、Rectangle、Text、AxesImage 等，这些类被包含在容器类型提供的绘图区域中。

6.2.1　绘图结构——Figure、Axes、Axis、Artist

Matplotlib 中的所有内容都是按层次结构组织的。层次结构的顶部是 matplotlib.pyplot 模块提供的 Matplotlib“状态机环境”。在此级别可使用简单函数将绘图元素（线条、图像、文本等）添加到当前图形中的当前轴。

层次结构的下一层是面向对象接口的第一层，其中 pyplot 仅用于少数功能，如图形创建，用户显式创建并跟踪图形和轴对象。在这一层，用户使用 pyplot 创建图形，通过这些图形可以创建一个或多个轴对象。这些坐标区对象随后用于大多数绘图操作。坐标区对象如图 6.3 所示。

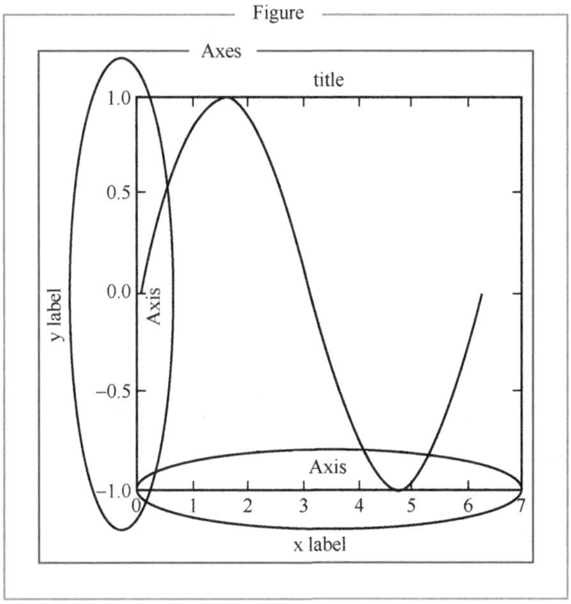

图 6.3 坐标区对象

1. Figure

图 6.3 中外侧的方框表示 Figure，可以理解为画布。所有的内容都会画在这个“画布”上，Figure 会包含所有的坐标系。

2. Axes

图 6.3 中的内框表示 Axes，是坐标轴的组合，可以理解为一个坐标系。Axes 在英文里是 Axis 的复数形式，也就是说 Axes 代表的其实是 Figure 当中的 1 套坐标轴。之所以说 1 套而不是 2 条坐标轴，是因为如果画三维的图，Axes 就代表 3 条坐标轴了。因此，在一个 Figure 当中，每添加一次 subplot，其实就是添加了 1 套坐标轴，也就是添加了 1 个 Axes，放在二维图里就是添加了 2 条坐标轴，分别是 x 轴和 y 轴。

3. Axis

图 6.3 中的每一条坐标轴，其包含刻度和标签。

4. Artist

所有的绘图元素的基类，每个在 Figure 中可以被看到的绘图元素都是一个 Artist。当一个 Figure 被渲染时，所有的 Artists 都被画在画布 canvas 上。大多数的 Artist 都是与某个 Axes 绑定的，一个 Artist 不能同时属于多个 Axes。

6.2.2 绘图流程

使用 Matplotlib 绘制图表的基本流程如图 6.4 所示。

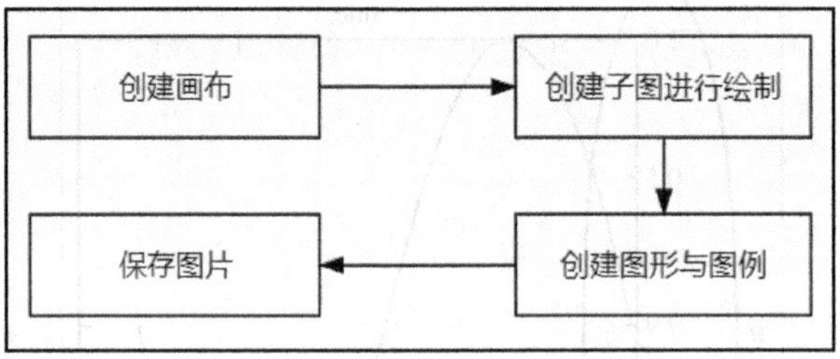

图 6.4 使用 Matplotlib 绘制图表的基本流程

① 创建画布：fig = plt.figure()，后面还可以跟着对画布的各种处理。
② 创建子图进行绘制：axis = fig.subplot()，一次可创建多张子图。
③ 创建图形与图例：面向对象式绘图。
④ 保存图片：保存绘制的图片，并可进行显示。

6.2.3 第一个交互式图表

为了熟悉 Matplotlib，我们首先来生成一个简单的交互式图表。使用 Matplotlib 生成图表只需几行代码就可以实现。

1. 创建画布

首先导入 pyplot 模块，将其命名为 plt，然后创建一个画布，具体代码如下。

```
import matplotlib.pyplot as plt     # 导入模块
fig = plt.figure(figsize = (8,7))   # 创建画布
```

运行结果如下。

```
<Figure size 576x504 with 0 Axes>
```

返回的结果为 Axes 对象的引用。

2. 创建子图

一般使用 add_subplot()函数添加子图，其有 4 种签名形式。

```
add_subplot(nrows, ncols, index, **kwargs)
add_subplot(pos, **kwargs)
add_subplot(ax) # 这里的 ax 必须是作为子图布置的一部分创建的
add_subplot()   # 使用默认值创建一个子图
```

add_subplot()函数本质上做了以下两件事：

① 将整个 Figure 区域划分为行×列的网格；

② 在网格的指定格子（索引）中创建一个 Axes。

常用的是第一种签名形式，实例代码如下。

```
import matplotlib.pyplot as plt  # 导入模块
import numpy as np
from numpy.random import randn
fig = plt.figure(figsize = (8,7))  # 创建画布
ax1 = fig.add_subplot(1,1,1)  # 使用 ax1 变量指向子图对象
ax1.hist(randn(50))  # 使用轴向图的方法创建子图
```

运行结果如下，第一个交互式图表如图 6.5 所示。

```
(array([6., 6., 5., 8., 9., 5., 6., 2., 2., 1.]),
 array([-1.39251329, -1.0416514 , -0.69078951, -0.33992762,  0.01093426,
         0.36179615,  0.71265804,  1.06351993,  1.41438182,  1.76524371,
         2.1161056 ]),
 <BarContainer object of 10 artists>)
```

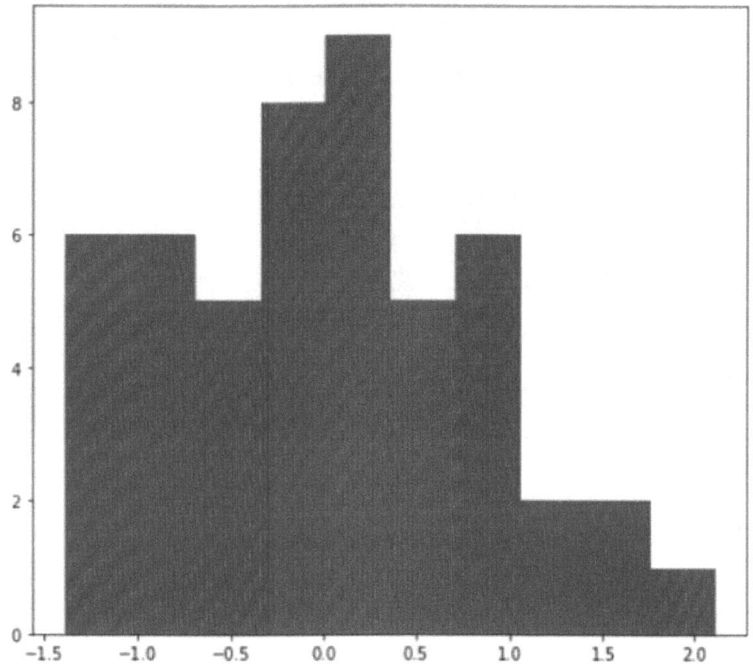

图 6.5 第一个交互式图表

由以上结果可见，代码中使用 hist()函数绘制了一个直方图。在很多的情况中，开发者需要对坐标轴上的标签进行规定，通常使用 xlabel()函数与 ylabel()函数进行此操作，具体代码如下。

```
import matplotlib.pyplot as plt     # 导入模块
import numpy as np
from numpy.random import randn
fig = plt.figure(figsize = (8,7))  # 创建画布
ax1 = fig.add_subplot(1,1,1)  # 使用 ax1 变量指向子图对象
```

```
ax1.hist(randn(50))  # 使用轴向图的方法创建子图
plt.rcParams['font.family'] = ['sans-serif']
plt.rcParams['font.sans-serif'] = ['SimHei']
                                  # 解决中文显示乱码问题（视实际情况而定是否添加此代码）
plt.xlabel("x 轴")
plt.ylabel("y 轴")
```

运行结果如下，生成图表如图 6.6 所示。

```
Text(0, 0.5, 'y 轴')
```

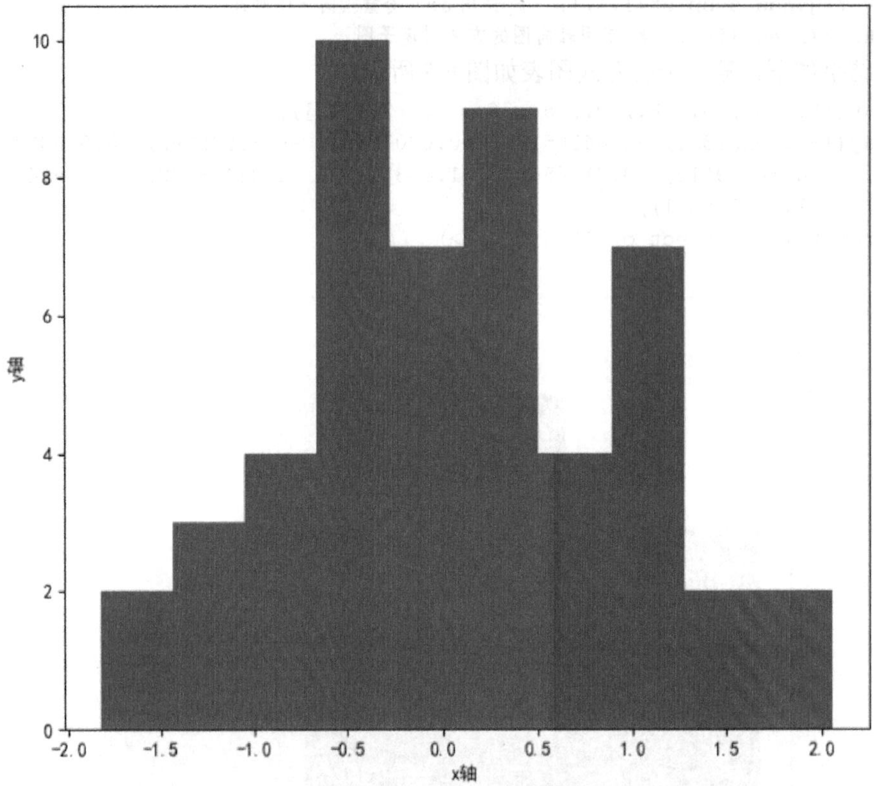

图 6.6　设置坐标轴标签

由以上运行结果可见，在坐标轴上分别多了“x 轴”与“y 轴”标签。

3. 添加图例

在添加了坐标轴标签之后，还可以使用 legend()函数添加图例。该函数的语法格式如下。

```
matplotlib.pyplot.legend(*args, **kwargs)
```

该函数的返回值是一个 matplotlib.legend.Legend 实例。其具体代码如下。

```
import matplotlib.pyplot as plt    # 导入模块
import numpy as np
from numpy.random import randn
fig = plt.figure(figsize = (8,7))  # 创建画布
ax1 = fig.add_subplot(1,1,1)  # 使用 ax1 变量指向子图对象
```

```
ax1.hist(randn(50))  # 使用轴向图的方法创建子图
plt.rcParams['font.family'] = ['sans-serif']
plt.rcParams['font.sans-serif'] = ['SimHei']
plt.xlabel("x 轴")
plt.ylabel("y 轴")
plt.legend(['数据'])  # 添加图例
plt.show()  # 显示图表
```

运行结果如图 6.7 所示。

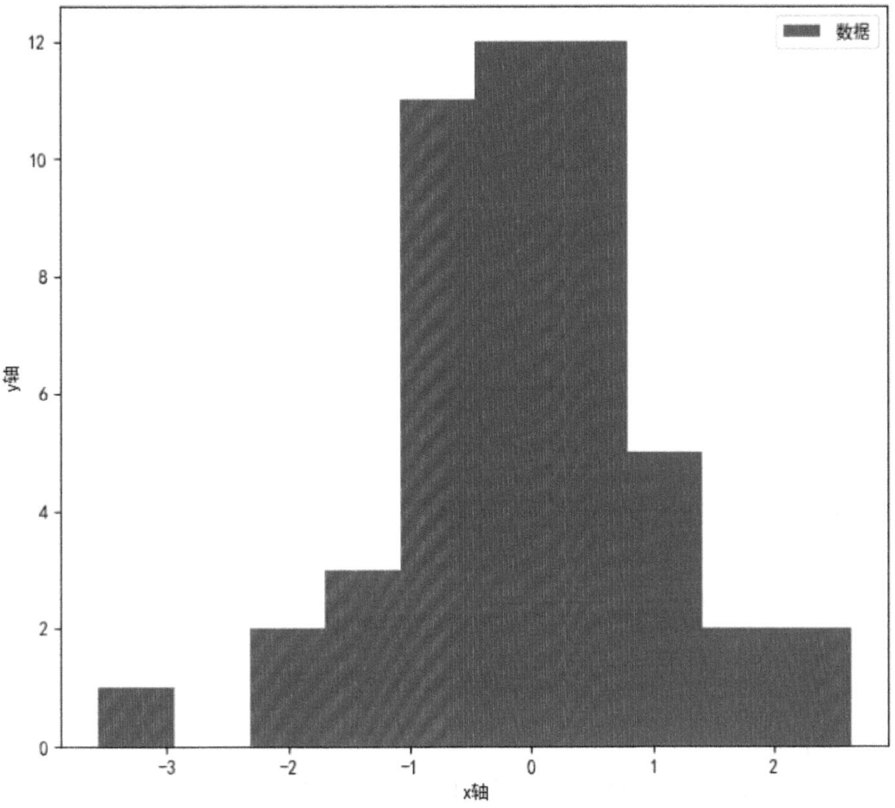

图 6.7 添加图例

6.2.4 其他常用操作

在实际开发过程中，时常会需要规定坐标轴的长度和范围，设置图表的线形及相关属性，设置图表刻度和网格等。本小节对这些常用的操作做详细讲解。

1. 设置坐标轴的长度和范围

（1）Matplotlib 自动设置

Matplotlib 自动设置，具体代码如下。

```
import numpy as np
fig = plt.figure()
# 添加绘图区域
```

```
a1 = fig.add_axes([0,0,1,1])
# 准备数据
x = np.arange(1,10)
# 绘制函数图像
a1.plot(x, np.exp(x))
# 添加标题
a1.set_title('示例')
plt.show()
```

运行结果如图 6.8 所示。

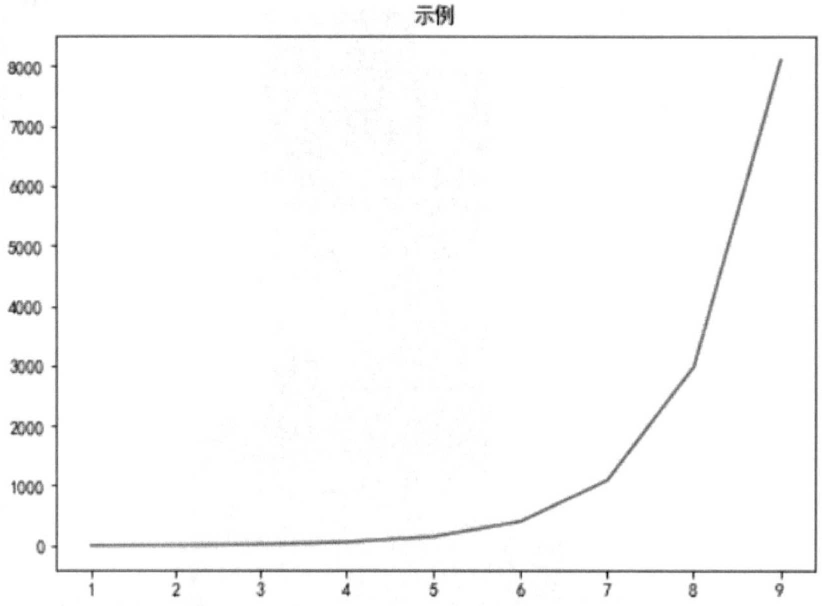

图 6.8　自动设置坐标轴的长度和范围

（2）自定义设置

分别使用 set_xlim()函数将 x 轴的数值范围设置为 0 到 20，使用 set_ylim()函数将 y 轴的数值范围设置为 0 到 1000，具体代码如下。

```
import matplotlib.pyplot as plt
import numpy as np
fig = plt.figure()
a1 = fig.add_axes([0,0,1,1])
x = np.arange(1,10)
a1.plot(x, np.exp(x),'r')
a1.set_title('示例')
# 设置 y 轴
a1.set_ylim(0,1000)
# 设置 x 轴
a1.set_xlim(0,20)
plt.show()
```

运行结果如图 6.9 所示。

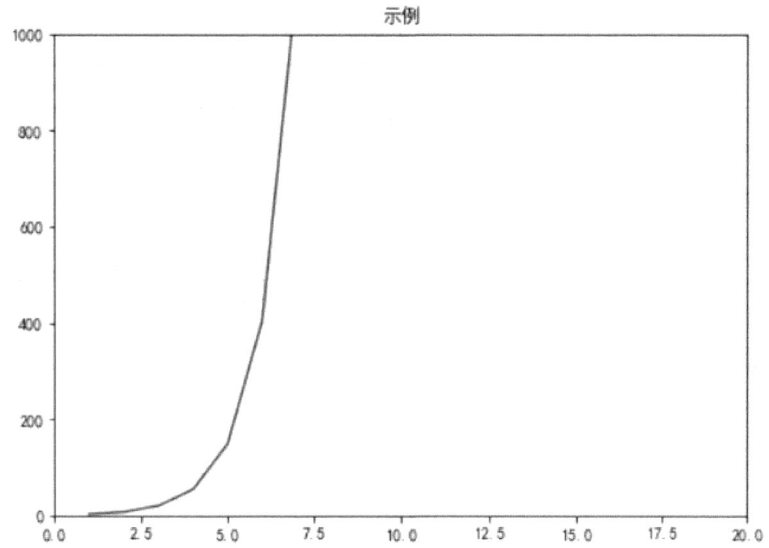

图 6.9 自定义设置坐标轴的长度和范围

2. 设置图表的线形及相关属性

在 Python 中用 Matplotlib 画图的时候，为了区分曲线的类型，我们会给曲线加一些标识或者颜色。部分常见线形属性、点形属性与颜色属性如表 6.1～表 6.3 所示。

表 6.1 线形属性

字符	类型	字符	类型
'-'	实线	':'	点线
'--'	虚线	'.'	点
'-.'	虚点线		

表 6.2 点形属性

字符	类型	字符	类型
','	像素	'd'	细菱形
'o'	圆形	'1'	三脚架朝下
'^'	上三角	'2'	三脚架朝上
'v'	下三角	'3'	三脚架朝左
'<'	左三角	'4'	三脚架朝右
'>'	右三角	'h'	六角形
's'	方形	'H'	旋转六角形
'+'	加号	'p'	五角形
'x'	叉形	'|'	垂直线
'D'	菱形	'_'	水平线

表 6.3　　颜色属性

字符	类型	字符	类型
'b'	蓝色	'y'	黄色
'g'	绿色	'k'	黑色
'r'	红色	'w'	白色
'c'	墨绿色	[0,1]内任意浮点数	灰度表示法
'm'	紫红色	例：'#2F4F4F'	RGB 表示法

示例代码如下。

```
import matplotlib.pyplot as plt
import numpy as np
y = np.arange(1, 5)
print(y)
plt.plot(y, c='g', marker='o')  # 圆形标记
plt.plot(y+1, c='0.5', marker='D')  # 菱形标记
plt.plot(y+2, marker='^')  # 正三角标记
plt.plot(y+3, 'p')  # 五角形标记
plt.show()
```

运行结果如下，生成图表如图 6.10 所示。

```
[1 2 3 4]
```

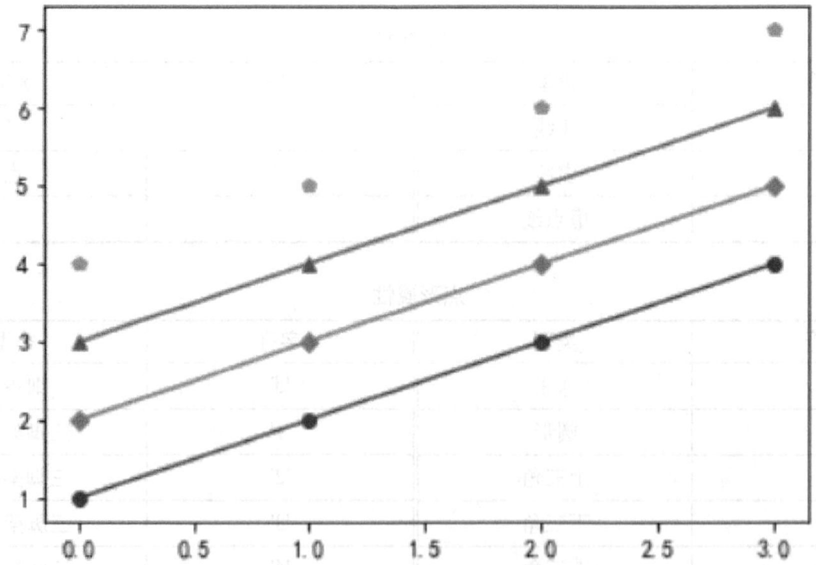

图 6.10　线形和相关属性设置

3. 设置图表刻度和网格

我们可以使用 pyplot 中的 grid()函数来设置图表中的网格线。grid()函数的语法格式如下。

```
matplotlib.pyplot.grid(b=None, which='major', axis='both', **kwargs)
```

grid()函数的参数说明如表 6.4 所示。

表 6.4 grid()函数的参数说明

参数	说明
b	可选，默认值为 None。为 b 可以设置布尔值，True 为显示网格线，False 为不显示。如果设置 **kwargs 参数，则值为 True
which	可选，可选值有 'major'、'minor' 和 'both'，默认值为 'major'，表示应用更改的网格线
axis	可选，设置显示哪个方向的网格线，可以取'both'（默认）、'x' 或 'y'
**kwargs	可选，设置网格样式，可以是 color='r'、linestyle='-' 和 linewidth=2，分别表示网格线的颜色、样式和宽度

示例代码如下。

```
import numpy as np
import matplotlib.pyplot as plt
x = np.array([1, 2, 3, 4])
y = np.array([1, 4, 9, 16])
plt.title("网格线图表")
plt.xlabel("x 轴")
plt.ylabel("y 轴")
plt.plot(x, y)
plt.grid()
plt.show()
```

运行结果如图 6.11 所示。

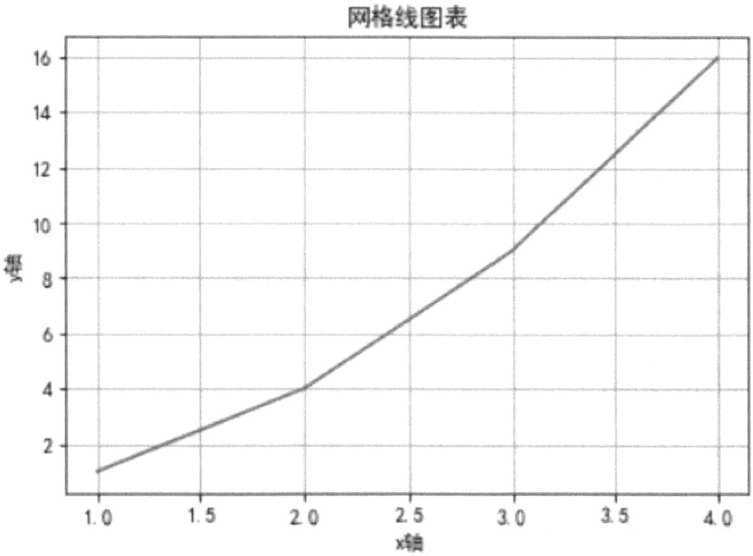

图 6.11 网格线设置

此外，还可以改变网格线的样式，具体代码如下。

```
import numpy as np
import matplotlib.pyplot as plt
```

```
x = np.array([1, 2, 3, 4])
y = np.array([1, 4, 9, 16])
plt.title("网格线图表")
plt.xlabel("x 轴")
plt.ylabel("y 轴")
plt.plot(x, y)
plt.grid(color = 'r', linestyle = '-.', linewidth = 0.5)
plt.show()
```

运行结果如图 6.12 所示。

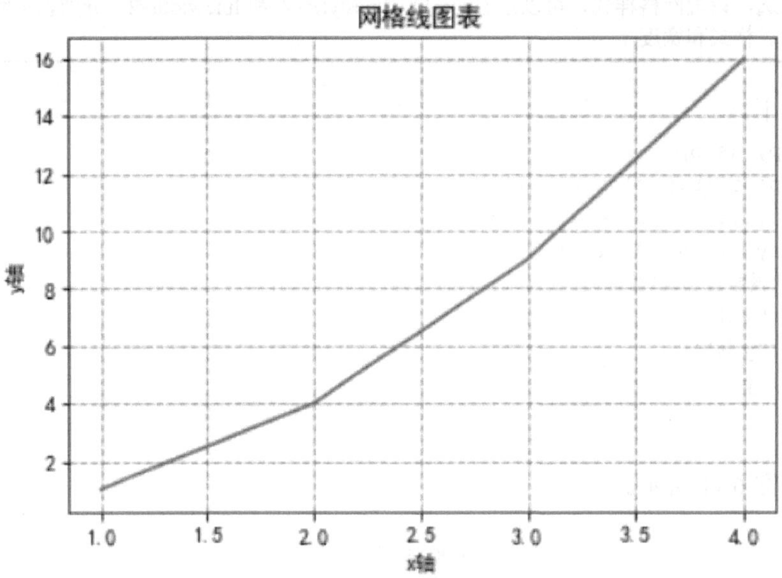

图 6.12　改变网格线样式设置

6.3　Matplotlib 基础图表的绘制

在讲述了 Matplotlib 的一些使用方法之后，本节对数据可视化中一些常见的统计图表进行讲解。

6.3.1　散点图的绘制

散点图是在数据分析中常用的一种图表，在数据量比较庞大的时候，散点图可以很直观地反映出数据的分布情况。散点图的绘制通常使用 scatter()函数，其语法格式如下。

```
matplotlib.pyplot.scatter(x, y, s = None, c = None, marker = None, cmap =None, norm = None, vmin = None, vmax = None, alpha = None, linewidths = None, *,edgecolors = None, data=None, ** kwargs)
```

scatter()函数的部分参数说明如表 6.5 所示。

表 6.5　　scatter()函数的部分参数说明

参数	说明
x、y	散点的坐标
s	散点的面积，默认值为 20
c	散点的颜色，默认蓝色'b'
marker	散点的样式，默认小号'o'

接下来使用 scatter()函数绘制一个散点图，具体代码如下。

```
import numpy as np
from matplotlib import pyplot as plt
import pandas as pd
data = pd.read_csv('penguins_size.csv')
ax1 = plt.figure(figsize=(8,7))
plt.scatter(x=data.flipper_length_mm,y=data.body_mass_g)
plt.xlabel('脚掌长度/mm')
plt.ylabel('体重/g')
plt.legend(['节点'])
plt.title('帕尔默企鹅脚掌长度与体重关系图')
plt.show()
```

运行结果如图 6.13 所示。

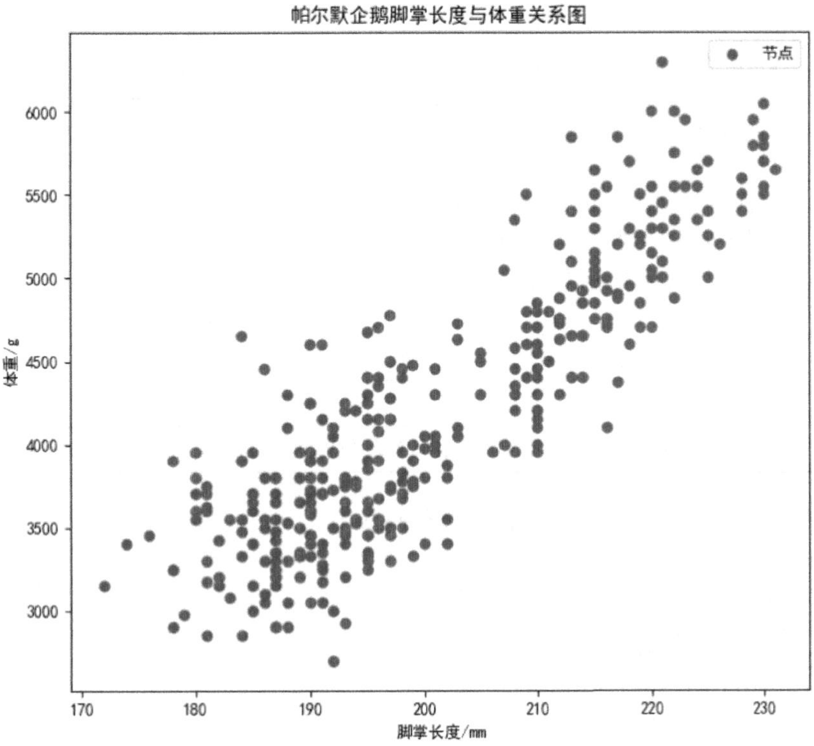

图 6.13　散点图的绘制

由图 6.13 可以看出，企鹅的体重与其脚掌的长度有明显关系，脚掌越长体重越大。而大部分企鹅脚掌的长度集中在 100mm 到 200mm，体重集中在 3kg 到 4kg。由此可见，散点图可以很直观地展示出数据的大致分布情况。

6.3.2　直方图的绘制

直方图是用一系列不等高的长方形来表示数据，宽度表示数据范围的首尾间隔，高度表示在给定间隔内数据出现的频率，长方形的高度和落在间隔内的数据数量成正比，变化的高度形态反映了数据的分布情况。

直方图的绘制通常使用 hist()函数，其语法格式如下。

```
hist(x, bins=None, range=None, normed=False, density=False, weights=None, cumulative=
False, bottom=None, histtype='bar', align='mid', rwidth=None, orientation='vertical',
color=None, edgecolor=None, label=None, stacked=False, **kwargs)
```

hist()函数的部分参数说明如表 6.6 所示。

表 6.6　　hist()函数的部分参数说明

参数	说明
x	作直方图所要用的数据，必须是一维数组；多维数组可以先进行扁平化处理再作图。必选参数
bins	直方图的柱数，即要分的组数，默认值为 10
range	其取值可为元组或 None，剔除较大和较小的离群值，给出全局范围。如果为 None，则默认为(x.min(), x.max())，即 *x* 轴的范围
histtype	其可取值为{'bar', 'barstacked', 'step', 'stepfilled'}。'bar'是传统的条形直方图；'barstacked'是堆叠的条形直方图；'step'是未填充的条形直方图，只有外边框；'stepfilled'是有填充的直方图。当 histtype 取值为'step'或'stepfilled'，rwidth 参数失效，即不能指定数据范围的间隔，默认各柱连接在一起
align	其可取值为{'left', 'mid', 'right'}。'left'，柱中心位于柱的左边缘；'mid'，柱中心位于柱的左、右边缘之间；'right'，柱中心位于柱的右边缘
orientation	其可取值为{'horizontal', 'vertical'}。如果取值为 horizontal，则条形图将以 *y* 轴为基线，水平排列
color	具体颜色，其取值可为数组（元素为颜色）或 None
edgecolor	直方图边框颜色
label	其取值可为字符串（序列）或 None。有多个数据集时，用 label 参数做标注区分

接下来使用 hist()函数绘制直方图，具体代码如下。

```
import numpy as np
from matplotlib import pyplot as plt
import pandas as pd
data = pd.read_csv('penguins_size.csv')
ax1 = plt.figure(figsize=(8,7))
plt.hist(data['flipper_length_mm'],align='left')
plt.xlabel('脚掌长度/mm')
plt.ylabel('数量/只')
```

```
plt.legend(['数量'])
plt.title('帕尔默企鹅脚掌长度基本情况')
plt.show()
```

运行结果如图 6.14 所示。

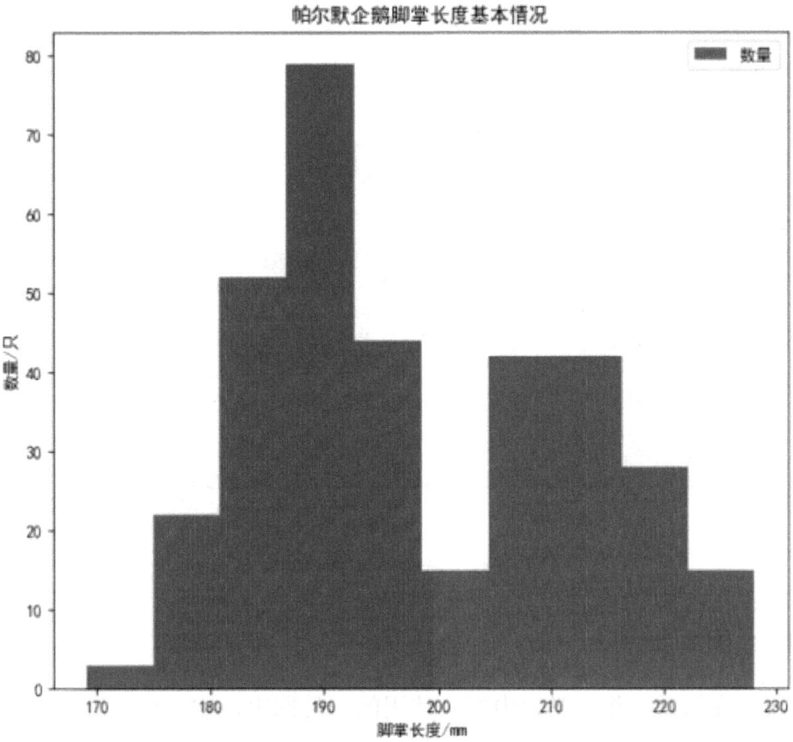

图 6.14 脚掌长度分布直方图

由运行结果可见，该组企鹅的脚掌长度在 185～195mm 范围分布最多。下面看一看其体重的分布情况，具体代码如下。

```
import numpy as np
from matplotlib import pyplot as plt
import pandas as pd
data = pd.read_csv('penguins_size.csv')
ax1 = plt.figure(figsize=(8,7))
plt.hist(data['body_mass_g'],align='left')
plt.xlabel('体重/g')
plt.ylabel('数量/只')
plt.legend(['数量'])
plt.title('帕尔默企鹅体重分布基本情况')
plt.show()
```

运行结果如图 6.15 所示。

可见，该组企鹅的体重在 3250～3750g 范围分布最多，在 5750～6250g 分布最少。我们可以初步判断出该组企鹅平均体重在 3500g 左右。

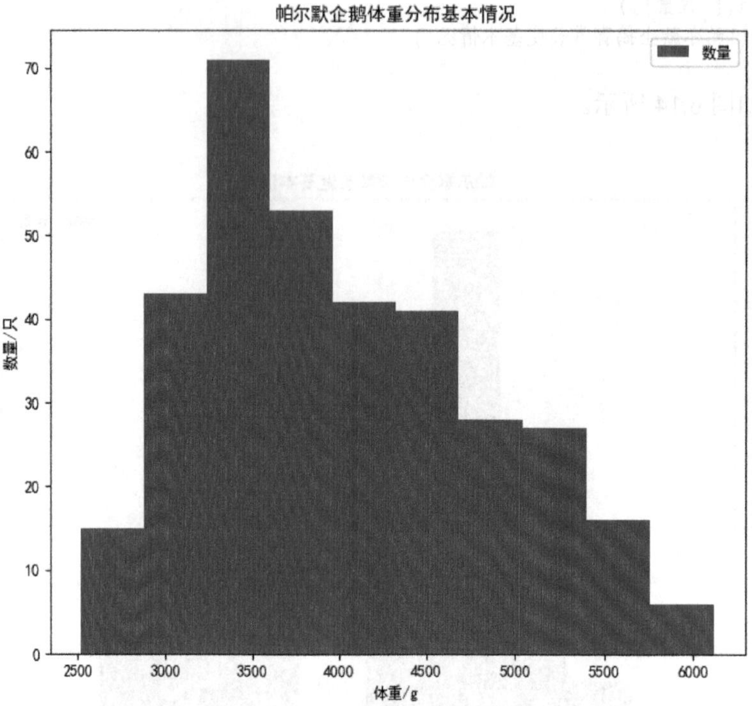

图 6.15　体重分布直方图

6.3.3　折线图的绘制

折线图是我们在日常工作、学习中经常使用的一种图表，它可以直观地反映数据的变化趋势。Matplotlib 提供了 plot()函数绘制折线图，其参数与散点图的参数类似，这里不再介绍。

现就全国人口普查折线图来看从 1992 年到 2021 年的总人口增长情况，具体代码如下。

```
import numpy as np
from matplotlib import pyplot as plt
import pandas as pd
data = pd.read_csv('人口.csv',encoding='gbk')
x = data.年份
y = data.人口
plt.title("1949 年—2021 年全国人口情况")
plt.xlabel("年份")
plt.ylabel("人口/人")
plt.plot(x, y)
plt.grid(color = 'r', linestyle = '-.', linewidth = 0.5)
plt.show()
```

运行结果如图 6.16 所示。

由图 6.16 可见，我国人口除 1961 年到 1962 年略有下降外，一直呈逐年增长趋势。下面来看 1949 年至 2021 年我国男女人口的增长与下降趋势，具体代码如下。

```
import numpy as np
from matplotlib import pyplot as plt
import pandas as pd
plt.figure(figsize = (12,7))
```

```
data = pd.read_csv('人口.csv',encoding='gbk')
x = data.年份
y1 = data.男性
y2 = data.女性
plt.title("1949 年—2021 年全国人口情况")
plt.xlabel("年份")
plt.ylabel("比例/%")
plt.plot(x, y1)
plt.plot(x, y2,'r')
plt.grid(color = 'r', linestyle = '-.', linewidth = 0.5)
plt.show()
```

运行结果如图 6.17 所示。

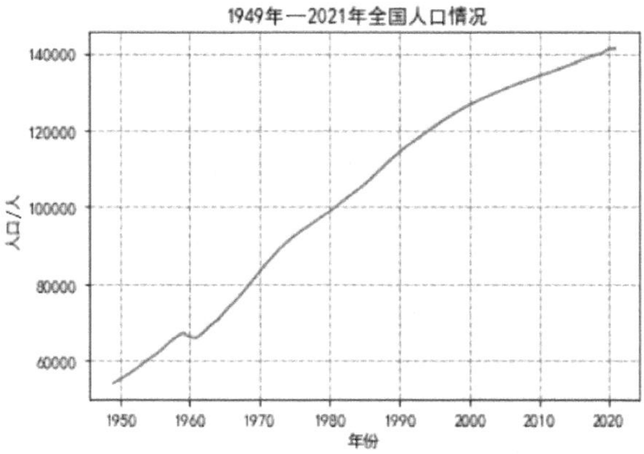

图 6.16　总人口增长折线图

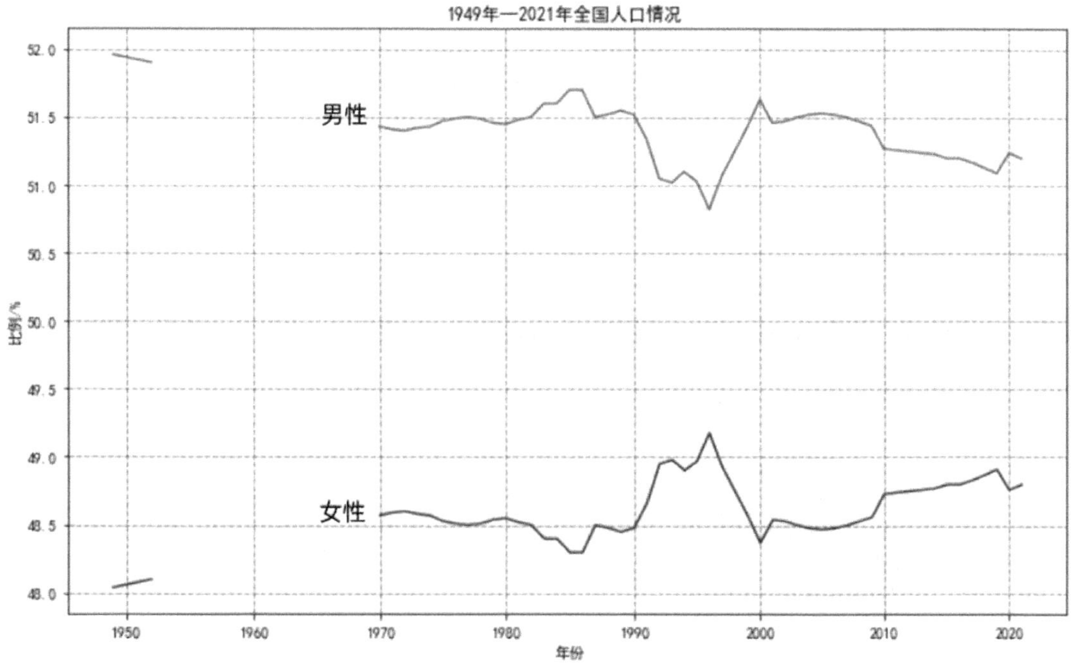

图 6.17　男女人口增长与下降折线图

由运行结果来看，除 1953 年到 1969 年数据缺失外，其余数据均呈现男性人口比例大于女性人口比例，大约在 1995 年两者差距最小。

6.3.4 饼图的绘制

在数据分析等领域中，饼图是应用广泛的一种数据展示方式。饼图将一个“圆饼”按照不同分类的占比划分成多个区块，整个“圆饼”代表数据的总量，每个区块（圆弧）表示该分类占总体的比例大小，所有区块（圆弧）的和等于 100%。

Matplotlib 提供了 pie()函数来制作饼图，其语法格式如下。

```
matplotlib.pyplot.pie(x, explode=None, labels=None, colors=None, autopct=None,
pctdistance=0.6, shadow=False, labeldistance=1.1, startangle=0, radius=1, counterclock=
True, wedgeprops=None, textprops=None, center=(0, 0), frame=False, rotatelabels=
False, *, normalize=True, data=None)
```

pie()函数的部分参数说明如下。

x：指定绘图的数据，每一份数据会按照 x/SUM(x)的比例进行显示。

explode：指定饼图某些部分突出显示，即呈现“爆炸式”。

labels：为饼图添加标签，类似于图例。

colors：指定饼图的填充色。

autopct：自动添加百分比显示，可以采用格式化的方法显示。

pctdistance：设置百分比显示与圆心的距离。

shadow：是否添加饼图的阴影效果。

labeldistance：设置各标签（图例）与圆心的距离。

startangle：设置饼图的初始摆放角度。

radius：设置饼图的半径大小。

counterclock：是否让数据按逆时针顺序呈现。

wedgeprops：设置饼图内外边界的属性，如边界线的粗细、颜色等。

textprops：设置饼图中文本的属性，如字体大小、颜色等。

center：指定饼图的圆心位置，默认为原点。

frame：是否显示饼图背后的图框，如果设置为 True，需要同时控制图框在 x 轴、y 轴上的范围和饼图的圆心。

现就某新闻网站某年的数据集来分析新闻的种类占比，共有 5 个类别：体育（sport）、科技（technology）、商业（business）、娱乐（entertainment）、政治（politics）。其具体代码如下。

```
import numpy as np
from matplotlib import pyplot as plt
import pandas as pd
data = pd.read_csv('news.csv')
x = data['count']
plt.pie(x,labels=['sport','technology','business','entertainment','politics'],
autopct="%1.1f%%")
plt.title("新闻播报种类比例")
plt.show()
```

运行结果如图 6.18 所示。

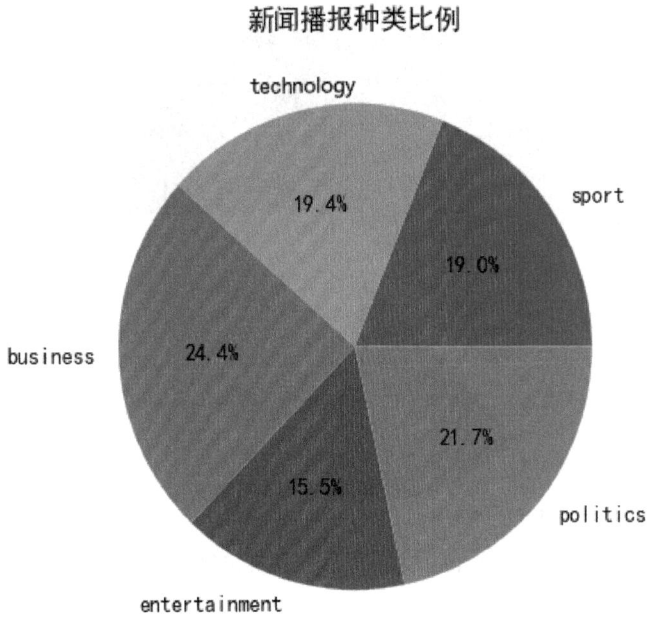

图 6.18 新闻种类占比饼图

由运行结果可见，在该新闻网站某年内播报的新闻中，商业类的占 24.4%，占比最大，娱乐类的占比最小（15.5%）。由此可见，饼图可以很清晰地展示出各个类别的占比情况。

在 pie()函数中添加另外一个参数，具体代码如下。

```
import numpy as np
from matplotlib import pyplot as plt
import pandas as pd
plt.rcParams['font.sans-serif'] = ['SimHei']  # 显示中文
matplotlib.rcParams['axes.unicode_minus']=False
data = pd.read_csv('news.csv')
x = data['count']
explode =[0,0,0,0.3,0]
colors =['yellow','green','red','blue','pink']
plt.pie(x,labels=['sport','technology','business','entertainment','politics'],
colors=colors,explode=explode,autopct="%1.1f%%")
plt.title("新闻播报种类比例")
plt.show()
```

运行结果如图 6.19 所示。

由运行结果可见，通过增加 explode 参数，饼图中的“娱乐”区块被突出显示，增强了数据分析过程中的数据可观性。

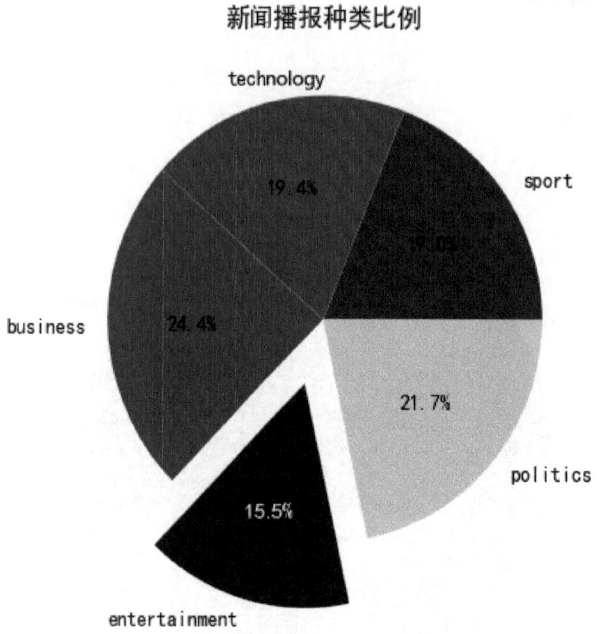

图 6.19 “娱乐”区块被突出显示

6.3.5 箱线图的绘制

箱线图能显示出一组数据的最大值、最小值、中位数及上/下四分位数。箱线图先从上四分位数到下四分位数绘制一个“盒子”，然后用一条垂线（被形象地称为“盒须”）穿过盒子的中间。垂线上端延伸至上边缘（最大值），垂线下端延伸至下边缘（最小值）。箱线图结构如图 6.20 所示。

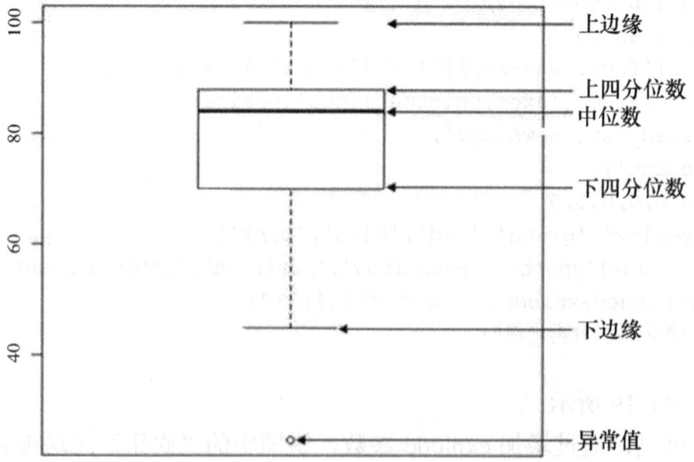

图 6.20 箱线图结构

绘制箱线图一般使用 boxplot()函数，其语法格式如下。

```
matplotlib.pyplot.boxplot(x, notch=None, sym=None, vert=None, whis=None, positions=None, widths=None, patch_artist=None,bootstrap=None,usermedians=None, conf_intervals=None, meanline=None, showmeans=None, showcaps=None, showbox=None, showfliers=None, boxprops=None, labels=None, flierprops=None, medianprops=None, meanprops=None, capprops=None, whiskerprops=None, manage_ticks=True, autorange=False, zorder=None, *, data=None)
```

boxplot()函数的部分参数说明如下。

x：指定要绘制箱线图的数据。

notch：是否用凹口的形式展现箱线图，默认非凹口。

sym：指定异常点的形状，默认值为“+”。

vert：是否需要将箱线图垂直摆放，默认垂直摆放。

whis：指定上、下边缘分别与上/下四分位的距离，默认为 1.5 倍的四分位差。

positions：该参数可以是一个列表或数组，传递的列表和数组用于确定箱线图的位置。

widths：指定箱线图的宽度，默认值为 0.5。

patch_artist：是否填充箱体颜色。

meanline：是否用线的形式表示均值，默认用点来表示。

showmeans：是否显示均值，默认不显示。

showcaps：是否显示箱线图上、下边缘的两条线，默认显示。

showbox：是否显示箱线图的箱体，默认显示。

showfliers：是否显示异常值，默认显示。

boxprops：设置箱体的属性，如边框色、填充色等。

labels：为箱线图添加标签，类似于图例。

filerprops：设置异常值的属性，如异常点的形状、大小、填充色等。

medianprops：设置中位数的属性，如线的类型、粗细等。

meanprops：设置均值的属性，如点的大小、颜色等。

capprops：设置箱线图上、下边缘线条的属性，如颜色、粗细等。

whiskerprops：设置盒须的属性，如颜色、粗细、线的类型等。

现通过创建一组模拟数据来绘制一张箱线图，具体代码如下。

```
import matplotlib.pyplot as plt
import numpy as np
import matplotlib
plt.figure(figsize = (10,10))  # 创建画布
plt.rcParams['font.sans-serif'] = ['SimHei']      # 显示中文
matplotlib.rcParams['axes.unicode_minus']=False  # 正常显示负号
np.random.seed(19900108)  # 固定随机生成的随机数
data_1 = np.random.normal(100, 10, 200)
data_2 = np.random.normal(70, 30, 200)
data_3 = np.random.normal(80, 20, 200)
                    # 生成 3 组随机数，每组包含正态分布的平均值、标准差以及期望值
data=[data_1,data_2,data_3]  # 将生成的随机数放到数组中
plt.boxplot(data)  # 创建箱线图
plt.show()
```

运行结果如图 6.21 所示。

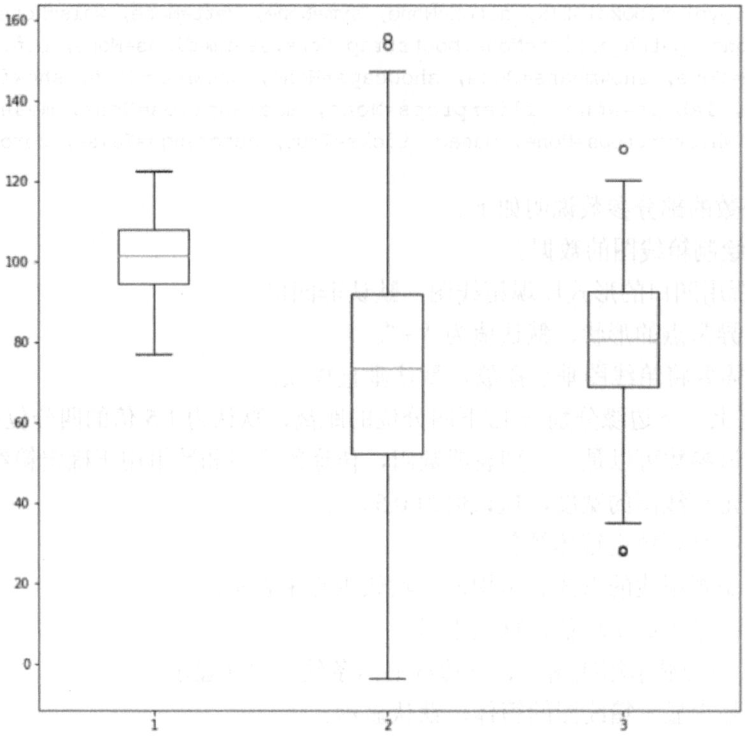

图 6.21　生成的箱线图

由运行结果可知，箱线图可以清楚、直观地展示多组数据的最大值、最小值以及中位数。

6.3.6　正弦图和余弦图的绘制

Matplotlib 没有提供特定的函数来直接绘制正弦图和余弦图，需要使用到数学中的正弦函数和余弦函数去实现正弦图和余弦图的展示，具体代码如下。

```
import matplotlib.pyplot as plt
import numpy as np
plt.rcParams['font.family'] = ['sans-serif']
plt.rcParams['font.sans-serif'] = ['SimHei']  # 中文显示
x1 = np.linspace(0,2*np.pi,50)  # 获取 x 坐标
y1 = np.sin(x1)
y2 = np.cos(x1)  # 获取 y 坐标
plt.figure()
plt.plot(x1,y1,'r',linestyle='-')
plt.plot(x1,y2,'b',linestyle='-.')
plt.xlabel('x 轴')
plt.ylabel('y 轴')
plt.title('正弦图和余弦图')
labels=['sin(x)','cos(x)'] # 图例
plt.legend(labels,loc='upper left')
plt.grid(color = 'y', linestyle = '-.', linewidth = 0.5)
plt.show()
```

运行结果如图 6.22 所示。

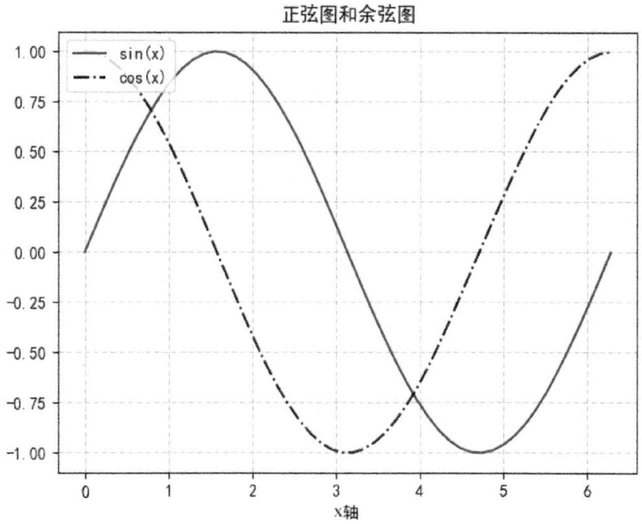

图 6.22 正弦图和余弦图

6.3.7 误差条形图的绘制

误差条形图呈现数据可变性，并指示测量中的误差（或不确定性）。误差条形图可帮助确定差值是否具有统计显著性，还可表示给定函数的拟合优度。

在 Matplotlib 中绘制误差条形图，具体代码如下。

```
import matplotlib.pyplot as plt
plt.rcParams['font.sans-serif']=['SimHei']
x=np.arange(5)
y=[91,76,89,120,82]  # 实际数据
err=[3,6,10,2,5]      # 误差
err_attr={"elinewidth":2,"ecolor":"black","capsize":3}  # 误差棒的样式
plt.bar(x,y,color="g",width=0.6,yerr=err,error_kw=err_attr,tick_label=list("12345"))
# 绘制误差条形图
plt.show()
```

运行结果如图 6.23 所示。

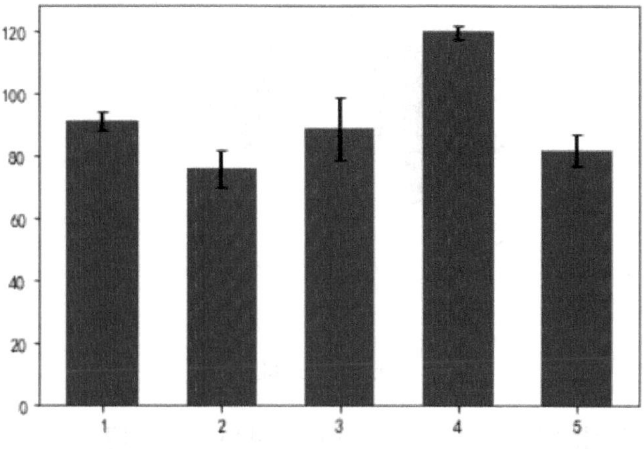

图 6.23 误差条形图

6.3.8 玫瑰图的绘制

玫瑰图（nightingale rose chart）又名鸡冠花图（coxcomb chart）、极坐标区域图（polar area diagram），是极坐标化的柱图。不同于饼图使用弧度表示占比情况，玫瑰图中每个扇形的圆心角都是相等的，其核心在于使用半径不同的圆弧来表示数据大小。因此，在玫瑰图中，不强调各部分数据的占比，而强调数据大小的对比。

使用 Matplotlib 绘制简单玫瑰图的具体代码如下。

```
import matplotlib.pyplot as plt
np.random.seed(19680801)  # 固定随机数
N = 6  # 玫瑰花瓣数
theta = np.linspace(0.0, 2 * np.pi, N, endpoint=False)  # 角度
length = [ 96,121,100,111,102,81]  # 长度
width = [ 0.5, 0.5,  0.5, 0.5,  0.5,  0.5]  # 宽度
fig = plt.figure(figsize=(12,8))
plt.subplot(111, projection='polar') # 极坐标必须这样写
bars = plt.bar(theta, length, width=width,color = 'purple',bottom=0.0)  #条形图绘制
plt.title('玫瑰图')
plt.show()
```

运行结果如图 6.24 所示。

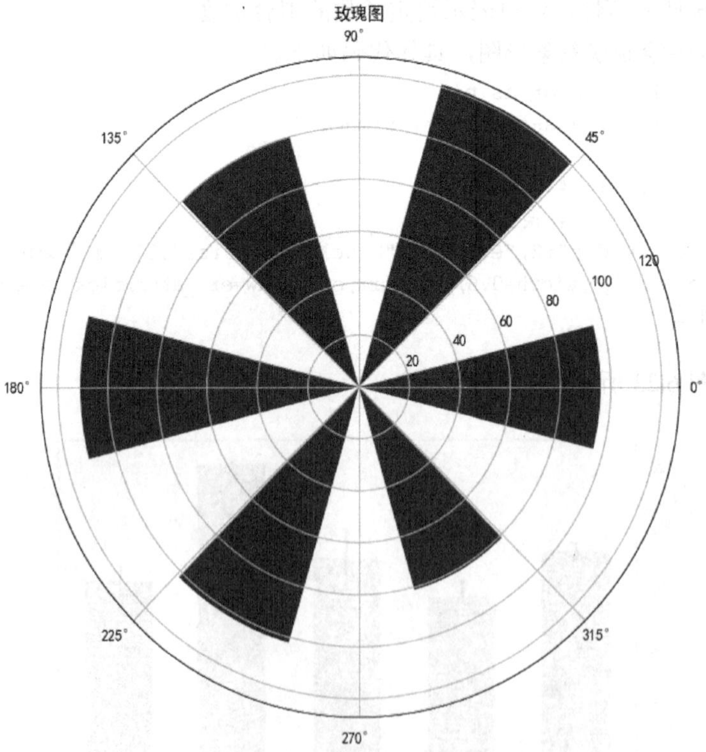

图 6.24 玫瑰图

可以看出，每个数据的大小一目了然。我们可以根据实际情况改变不同参数去绘制特定的玫瑰图。

6.3.9 词云的绘制

词云是一种描绘单词或词语出现在文本数据中的频率的可视化方式。所谓词云是由词汇组成的类似云的彩色图形，用于展示大量文本数据，出现频率较高的单词或词语会以较大的字体呈现出来，而出现频率越低的单词或词语则会以较小的字体呈现。

下面使用词云来将一段文字展示出来，具体代码如下。

```
import jieba
from wordcloud import WordCloud
txt = '数据分析师，是不同行业中，专门从事行业数据搜集、整理、分析，并依据数据做出行业研究、评估和预测的专业人员。'
words = jieba.lcut(txt)     # 精确分词
newtxt = ''.join(words)     # 空格拼接
wordcloud = WordCloud(font_path = "msyh.ttc").generate(newtxt)
wordcloud.to_file('中文词云图 1.jpg')
```

运行结果如图 6.25 所示。

图 6.25 词云

> **注意**
>
> 词云的生成依赖于 jieba 库和 wordcloud 库，在使用之前需要依照前面讲到的第三方库安装方法进行安装。

6.4 Matplotlib 高级图表

6.3 节讲解了在数据分析过程中常见图表的制作，本节讲解 Matplotlib 更高级的图表制作与相关操作。运用这些技能可以进一步改善数据分析过程中的可视化效果，从而提高数据分析的效率与准确性。

6.4.1 等值线图

等值线图又称等量线图，是以相等数值点的连线表示连续分布且逐渐变化的数量特征的一种图形，如图 6.26 所示。

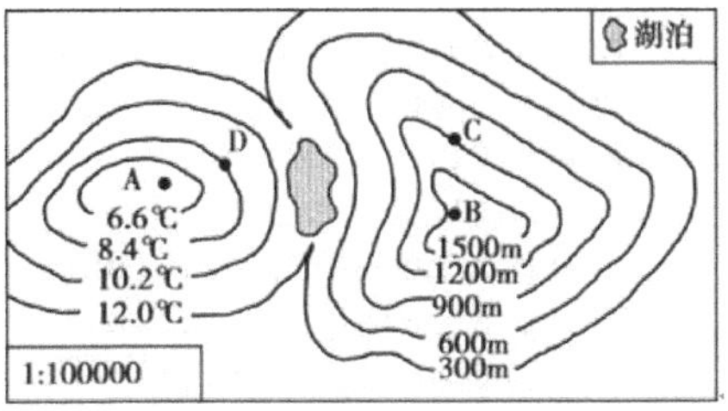

图 6.26 等值线图示例

使用 Matplotlib 绘制等值线图的具体代码如下。

```
import matplotlib.pyplot as plt
import numpy as np
dx = 0.01
dy = 0.01
x = np.arange(-2.0,2.0,dx)  # 设置横向数据
y = np.arange(-2.0,2.0,dy)  # 设置纵向数据
X,Y = np.meshgrid(x,y)
def f(x,y):
    return(1-y**5 +x**5)*np.exp(x**2-y*+2)        # 设置数据函数
C = plt.contour(X,Y,f(X,Y),8,colors = 'black')  #绘制等值线图
plt.contourf(X,Y,f(X,Y),8)
plt.clabel(C,inline=1,fontsize=10)
plt.show()
```

运行结果如图 6.27 所示。

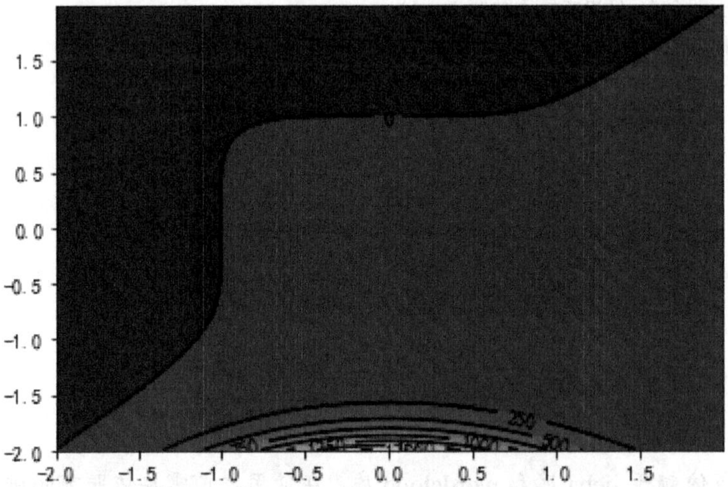

图 6.27 等值线图

要生成等值线图，首先需要用 f(x,y)函数生成三维结构；然后定义 x、y 的取值范围，确定要显示的区域；之后使用 f(x,y)函数计算每一对(x,y)所对应的函数值，得到一个函数值矩阵；最后用 contour()函数生成三维结构表面的等值线图，定义颜色表，为等值线图添加不同颜色，也就是用渐变色填充由等值线划分出的区域。

另外，要在等值线图右侧添加图例，可以在程序末尾使用 colorbar()函数，具体代码如下。

```
import matplotlib.pyplot as plt
import numpy as np
dx = 0.01
dy = 0.01
x = np.arange(-2.0,2.0,dx)
y = np.arange(-2.0,2.0,dy)
X,Y = np.meshgrid(x,y)
def f(x,y):
    return(1-y**5 +x**5)*np.exp(-x**2-y*+2)
C = plt.contour(X,Y,f(X,Y),8,colors = 'white')
plt.contourf(X,Y,f(X,Y),8)
plt.clabel(C,inline=1,fontsize=10)
```

```
plt.colorbar()  # 添加图例
plt.show()
```

运行结果如图 6.28 所示。

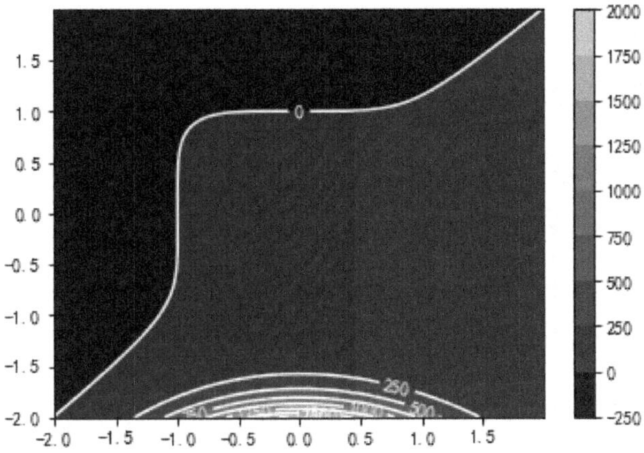

图 6.28 添加图例

6.4.2 风杆图

风杆是风速和风向的一种表现形式，主要在气象学领域使用。理论上讲，风杆图可以被用来可视化任何类型的二维向量。风杆图与箭头图类似，不同的是箭头图通过箭头的长度表示向量的大小，而风杆图通过线段或者三角形提供了更多关于向量大小的信息，如图 6.29 所示。

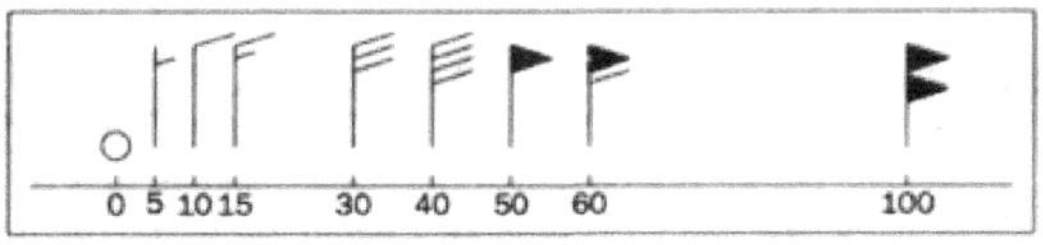

图 6.29 风杆图示例

图 6.29 中的三角形称为旗标，代表最大的增量。一条完整的线段代表较小的增量，半条线段表示最小的增量。半线段、线段和三角形相应的增量依次为 5、10 和 65。这里的值对于气象学家来说表示风速（节/每小时）。

使用 Matplotlib 绘制风杆图的具体代码如下。

```
import matplotlib.pyplot as plt
import numpy as np
x= np.linspace(-20,20,8)  # 设置横向风向
y = np.linspace(0,20,8)   # 设置纵向风向
X,Y = np.meshgrid(x,y)
U,V = X+25,Y-35
plt.subplot(1,2,1)
plt.barbs(X,Y,U,V,flagcolor='green',alpha=0.75)
plt.grid(True, color='gray')
plt.subplot(1,2,2)  # 设置风力
plt.quiver(X,Y,U,V,facecolor='red',alpha=0.75)
plt.grid(True, color='grey')
```

```
plt.show()
```

运行结果如图 6.30 所示。

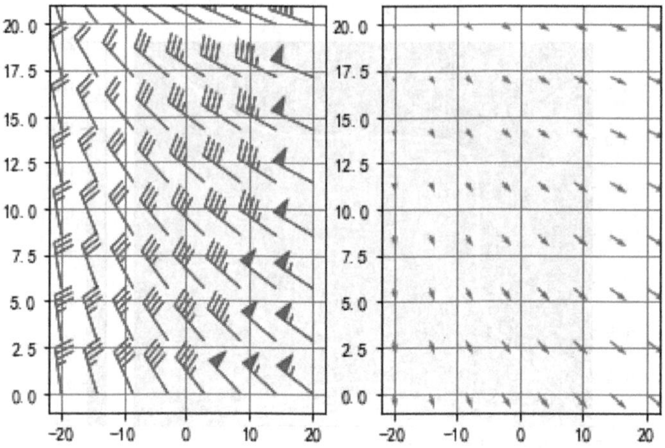

图 6.30　风杆图

6.4.3　多序列条形图

Matplotlib 还可以直接把存放数据分析结果的 DataFrame 对象做成条形图，甚至可以快速完成，实现自动化。这只需要在 DataFrame 对象上调用 plot()函数，指定 kind 关键字参数，把图表类型赋值给它，这里使用 bar 类型，具体代码如下。

```
import matplotlib.pyplot as plt
import numpy as np
import pandas as pd  # 导入相关模块
data = {'series1':[1,3,4,3,5],'series2':[2,4,5,2,4],'series3':[3,2,3,1,3]}
df = pd.DataFrame(data)
df.plot(kind='bar')
plt.show()
```

运行结果如图 6.31 所示。

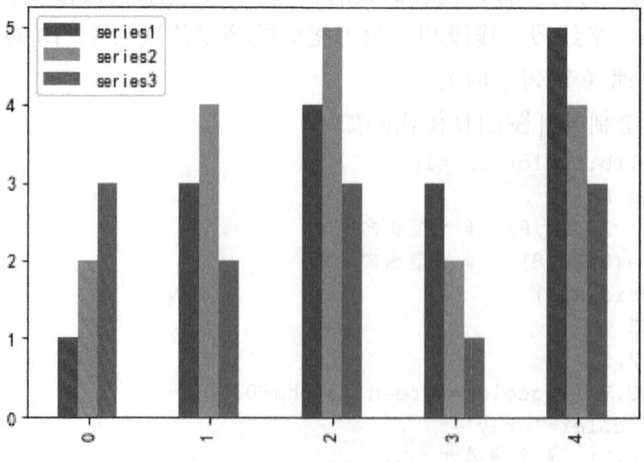

图 6.31　多序列条形图

相应地，将 barh 类型赋值给 kind 参数会得到水平方向的多序列条形图，具体代码如下。

```
import matplotlib.pyplot as plt
import numpy as np
import pandas as pd
data = {'series1':[1,3,4,3,5],'series2':[2,4,5,2,4],'series3':[3,2,3,1,3]}
df = pd.DataFrame(data)
df.plot(kind='barh')  # 设置水平方向
plt.show()
```

运行结果如图 6.32 所示。

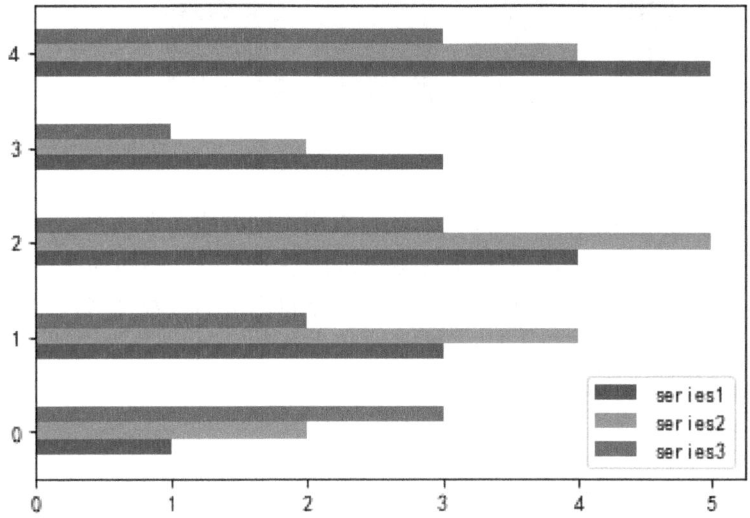

图 6.32 横向多序列条形图

6.4.4 多序列堆积条形图

多序列条形图的另外一种表现形式是堆积条形图，也就是几个条形图堆积在一起。将多序列条形图转换为多序列堆积条形图，需要在每个 bar()函数中添加 bottom 关键字参数，把每个序列赋值给相应的 bottom 关键字参数。其具体代码如下。

```
import matplotlib.pyplot as plt
import numpy as np
series1=np.array([3,4,5,3])     # 数组一
series2 = np.array([1,2,2,5])  # 数组二
series3=np.array([2,3,3,4])     # 数组三
index = np.arange(4)
plt.axis([0,4,0,15])
plt.bar(index,series1,color='r')   # 条形图一
plt.bar(index,series2,color='b',bottom=series1) # 条形图二
plt.bar(index,series3,color='g',bottom=(series2+series1))  # 条形图三
plt.xticks(index+0.4,[ 'Jan15','Feb15','Mar15','Apr15'])
plt.show()
```

运行结果如图 6.33 所示。

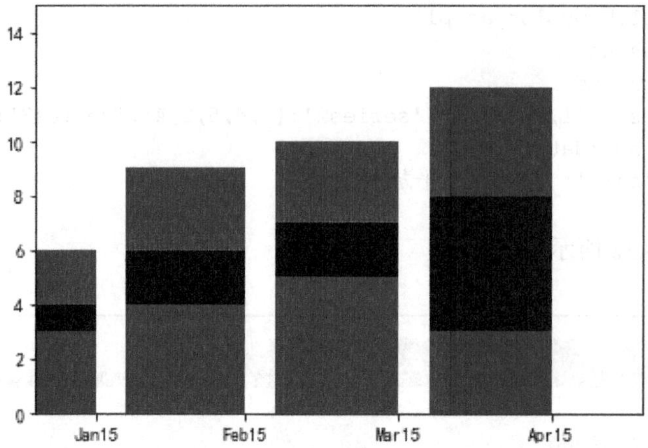

图 6.33　多序列堆积条形图

除了使用不同的颜色来区分多个序列，还可以用不同的线条来填充条形图。首先把条形图颜色设置为白色，然后用 hatch 关键字参数指定线条的类型。不同的线条用不同的字符表示，每种字符对应一种用来填充条图的线条。同一字符出现的次数越多，则形成"阴影"的线条越密集。其具体代码如下。

```
import matplotlib.pyplot as plt
import numpy as np
index = np.arange(4)
series1=np.array([3,4,5,3])
series2 = np.array([1,2,2,5])
series3 = np.array([2,3,3,4])
plt.axis([0,15,0,4])
plt.barh(index,series1,color='w',hatch='xx')
plt.barh(index,series2,color='w',hatch='///',left=series1)
plt.barh(index,series3,color='w',hatch='\\\\\\',left=(series1+series2))
plt.yticks(index+0.4,['Jan','Feb','Mar','Apr'])
plt.show()
```

运行结果如图 6.34 所示。

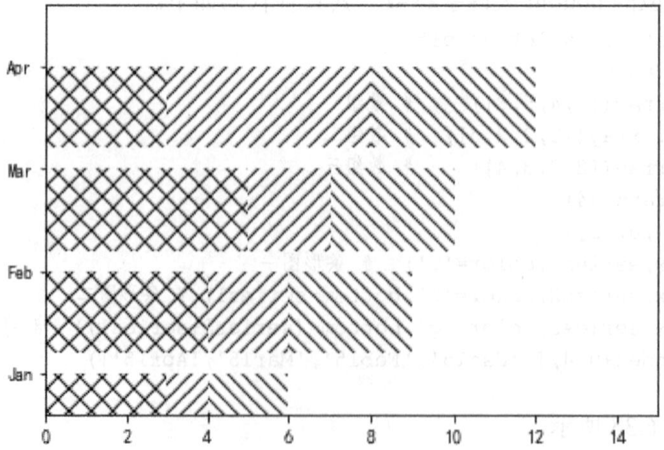

图 6.34　线条填充横向多序列堆积条形图

6.4.5 多面板图

1. 子图多重显示

在数据分析的过程中，很多时候我们需要将两个或多个图形进行不同维度的对比，此时在子图中显示子图可以很方便地对比出数据在不同维度中的特点。其具体代码如下。

```
import matplotlib.pyplot as plt
fig = plt.figure()
ax = fig.add_axes([0.1,0.1,0.8,0.8])
inmer_ax= fig.add_axes([0.6,0.6,0.25,0.25])
```

运行结果如图 6.35 所示。

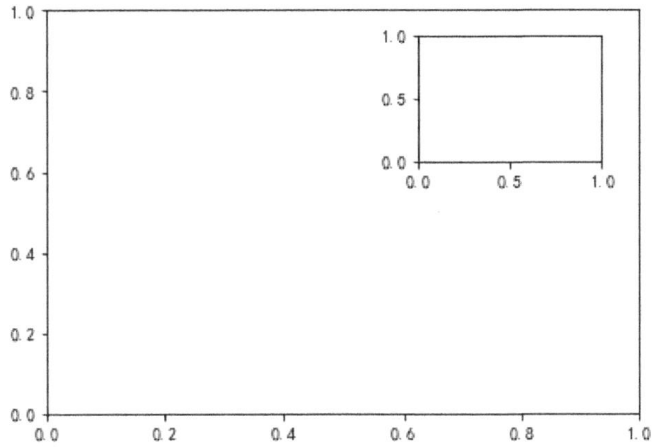

图 6.35 子图多重显示

此时，在两个子图中就可以从多个维度绘制相同或不同的图表。现以折线图为例，具体代码如下。

```
import matplotlib.pyplot as plt
import numpy as np
fig=plt.figure()
ax = fig.add_axes([0.1,0.1,0.8,0.8])
inner_ax = fig.add_axes([0.6,0.6,0.25,0.25])
x1=np.arange(10)
y1=np.array([1,8,3,1,5,6,4,2,9,1])
x2=np.arange(10)
y2=np.array([1,3,4,2,8,9,5,7,7,3])
ax.plot(x1,y1)
inner_ax.plot(x2,y2)
plt.show()
```

运行结果如图 6.36 所示。

2. 子图网格

当有多个图表需要集中显示时，子图中显示子图的方法显得过于拥挤，这时就可以通过绘制子图网格的形式进行数据分析可视化操作。其具体代码如下。

```
import matplotlib.pyplot as plt
gs=plt.GridSpec(3,3)
fig=plt.figure(figsize=(8,8))
fig.add_subplot(gs[1,:2])
fig.add_subplot(gs[0,:2])
fig.add_subplot(gs[2,0])
fig.add_subplot(gs[:2,2])
fig.add_subplot(gs[2,1:])
plt.show()
```

运行结果如图 6.37 所示。

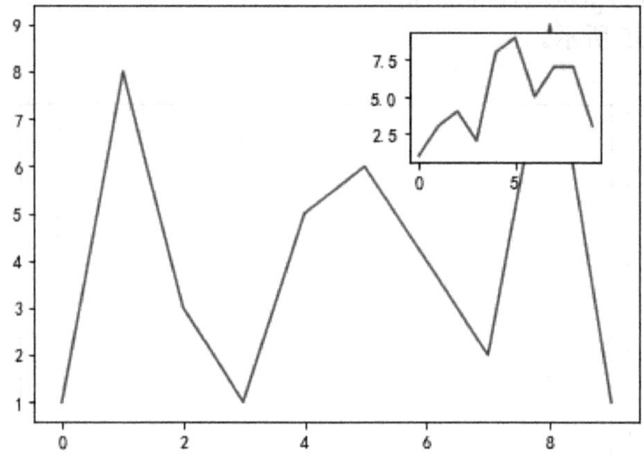

图 6.36　多重折线图

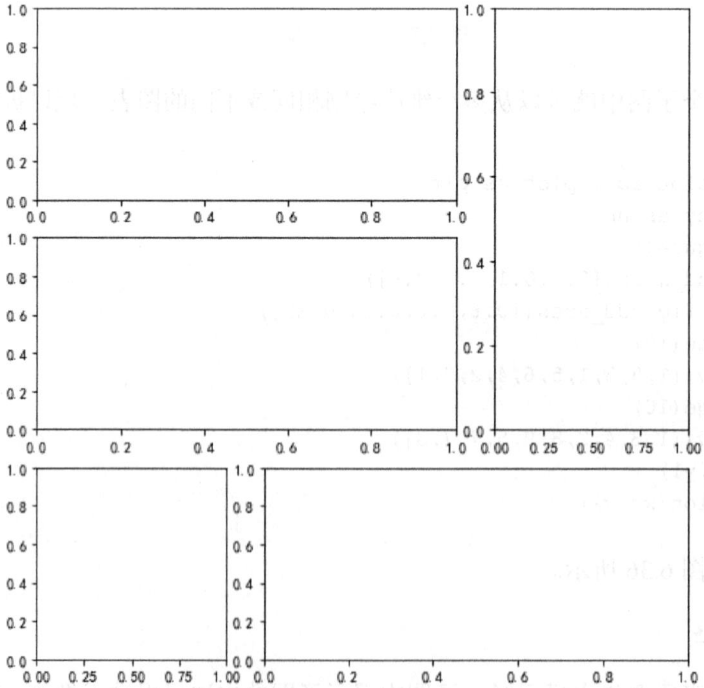

图 6.37　子图网格

在绘制的子图网格中可以依据实际情况选取网格类型，具体代码如下。

```
import matplotlib.pyplot as plt
import numpy as np
gs=plt.GridSpec(3,3)
fig=plt.figure(figsize=(8,8))
x1=np.array([1,3,2,5])
y1=np.array([4,3,7,2])
x2=np.arange(5)
y2 = np.array([3,2,4,6,4])
s1= fig.add_subplot(gs[1,:2])
s1.plot(x,y,'r')  # 折线图一
s2= fig.add_subplot(gs[0,:2])
s2.bar(x2,y2)  # 直方图
s3 = fig.add_subplot(gs[2,0])
s3.barh(x2,y2,color="g")  # 条形图
s4 = fig.add_subplot(gs[:2,2])
s4.plot(x2,y2,'k')  # 折线图二
s5= fig.add_subplot(gs[2,1:])
s5.plot(x1,y1,'b^',x2,y2,'yo')  # 散点图
plt.show()
```

运行结果如图 6.38 所示。

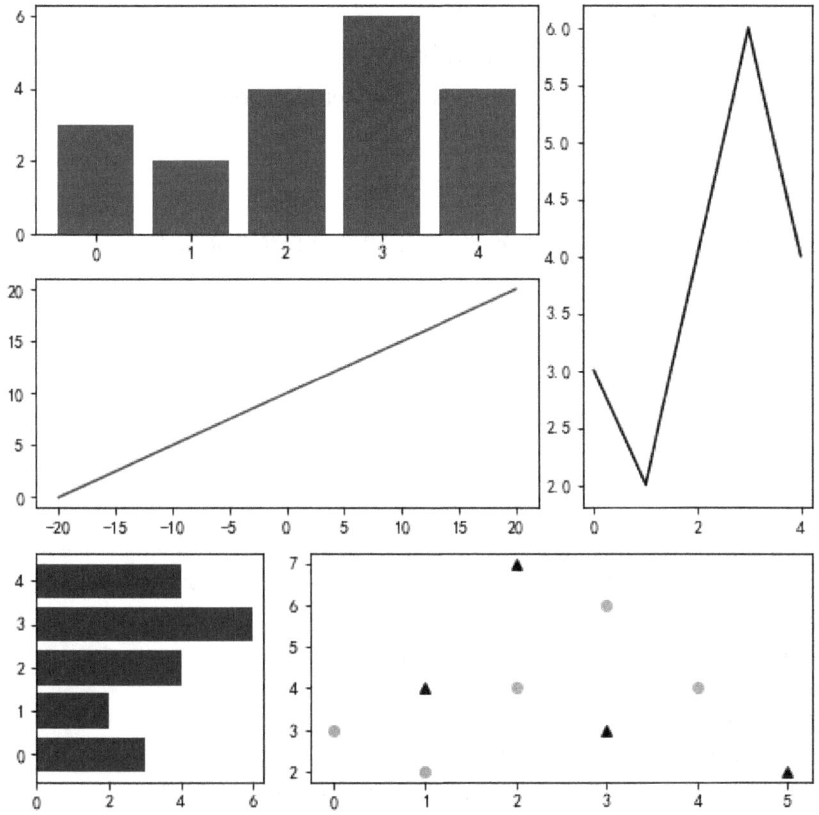

图 6.38　子图网格图表显示

6.5 实战 4：我国地区生产总值数据可视化

6.5.1 任务说明

1. 案例背景

我国地域广阔，不同区域的发展定位、发展方向、发展阶段、发展现状都存在差异。如何进一步分析中国各地区的阶段性表现以及比较各地区的生产总值成为了一类关键性的问题。

我国的区域划分有非常多的形式，而本案例就以省级行政区划分各个区域，现就我国 2016 年至 2020 年各省级行政区的生产总值做数据可视化，暂不包含两个特别行政区的数据。

2. 任务目标

① 我国各省级行政区自 2016 年至 2020 年的生产总值发展趋势。

② 我国各省级行政区 2020 年生产总值比较。

③ 我国各省级行政区 2020 年生产总值占比分析。

④ 我国各省级行政区 2020 年生产总值分布情况。

工作环境：Windows 10-64bit、Anaconda、Jupyter Notebook。

6.5.2 任务实现

1. 我国各省级行政区自 2016 年至 2020 年的生产总值发展趋势

分析我国各省级行政区自 2016 年至 2020 年的生产总值发展趋势，选用折线图来实现，具体代码如下。

```
import numpy as np
from matplotlib import pyplot as plt
import pandas as pd
data = pd.read_csv('各地区生产总值.csv',encoding='gbk')
data.set_index('地区',inplace=True)  # 将行政区名设置为索引
name = ['北京市','天津市','河北省','山西省','内蒙古自治区','辽宁省','吉林省','黑龙江省',
'上海市','江苏省','浙江省','安徽省','福建省','江西省','山东省','河南省','湖北省','湖南省',
'广东省','广西壮族自治区','海南省','重庆市','四川省','贵州省','云南省','西藏自治区','陕西省',
'甘肃省','青海省','宁夏回族自治区','新疆维吾尔自治区','台湾省']
count = []
for name1 in name:
    new = list(data.loc[name1])
    count.append(new)  # 整理数据，将各个列的数据汇总为一个列表
year = ['2016年','2017年','2018年','2019年','2020年']
plt.figure(figsize = (20,10))
```

```
for count1 in count:
    plt.plot(year, count1)
plt.legend(name)
plt.title('2016年—2020年各省级行政区生产总值发展趋势（单位/亿元）')
plt.show()
```

运行结果如图 6.39 所示。

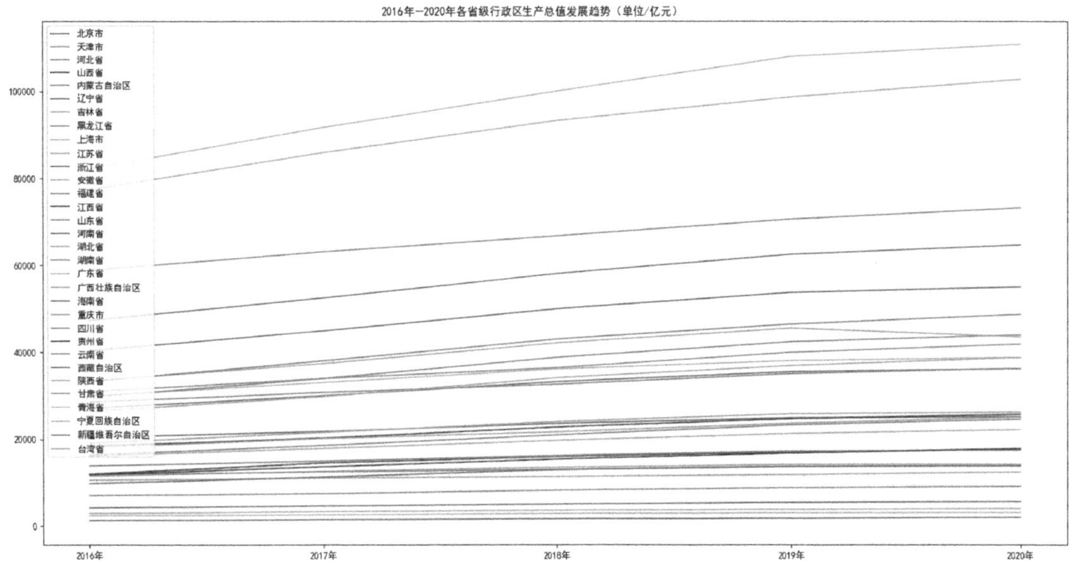

图 6.39　生产总值发展趋势

2016 年至 2020 年各个省级行政区生产总值基本都处于稳步增长的状态，其中广东省增长尤为明显。

2. 我国各省级行政区 2020 年生产总值比较

我国 2020 年各省级行政区生产总值比较可以选用条形图或者玫瑰图来实现，由于元素过多，选用玫瑰图会过于拥挤，故在此选用条形图来实现。其具体代码如下。

```
import numpy as np
from matplotlib import pyplot as plt
import pandas as pd
data = pd.read_csv('各地区生产总值.csv',encoding='gbk')
data.set_index('地区',inplace=True)  # 将行政区名设置为索引
name = ['北京市','天津市','河北省','山西省','内蒙古自治区','辽宁省','吉林省','黑龙江省',
'上海市','江苏省','浙江省','安徽省','福建省','江西省','山东省','河南省','湖北省','湖南省',
'广东省','广西壮族自治区','海南省','重庆市','四川省','贵州省','云南省','西藏自治区','陕西省',
'甘肃省','青海省','宁夏回族自治区','新疆维吾尔自治区','台湾省']
plt.figure(figsize = (20,10))
plt.bar(name,data['2020年'],width=0.2)
plt.xticks(rotation = 45)
plt.show()
```

运行结果如图 6.40 所示。

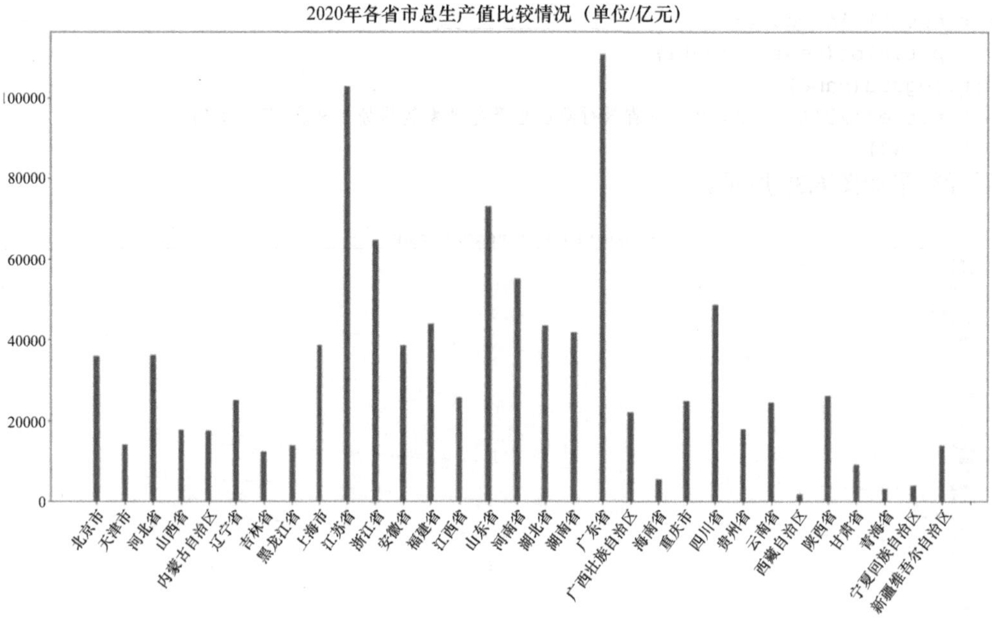

图 6.40　生产总值比较

由运行结果可见，在 2020 年广东省的生产总值位居第一位，其次为江苏省。台湾省数据缺失。

3．我国各省级行政区 2020 年的生产总值占比分析

要查看各省级行政区 2020 年的生产总值占比，可以选用饼图来实现，具体代码如下。

```
import numpy as np
from matplotlib import pyplot as plt
import pandas as pd
data = pd.read_csv('各地区生产总值.csv',encoding='gbk')
data.set_index('地区',inplace=True)  # 将行政区名设置为索引
x = data['2020 年']
new_list=[]
new = []
for elem in x:
    if not np.isnan(elem):
       new_list.append(elem)
for i in new_list:
    i = int(i)
    new.append(i)    # 去除台湾省 NaN 值
plt.figure(figsize = (15,15))
name = ['北京市','天津市','河北省','山西省','内蒙古自治区','辽宁省','吉林省','黑龙江省',
'上海市','江苏省','浙江省','安徽省','福建省','江西省','山东省','河南省','湖北省','湖南省',
'广东省','广西壮族自治区','海南省','重庆市','四川省','贵州省','云南省','西藏自治区','陕西省',
'甘肃省','青海省','宁夏回族自治区','新疆维吾尔自治区']
# 因为台湾省数据缺失，所以选择删除
plt.pie(new,labels=name,autopct="%1.1f%%")
plt.title("我国 2020 年各省级行政区生产总值占比情况")
plt.show()
```

运行结果如图 6.41 所示。

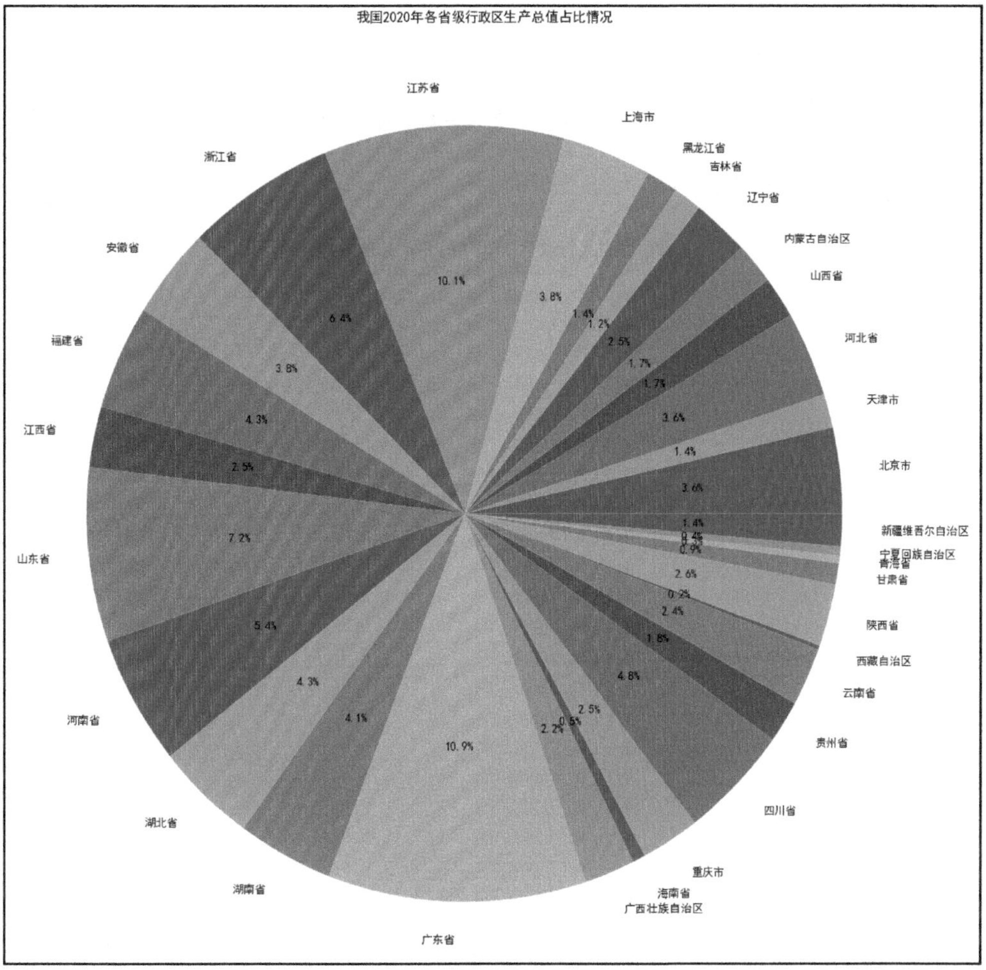

图 6.41　生产总值占比分析

由运行结果可见，在 2020 年各省级行政区生产总值中，广东省占比最高（10.9%），其次为江苏省（10.1%）。

4. 我国各省级行政区 2020 年生产总值分布情况

采用散点图来展示我国各省级行政区 2020 年的生产总值分布情况，具体代码如下。

```
import numpy as np
from matplotlib import pyplot as plt
import pandas as pd
data = pd.read_csv('各地区生产总值.csv',encoding='gbk')
plt.rcParams['font.sans-serif']=['SimHei']
data.set_index('地区',inplace=True)  # 将地名设置为索引值
ax1 = plt.figure(figsize=(15,10))
name = ['北京市','天津市','河北省','山西省','内蒙古自治区','辽宁省','吉林省','黑龙江省',
'上海市','江苏省','浙江省','安徽省','福建省','江西省','山东省','河南省','湖北省','湖南省','
广东省','广西壮族自治区','海南省','重庆市','四川省','贵州省','云南省','西藏自治区','陕西省',
'甘肃省','青海省','宁夏回族自治区','新疆维吾尔自治区','台湾省']
```

```
plt.scatter(x=name,y=data['2020年'])
plt.ylabel('产值/亿元')
plt.legend(['节点'])
plt.xticks(rotation = 45)
plt.title('我国各省级行政区2020年的生产总值数额分布情况')
plt.show()
```

运行结果如图 6.42 所示。

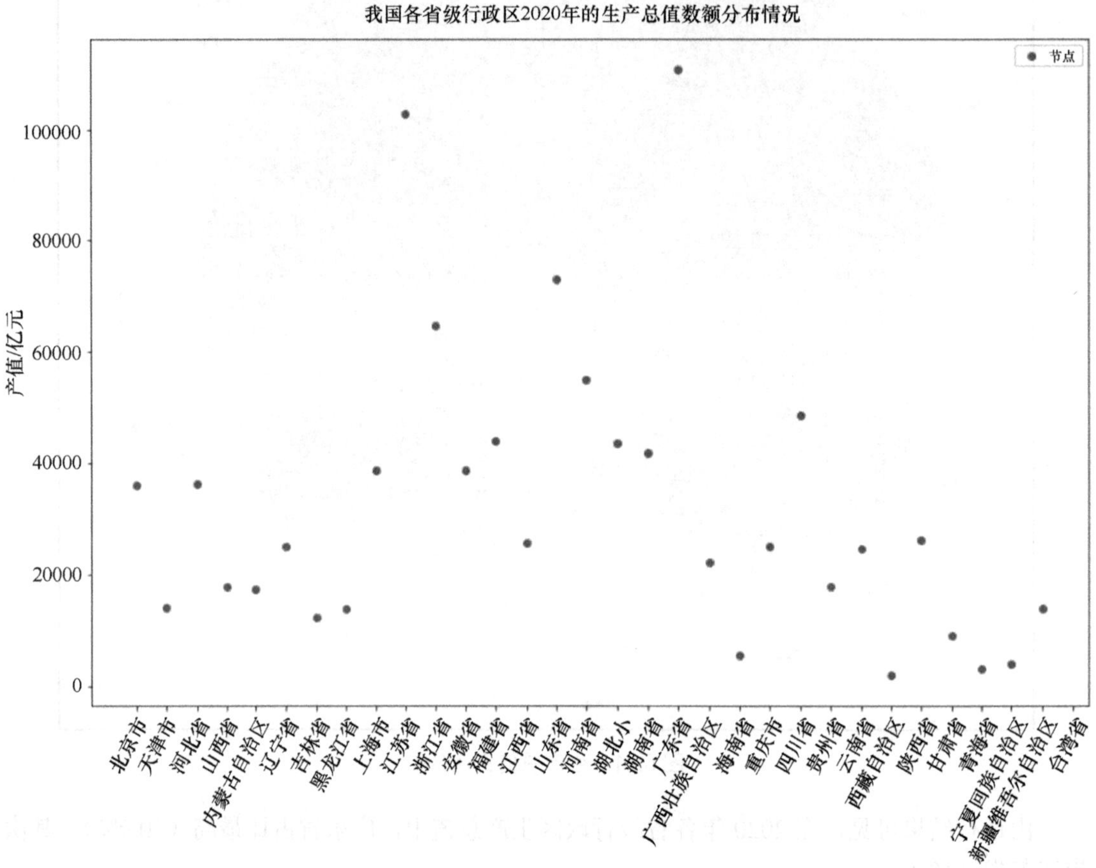

图 6.42　生产总值分布情况

由运行结果可见，我国各省级行政区 2020 年生产总值大致分布在 0～4000（亿元）、4000～10000（亿元）两个范围，其数量比大约为 2：1，差距较大。

6.6　实战 5：餐厅小费赠予情况数据可视化

6.6.1　任务说明

1．案例背景

小费是服务行业中顾客感谢服务人员的一种报酬形式。本案例就免费数据网站 Seaboard

提供的小费.csv数据集进行数据可视化分析。

2. 任务目标

① 分析小费金额与总消费金额的关系。
② 分析男性顾客与女性顾客小费赠予的区别。
③ 分析日期与小费的关系。
工作环境：Windows 10-64bit、Anaconda、Jupyter Notebook。

6.6.2 任务实现

1. 小费金额与总消费金额的关系

此项分析选用散点图来实现，具体代码如下。

```
import pandas as pd
import numpy as np
import matplotlib.pyplot as plt
import matplotlib
# 导入小费数据集
df = pd.read_excel('./tips.xls')
# 设置中文字体
matplotlib.rcParams['font.sans-serif'] = ['SimHei']
matplotlib.rcParams['font.family']='sans-serif'
# 修改列名为汉字并显示前5条数据
df.columns=['总消费金额','小费金额','性别','吸烟','日期','时间','尺寸']
# 分析小费金额与总消费金额的关系
# 散点图
plt.figure(figsize=(10,8))
plt.scatter(x=df['总消费金额'], y=df['小费金额'], color='g')
plt.title('小费金额与总消费金额的关系')
plt.ylabel('小费金额/美元')
plt.xlabel('总消费金额/美元')
plt.show()
```

运行结果如图6.43所示。

由运行结果可见，顾客消费的总金额与给予小费金额大致呈正相关关系。多数顾客的总消费金额与小费金额分别集中在10～30美元与0～4美元。

2. 男性顾客与女性顾客小费赠予的区别

分析两者的小费赠予区别可以使用条形图轻松实现，具体代码如下。

```
average_tip  = df.groupby('性别')['小费金额'].mean()
# 男性与女性分组并分别计算小费平均数
average_tip.plot.bar(color='g',figsize=(10,8))
plt.xticks(rotation =360)
plt.ylabel('小费金额/美元')
plt.show()
```

运行结果如图6.44所示。

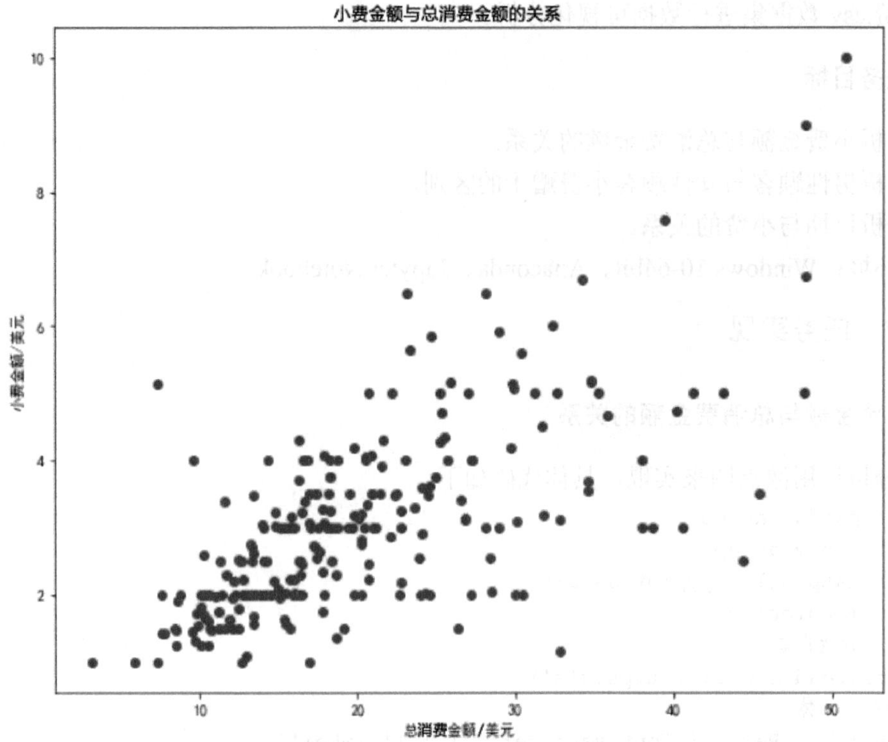

图 6.43　小费金额与总消费金额的关系

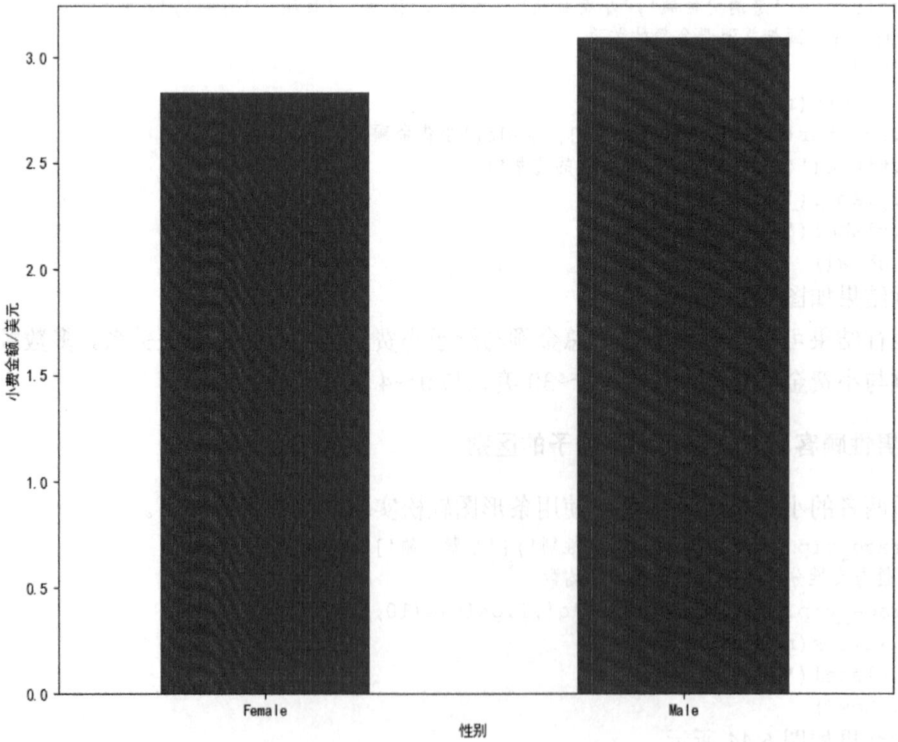

图 6.44　男女顾客小费赠予区别

由此可见，男性顾客给予服务员小费的平均金额略高于女性顾客。

3. 日期与小费的关系

我们依旧使用条形图来表示日期与小费的关系，具体代码如下。

```
average_tip  = df.groupby('日期')['小费金额'].mean()   # 对日期进行分组并计算每组的平均数
average_tip.plot.bar(color='g',figsize=(10,8))
plt.title('日期与小费金额的关系')
plt.ylabel('小费金额/美元')
plt.xticks(rotation =360)
plt.show()
```

运行结果如图 6.45 所示。

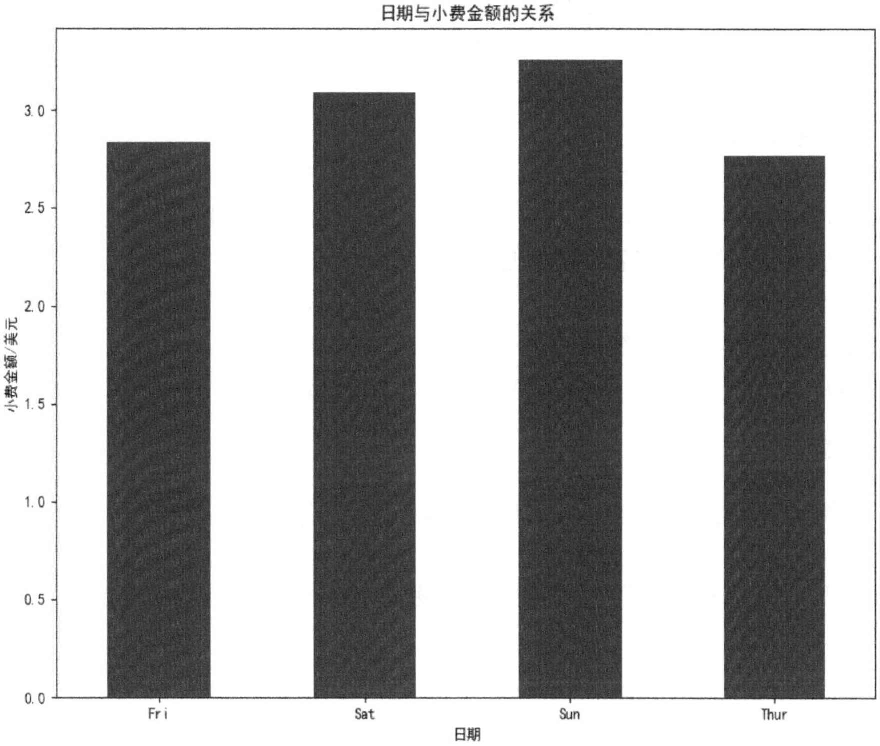

图 6.45　日期与小费的关系

由此可见，服务人员在周日收获小费最多，说明顾客光临大多集中在周末。

6.7　本章小结

本章介绍了数据分析中至关重要的一个步骤——数据可视化。通过数据可视化，我们可以很好地了解数据的分布特点。本章首先介绍 Matplotlib 的特点以及使用方法，使读者掌握数据可视化图表绘制的流程以及基本图表的绘制方法；然后通过两个小型案例，读者能够掌握基本图表在数据分析中的运用方法，将数据更加直观地展示出来。通过本章的学习，读者可以学会利用数据绘制一些基本的图表，以及通过这些图表得到有效的信息，达到数据分析的目的。

6.8 习题

1. 填空题

（1）绘图结构包含________、________、________、________。

（2）绘图流程分为________、________、________、________。

（3）常见图表包含________、________、________、________等（任写四种）。

（4）绘制简单词云用到________模块和________模块。

（5）当有多个图表需要集中显示时，子图中显示子图的方法显得过于拥挤，这时就可以通过绘制________的形式进行数据分析可视化操作。

2. 选择题

（1）以下说法错误的是（　　）。

A．散点图的绘制通常使用 scatter()函数　　B．一般使用 boxplot()函数来绘制箱线图

C．Matplotlib 提供了 pie()函数制作饼图　　D．通常使用 plot()函数进行直方图的绘制

（2）下列函数可以设置图表网格的是（　　）。

A．grid()　　B．bar()　　C．scatter()　　D．hist()

（3）下列函数可以绘制箱线图的是（　　）。

A．hist()　　B．boxplot()　　C．plot()　　D．grid()

3. 操作题

（1）利用本书配套资源中的小费.csv 数据集绘制一张图表，用来展示顾客给予的小费占总消费金额的百分比。（图表任选）

（2）使用本书配套资源中的任意数据集绘制多图表网格，要求包含折线图、直方图、饼图。

第 7 章 机器学习与数据挖掘

机器学习与数据挖掘

本章学习目标

- 了解机器学习与数据挖掘相关概念。
- 了解主要的机器学习方法。
- 了解数据挖掘常用模型。
- 了解基础数据结构与算法。

机器学习是数据科学的重要组成部分。数据科学领域的机器学习是指通过使用统计方法对算法进行训练，以进行分类或预测，揭示数据挖掘项目中的关键信息。这些信息可推动业务决策，有效影响关键增长指标。

数据挖掘主要解决 4 类问题：分类、聚类、关联和预测。数据挖掘的重点在于寻找未知的模式与规律，如常说的数据挖掘案例“啤酒与尿布”，其得出的就是事先未知的，但又是非常有价值的信息。

本章通过引入机器学习与数据挖掘的相关概念和方法来更深层次地讲解数据分析的应用。

7.1 机器学习概述

机器学习是一门多学科交叉专业，涵盖概率论知识、统计学知识、近似理论知识和复杂算法知识。机器学习使用计算机作为工具，并致力于真实地模拟人类学习方式，对现有内容进行知识结构划分来有效提高学习效率。

机器学习有下面几种定义。

① 机器学习是一门人工智能科学，该领域的主要研究对象是人工智能，特别是如何在经验学习中改善具体算法的性能。

② 机器学习是对能通过经验自动改进的计算机算法的研究。

③ 机器学习是用数据或以往的经验来优化计算机程序的性能。

机器学习方法主要分为监督学习、无监督学习、半监督学习和强化学习。下面主要讲解监督学习和无监督学习。

监督学习就是分类，即通过已有的训练样本去训练得到一个最优模型，然后利用这个最优模型将所有输入映射为相应的输出，这就对未知数据进行了分类。监督学习的典型例子是 k 近邻算法和支持向量机算法等。

无监督学习与监督学习的不同之处主要是无监督学习没有训练样本，而是直接对数据进行建模。典型例子就是聚类算法，其目的是把相似的东西聚在一起，而不关心这一类是什么。聚类算法通常只需要知道如何计算相似度，它可能不具有实际意义。如果在分类过程中有训练样本，则可以考虑采用监督学习。

7.2 监督学习——分类与回归

监督学习的样本都有标签，分类的训练样本必须有标签，所以分类算法都属于监督学习。监督学习就是“minimize your error while regularizing your parameters”，也就是在规则化参数的同时最小化误差。规则化参数可防止制作的模型过分拟合训练数据，提高泛化能力。

7.2.1 *k* 近邻算法

k 近邻（*k*-nearest neighbor）算法又称 KNN 算法，是最经典和最简单的监督学习方法之一。*k* 近邻算法是最简单的分类器，没有显式的学习过程或训练过程，是懒惰学习（lazy learning）。当对数据的分布只有很少或者没有任何先验知识时，*k* 近邻算法是一个不错的选择。

k 近邻算法既能够用来解决分类问题，也能够用来解决回归问题。该方法有着非常简单的原理：当对测试样本进行分类时，先通过扫描训练样本集，找到与该测试样本最相似的训练样本，再根据这个训练样本的类别进行投票确定测试样本的类别，也可以根据该训练样本与测试样本的相似程度进行加权投票。如果需要输出的是测试样本对应每类的概率，则可以通过训练样本集中不同类别的样本数量分布来进行估计。

k 近邻算法用一句俗语来说就是“物以类聚，人以群分”。要想知道一个样本的类别，可以看它附近是什么类别。如图 7.1 所示，当要判断圆形样本的类别时，可以看看它的附近有哪些类别，然后采取多数表决的决策规则（三角形 2 个多于正方形 1 个），于是把圆形样本归到三角形那一类。

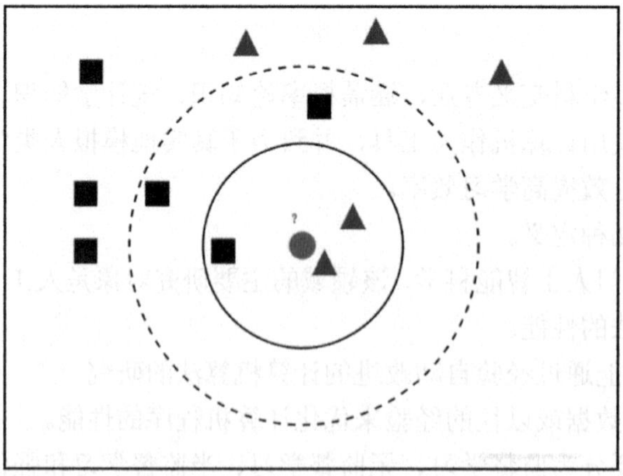

图 7.1 *k* 近邻算法

k 近邻算法三要素： 距离度量、*k* 值的选择、分类决策规则。

度量空间中点的距离有多种方式，如常见的曼哈顿距离计算、欧式距离计算等。通常 *k*

近邻算法中使用的是欧式距离计算。以二维平面为例，二维平面上两个点的欧式距离计算公式如下。

$$\rho=\sqrt{(x_1-x_2)^2+(y_1-y_2)^2}$$

我们可以将其理解为计算(x_1,y_1)和(x_2,y_2)的距离。拓展到多维空间时，计算公式就变为

$$d(x,y)=\sqrt{(x_1-y_1)^2+(x_2-y_2)^2+\cdots+(x_n-y_n)^2}=\sqrt{\sum_{i=1}^{n}(x_i-y_i)^2}$$

k近邻算法最直接的方式就是计算待预测点与所有点的距离，然后保存并排序，选出前面 k 个数据，看看哪些类别比较多。但其实也可以通过一些数据结构来辅助，如最大堆等，这里简单了解即可。

k近邻算法的优点如下。

① 简单，易于理解，易于实现，不需要估计参数和训练。

② 适合样本量比较大的分类问题。

③ 特别适合多分类（multi-modal）问题（对象具有多个类别标签），例如，根据基因特征来判断其功能分类，k近邻算法表现较好。

k近邻算法的缺点如下。

① 懒惰学习，对测试样本分类时计算量大，内存开销大，评分慢。

② 可解释性较差，无法给出决策树那样的规则。

③ 对于样本量较小的分类问题，会产生误分。

7.2.2 决策树

决策树（decision tree），又称判定树，是一种树结构形式的预测分析模型。

决策树描述的是对样本进行分类，其由节点和有向边组成。节点有两种类型：内部节点和叶节点。内部节点表示一个特征或属性，叶节点表示一个类，如图 7.2 所示。决策树说明如下。

① 通过把样本从根节点排列到某个叶节点来分类。

② 叶节点即为样本所属的类别。

③ 树上每个节点说明了对样本的某个属性的测试，节点的每个后继分支对应于该属性的一个可能值。

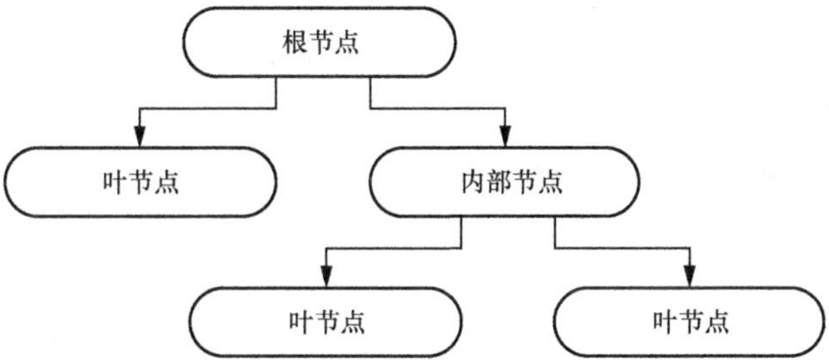

图 7.2 决策树

1. 决策树种类

分类树——对离散型变量做决策树。
回归树——对连续型变量做决策树。

2. 决策树算法（贪心算法）特点

决策树算法特点如下。

① 监督学习。

② 非参数学习算法。

③ 自顶向下递归方式构造决策树。

④ 在每一步选择中都采取在当前状态下最好/优的选择。

决策树算法通常是递归地选择最优特征，并根据该特征对训练数据进行分割，使得各个子数据集都有最好的分类过程。

在决策树算法中，ID3 决策树基于信息增益进行属性选择的度量，C4.5 决策树基于信息增益比进行属性选择的度量，CART 决策树基于基尼指数进行属性选择的度量。

3. ID3 决策树

熵：一条信息的信息量大小与它的不确定性有直接关系，而熵就是用来度量不确定性的。决策树的构建和评估都与信息熵密切相关，信息熵（information entropy）是用来度量样本纯度的指标。

ID3 决策树需要"最大化信息增益"来对节点进行划分，以下是信息增益计算步骤。

① 计算数据集的信息熵（或基尼指数）。

② 对于每个特征，计算其条件熵（或条件基尼指数），即将该特征作为划分标准后，各个子集的信息熵（或基尼指数）的加权平均数。条件熵的计算公式如下。

$$H(Y \mid X)=\sum \frac{|D_j|}{|D|} \cdot H(D_j)$$

其中，$|D_j|$表示第 j 个子集的样本数量，$|D|$表示数据集的样本总数，$H(D_j)$表示第 j 个子集的信息熵。

③ 计算信息增益，即数据集的信息熵（或基尼指数）与条件熵（或条件基尼指数）之差。信息增益的计算公式如下。

$$\mathrm{IG}(Y, X) = H(Y)-H(Y|X)$$

其中，$H(Y)$表示数据集的信息熵（或基尼指数），$H(Y|X)$表示根据特征 X 对数据集进行划分后的条件熵（或条件基尼指数）。

在计算的过程中一般会计算出多个信息增益，一般选择最大的信息增益。

4. C4.5 决策树

C4.5 决策树是为了解决 ID3 决策树的一个缺点而产生的。ID3 决策树的缺点是，如果某个属性的分类很多，也就是分支多，那么该属性下的样本就很少，此时的信息增益就非常高，ID3 决策树就会认为这个属性适合用作划分，但取分类较多的属性用作划分依据时，它的泛化能力很弱，没办法对新样本进行有效预测。C4.5 决策树不依靠信息增益划分样本，而是依靠“信息增益率（信息增益比）”。

以下是 C4.5 决策树的使用方法。

① 构建决策树：根据给定的训练样本集，利用信息增益率或信息增益比等指标选择最优的特征作为根节点，递归地生成子树，构建决策树。

② 剪枝：对生成的决策树进行剪枝，避免过拟合。

③ 预测分类：使用生成的决策树对新的样本进行分类预测。

具体计算步骤如下。

① 计算数据集的信息熵（或基尼指数）。

② 对每个特征计算信息增益率（或信息增益比），选择信息增益率（或信息增益比）最大的特征作为当前节点的特征，将数据集分为若干子集。

③ 对每个子集递归地重复步骤①和步骤②，直到所有子集都属于同一类别或者无法再分。

④ 对生成的决策树进行剪枝，去掉那些对分类准确率影响不大的子树。

⑤ 使用生成的决策树对新的样本进行分类预测。根据样本的属性值依次遍历决策树的各个节点，直至到达叶节点，将叶节点所属的类别作为预测结果输出。

与 ID3 决策树不同，这里不是选择最高的信息增益比，而是启发式地选择信息增益比：先从划分出的属性中找到信息增益率高于平均数的那些属性，再从这些属性中选信息增益比最高的。

5．CART 决策树

CART（classification and regression tree）决策树独立于另外两种决策树，一方面它使用基尼指数（gini index）作为划分依据，另一方面它既可以做分类，也可以做回归。Python 中的 sklearn 决策树模型就是采用 CART 决策树来选择分支的，如图 7.3 所示。

① 分类树（classification tree）：目标是分类型数据、离散型数据，如动物种类、人的性别。

② 回归树（regression tree）：目标是连续型数据，如人的年龄、收入。

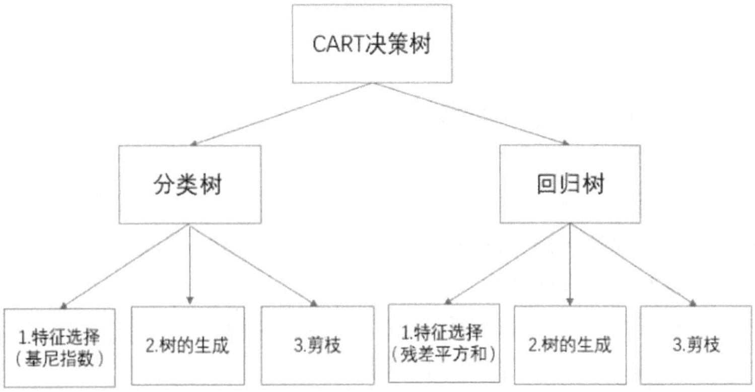

图 7.3　CART 决策树

基尼指数反映的是从数据集中随机抽取两个样本，它们的类别标签不一致的概率。基尼指数越小，代表数据集 D 的纯度越高。在属性集合 A 中，一般选基尼指数最小的属性。

6．决策树优缺点

（1）优点

① 速度快：计算量相对较小，且容易转换成分类规则。只要沿着根节点向下一直走到叶节点，沿途的分裂条件就能够唯一确定一个类别的谓词。

② 准确性高：挖掘出的分类规则准确性高，便于理解。决策树可以清晰地显示哪些字段比较重要，即可以生成可理解的规则。

③ 可以处理连续型数据和分类型数据。

④ 不需要任何领域知识和参数假设。

⑤ 适合高维数据。

（2）缺点

① 对于各类别样本数量不一致的数据，信息增益偏向于那些具有更多数值的特征。

② 容易过拟合。

③ 忽略了属性之间的相关性。

7.2.3 回归分析

在统计学中，回归分析（regression analysis）指的是确定两种或两种以上变量间相互依赖的定量关系的一种统计分析方法。回归分析按照涉及的变量的多少，可分为一元回归分析和多元回归分析；按照因变量的多少，可分为简单回归分析和多重回归分析；按照自变量与因变量之间的关系类型，可分为线性回归分析和非线性回归分析。

回归分析是建模和分析数据的重要工具。它使用曲线/直线来拟合数据点，在这种方式下，从曲线或直线到数据点的距离差异最小。

回归分析用于估计两个或多个变量之间的关系，例如，在当前的经济条件下，要估计一家公司的销售额增长情况，在得到这家公司最新的数据后，发现这些数据显示出销售额的增长大约是经济增长的 n 倍，那么使用回归分析，就可以根据当前和过去的信息来预测未来公司的销售增长情况。

使用回归分析的好处如下。

① 它表明自变量与因变量之间的显著关系。

② 它表明多个自变量对一个因变量的影响程度。

回归分析允许我们去比较那些衡量尺度不同的变量之间的相互影响，如价格变动与促销活动数量之间的联系。这些有利于帮助市场研究人员、数据分析人员以及数据科学家估计出一组最佳的变量，用来构建预测模型。

常见的回归模型有线性回归、非线性回归、Logistic（逻辑）回归、岭回归、主成分回归，如表 7.1 所示。本节对 Logistic 回归做详细介绍。

表 7.1 常用的回归分析方法

名称	说明
线性回归	对一个或多个自变量与因变量之间的线性关系进行建模，可用最小二乘法求模型系数
非线性回归	对一个或多个自变量与因变量之间的非线性关系进行建模。如果非线性关系可以通过简单的函数变换转化成线性关系，则用线性回归的思想求解；如果不能转化，则用非线性最小二乘法求解
Logistic 回归	广义线性回归模型的特例，利用函数将因变量的取值范围控制在 0 和 1 之间，表示取值为 1 的概率
岭回归	一种改进最小二乘估计的方法
主成分回归	根据主成分分析的思路提出，是对最小二乘法的一种改进。它是参数估计的一种有偏估计，可以消除自变量之间的多重共线性

Logistic 回归的过程：面对一个回归或者分类问题，建立代价函数；然后通过优化方法迭代求出最优的模型参数；最后测试验证这个求解的模型的好坏。

Logistic 回归虽然名字里带"回归"，但是它实际上是一种分类方法，主要用于二分类问题（即输出只有两种，分别代表两个类别）。在 Logistic 回归模型中，y 是一个定性变量，如 y=0 或 y=1。Logistic 回归主要应用于研究某些事件发生的概率。

Logistic 回归的优点如下。

① 速度快，适合二分类问题。

② 简单，易于理解，可直接看到各个特征的权重。

③ 容易更新模型吸收新的数据。

Logistic 回归的缺点：对数据和场景的适应能力有局限性，不如决策树算法适应性强。

Logistic 回归的用途如下。

① 寻找危险因素：寻找某一疾病的潜在风险等。

② 预测：根据模型，预测在不同自变量情况下，发生某种情况的概率有多大。

③ 判别：根据模型，判断某人属于某种情况的概率有多大。

Logistic 回归首先处理二分类问题。由于要分成两类，我们便让其中一类标签为 0，另一类标签为 1。Logistic 回归要用到一个函数，能将输入的每一组数据都映射成 0~1 的数，并且如果函数值大于 0.5，就判定属于 1，否则属于 0。该函数中需要有待定参数，通过样本训练，这个参数能够对训练集中的数据有很准确的预测。

这个函数就是 Sigmoid 函数，形式为 $\sigma(x)=\dfrac{1}{1+\mathrm{e}^{-x}}$。在这里可以设函数为

$$h(\boldsymbol{x}^i)=\frac{1}{1+\mathrm{e}^{-(\boldsymbol{w}^{\mathrm{T}}\boldsymbol{x}^i+b)}}$$

这里 $\boldsymbol{x}^i$ 是测试样本集第 i 个数据，是 p 维列向量 $(x_1^i \ \ x_2^i \ \cdots \ x_p^i)^{\mathrm{T}}$；$\boldsymbol{w}$ 是 p 维列向量 $(w_1 \ \ w_2 \ \cdots \ w_p)^{\mathrm{T}}$，为待求参数；$b$ 是一个数，也是待求参数。

由此发现，对于 $\boldsymbol{w}^{\mathrm{T}}x+b$，其结果是 $w_1x_1+w_2x_2+\cdots+w_px_p+b$。所以我们可以把 $\boldsymbol{w}$ 写成 $(w_1 \ \ w_2 \ \cdots \ w_p \ \ b)^{\mathrm{T}}$，$\boldsymbol{x}^i$ 写成 $(x_1^i \ \ x_2^i \ \cdots \ x_p^i \ \ 1)^{\mathrm{T}}$。$\boldsymbol{w}^{\mathrm{T}}\boldsymbol{x}+b$ 就可以写成 $\boldsymbol{w}^{\mathrm{T}}\boldsymbol{x}$。即：

$$h(\boldsymbol{x}^i)=\frac{1}{1+\mathrm{e}^{-\boldsymbol{w}^{\mathrm{T}}\boldsymbol{x}^i}}$$

这样就可以把另一个参数 b 合并到 $\boldsymbol{w}$ 中，后面推导也方便很多。当然也可以用第一种函数形式，本质是相同的。之后就是根据训练样本来求参数 $\boldsymbol{w}$ 了。

Sigmoid 函数图形如图 7.4 所示。

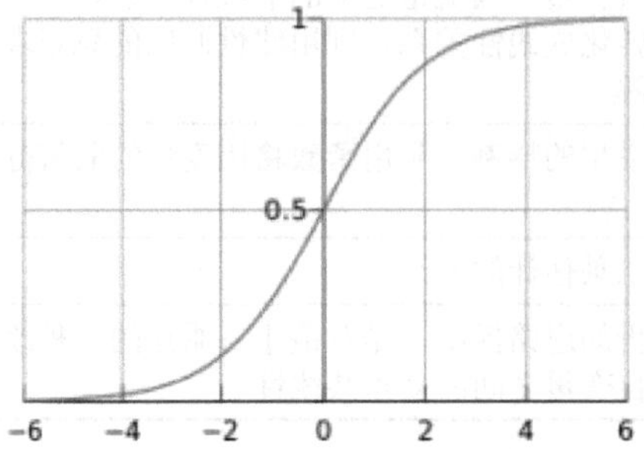

图 7.4 Sigmoid 函数图形

7.2.4 其他常见的分类与预测算法

除以上介绍的算法外，还有人工神经网络、贝叶斯网络、支持向量机等常见的分类与预测算法，如表 7.2 所示。

表 7.2 其他常见的分类与预测算法

名称	说明
人工神经网络算法	输入与输出之间关系的模型
贝叶斯网络算法	不确定知识表达和推理领域最有效的理论模型之一
支持向量机算法	把低维的非线性可分转化为高维的线性可分，在高维空间进行线性分析的算法

主要的分类与预测算法函数如表 7.3 所示。

表 7.3 主要的分类与预测算法函数

函数	说明
lda()	构建一个线性判别分析模型
NaiveBayes()	构建一个朴素贝叶斯分类器
knn()	构建一个 k 近邻分类模型
rpart()	构建一个 CART 决策树模型
bagging()	构建一个集成学习分类器
randomForest()	构建一个随机森林模型
svm()	构建一个支持向量机模型
nnet()	构建一个人工神经网络模型

7.3 聚类与关联分析

聚类，就是把数据按照相似性归纳成若干类别，同一类中的数据相似，不同类中的数据相异。通过聚类分析可以建立宏观的概念，发现数据的分布模式及可能的数据属性之间的关系。目前常用的聚类算法有基于划分的算法、基于层次的算法、基于密度的算法、基于网格的算法，以及基于模型的算法。

关联，描述的是两个或两个以上变量的取值之间存在的某种规律性。关联分为简单关联、时序关联、因果关联。关联分析的目的是找出数据库中隐藏的关联网。一般使用支持度和置信度两个阈值来度量关联。

7.3.1　*k* 均值聚类分析

k 均值聚类算法（k-means clustering algorithm）是一种迭代求解的聚类分析算法，是无监督学习算法的一种，其算法思想大致为先从样本集中随机选取 *k* 个样本作为聚类中心，并计算所有样本与这 *k* 个聚类中心的距离，将每一个样本划分到与其距离最近的聚类中心所在的聚类中，对于新的聚类计算新的聚类中心。

k 均值聚类具有以下特点：各聚类本身尽可能地紧凑，而各聚类之间尽可能地分开。

1. 算法步骤

① 选择 *k* 个初始化聚类中心。

② 对于每个数据对象计算到 *k* 个聚类中心的距离，并选择最近的一个聚类中心作为标记类别。

③ 针对标记的聚类中心，重新计算出每个数据对象的均值。

④ 如果计算得出的新聚类中心与原聚类中心一样，那么结束，否则把新的均值点作为聚类中心，重新进行步骤②，直到所有的数据对象无法更新到其他的数据集中。

2. 算法流程

k 均值聚类算法流程如图 7.5 所示。

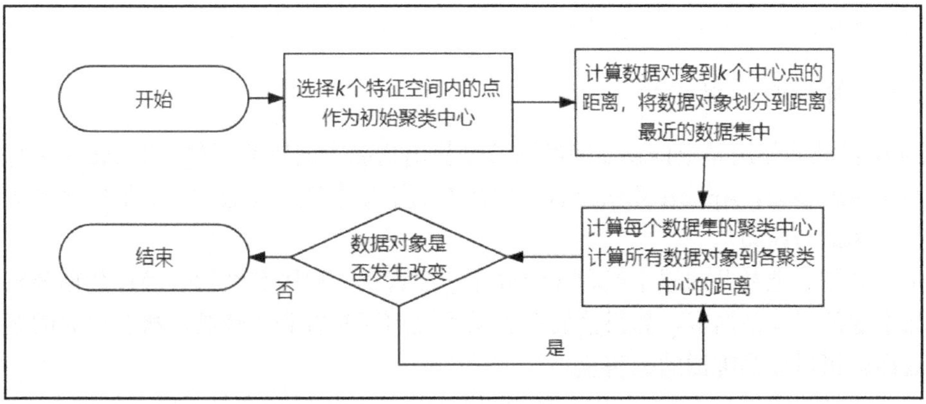

图 7.5　*k* 均值聚类算法流程

3. 算法图解

接下来采用图解的形式来说明 *k* 均值聚类算法，如图 7.6 所示。

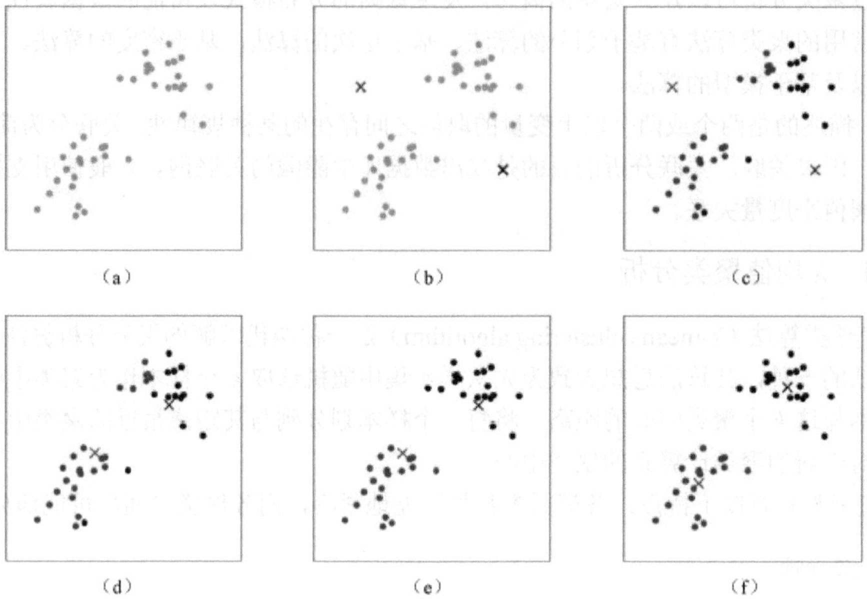

图 7.6　k 均值聚类算法图解

图 7.6（a）代表了 $k=2$ 的初始数据集。

图 7.6（b）中，随机选择了两个点作为聚类中心（质心），然后分别求样本中所有点到这两个质心的距离，并标记每个样本的类别为与该样本距离最小的质心的类别。

如图 7.6（c）所示，经过样本和质心的距离，得到了所有样本第一轮迭代后的类别。此时分别求新的质心。

如图 7.6（d）所示，新的质心的位置发生了变动。

图 7.6（e）和图 7.6（f）重复了图 7.6（c）和图 7.6（d）的过程，即将所有点的类别标记为距离最近的质心的类别并求新的质心。最终得到的两个类别如图 7.6（f）所示。在实际的 k 均值聚类算法中，一般会多次迭代。

7.3.2　Apriori 关联分析

Apriori 算法的作用是根据物品间的支持度找出物品中的频繁项集。给 Apriori 算法提供一个最小支持度参数，Apriori 算法会返回支持度高于该参数的频繁项集。最经典的关联分析案例就是“啤酒与尿布”。

超市里经常会把婴儿的尿不湿和啤酒放在一起售卖，原因是经营者经过数据分析发现，出来买尿不湿的以父亲居多，如果他们在买尿不湿的同时看到了啤酒，将有很大的概率购买啤酒，这样就可以提高啤酒的销售量。

针对这个经典案例，可以引入一个概念叫“商品关联分析”。商品关联分析中有很多指标，比较常见的有**支持度**、**置信度**、**提升度**、***k* 项集事件**、**强规则**等。

（1）支持度

支持度是指 A 商品和 B 商品同时被购买的概率，或者说某个商品组合的购买次数占购买总次数的比例，如图 7.7 所示。

公式：$S=F[(A\&B)/N]$。
其中 S 代表支持度，F 代表概率函数，$A\&B$ 代表购买了 A 且购买了 B 的次数，N 代表购买总次数。

（2）置信度

置信度是指购买 A 之后又购买 B 的条件概率，用图表示就是交集在 A 中的比例，如图 7.8 所示。

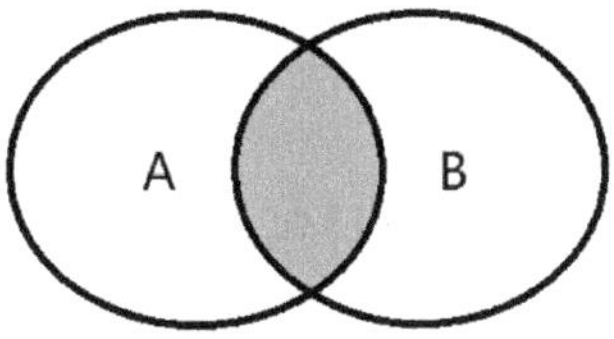

图 7.7　支持度

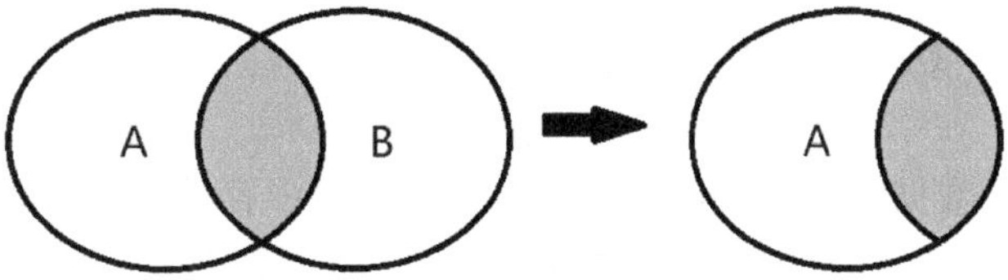

图 7.8　置信度

公式：$C=F(A\&B)/F(A)$。
其中 C 代表置信度，F 表示条件概率函数，$A\&B$ 代表购买了 A 且购买了 B 的次数，A 代表购买 A 的次数。

（3）提升度

提升度是指当销售一个商品时，另一个商品销售率会增加多少。

公式：$L=S(A\&B)/[S(A)*S(B)]$。
其中 L 代表提升度，$S(A\&B)$代表 A 商品和 B 商品同时被购买的支持度，$S(A)*S(B)$代表 A 被购买的概率与 B 被购买的概率的乘积。

（4）k 项集事件

如果事件 A 包含 k 个元素，那么称这个事件 A 为 k 项集事件，A 满足支持度阈值则称为频繁 k 项集。

频繁项集性质如下。

① 频繁项集的所有非空子集也为频繁项集。

② 若 A 不是频繁项集，则其他项集或事件与 A 的并集也不是频繁项集。

（5）强规则

同时满足支持度阈值和置信度阈值的规则称为强规则。

下面具体介绍 Apriori 算法。

Apriori 关联分析的目标包括发现频繁项集和发现关联规则。首先需要找到频繁项集，然后才能获得关联规则。

输入：数据集合 D，支持度阈值 S。

输出：最大的频繁 k 项集。

算法步骤如下。

① 扫描整个数据集，得到所有出现过的数据，作为候选频繁 k 项集。

② 挖掘频繁 k 项集。

a．扫描数据集，计算候选频繁 k 项集的支持度。

b．去除候选频繁 k 项集中支持度低于阈值的数据集，得到频繁 k 项集。如果得到的频繁

k 项集为空，则直接返回频繁 k−1 项集的集合作为算法结果，算法结束。如果得到的频繁 k 项集只有一项，则直接返回频繁 k 项集的集合作为算法结果，算法结束。

c．基于频繁 k 项集，连接生成候选频繁 k+1 项集。

③ 令 k=k+1，转入步骤②。

从算法的步骤可以看出，Apriori 算法每轮迭代都要扫描数据集，因此在数据集很大、数据种类很多的时候，该算法效率很低。

7.4 数据结构与算法

数据结构（data structure）是计算机中存储、组织数据的方式。它是一种包含一定逻辑关系、在计算机中应用某种存储结构，并且封装了相应操作的数据元素集合。也就是说，数据结构包含三个方面的内容：逻辑关系、存储关系及操作。

常见的数据结构如表 7.4 所示。

表 7.4　　常见的数据结构

名称	说明
栈	栈是一种特殊的线性表，它只能在一个表的一个固定端进行数据节点的插入和删除操作
队列	与栈类似，队列也是一种特殊的线性表。与栈不同的是，队列只允许在表的一端进行插入操作，而在另一端进行删除操作
数组	数组是一种聚合数据类型，它是将具有相同类型的若干变量有序地组织在一起的集合
链表	链表是一种将数据元素按照链式存储结构进行存储的数据结构，链式存储结构具有在物理上非连续的特点
树	树是典型的非线性结构，它是包括 n 个节点的有穷集合
图	图是另一种非线性数据结构。在图中，数据节点一般称为顶点，边是顶点的有序偶对
堆	堆是一种特殊的树状数据结构，一般讨论的堆都是二叉堆

常见的算法操作如表 7.5 所示。

表 7.5　　常见的算法操作

名称	说明
检索	检索就是在数据结构里查找满足一定条件的节点。通常是给定某字段的值，找出具有该字段值的节点
插入	在数据结构中增加新的节点
删除	把指定的节点从数据结构中去掉
更新	改变指定节点的一个或多个字段的值
排序	把节点按某种指定的顺序重新排列，如递增或递减

本节主要讲解数据结构与算法中常见的树结构和排序算法。

7.4.1　树结构

前面数据分析方法章节引入了逻辑树分析法，在数据结构中，树是 n（n≥0）个节点的有穷集合，n=0 时称为空树。

在任意一棵非空树中：

① 每个元素称为节点（node）；

② 仅有一个特定的节点被称为根节点或树根（root）；

③ 当 $n>1$ 时，其余节点可分为 m（$m\geqslant 0$）个互不相交的集合 $T_1, T_2, \cdots, T_m$，其中每一个集合 T_i（$1\leqslant i\leqslant m$）本身也是一棵树，被称作根的子树（subtree）。

在这里，当 $n>0$ 时，根节点是唯一的。当 $m>0$ 时，子树的数量没有限制，但它们一定是互不相交的，如图 7.9 所示。

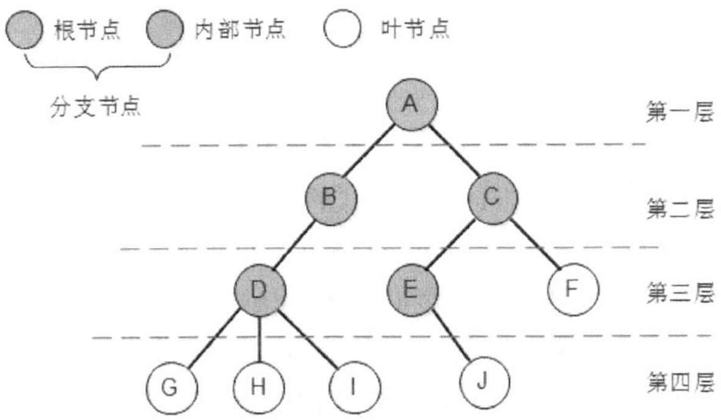

图 7.9　树结构

1. 二叉树

二叉树即树的每个节点最多只能有两个子节点。它是一种特殊的树结构，其特点是每个节点至多有两棵子树，且子树有左右之分，其次序不能任意颠倒。即使树中只有一棵子树，也要区分左子树与右子树，如图 7.10 所示。

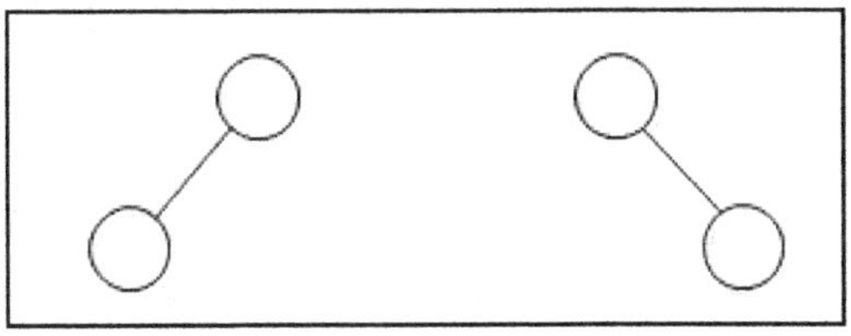

图 7.10　只有一棵子树的二叉树

二叉树有以下 5 种基本形态：

① 空二叉树；

② 只有一个根节点；

③ 根节点只有左子树；

④ 根节点只有右子树；

⑤ 根节点既有左子树又有右子树。

图 7.10 中的两棵树是不同的二叉树。

2. 二叉树种类

（1）完全二叉树

对于一棵二叉树，假设其深度为 d（$d>1$），除了第 d 层，其他各层的节点数量均已达最大值，且第 d 层所有节点从左向右连续地紧密排列，这样的二叉树被称为完全二叉树。

完全二叉树的特点如下。

① 叶节点只能出现在最下两层。

② 最下层叶节点在左侧且连续。

③ 同样节点数的二叉树，完全二叉树的深度最小。

（2）满二叉树

在一棵二叉树中，如果所有分支节点都存在左子树和右子树，并且所有叶节点都在同一层上，这样的二叉树称为满二叉树。

满二叉树的特点如下。

① 叶节点只能出现在最下层。

② 非叶节点的度一定是 2。

③ 同样深度的二叉树中，满二叉树的节点最多，叶节点也最多。

3. 二叉树性质

二叉树性质如下。

① 在二叉树的第 i 层上至多有 $2^{(i-1)}$ 个节点（$i>0$）。

② 深度为 k 的二叉树至多有 2^k-1 个节点（$k>0$）。

③ 对于任意一棵二叉树，如果其叶节点数为 N_0，而度为 2 的节点总数为 N_2，则 $N_0=N_2+1$。

④ 具有 n 个节点的完全二叉树的深度必为 $\log_2(n+1)$。

⑤ 对完全二叉树，若从上至下、从左至右编号，则编号为 i 的节点，其左孩子编号必为 $2i$，其右孩子编号必为 $2i+1$；其双亲的编号必为 $i/2$（$i=1$ 时为树根，除外）。

4. 二叉树的遍历

遍历树是按特定的顺序访问树的每一个节点，比较常用的有前序遍历、中序遍历和后序遍历。二叉树最常用的是中序遍历。

① 前序遍历：根节点→左子树→右子树。

② 中序遍历：左子树→根节点→右子树。

③ 后序遍历：左子树→右子树→根节点。

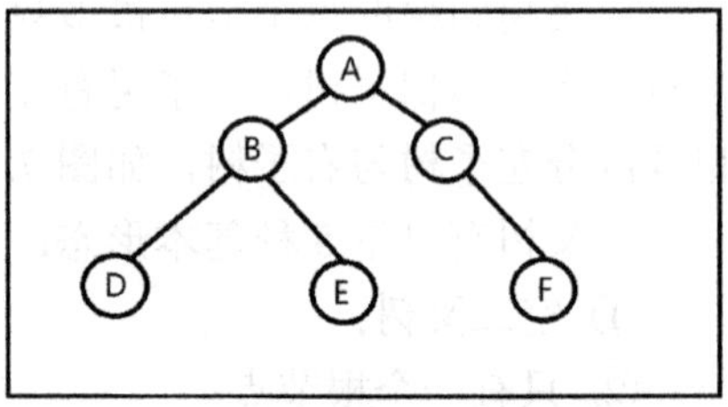

图 7.11 Python 实现遍历二叉树

5. Python 实现

下面分别采用前序遍历、中序遍历、后序遍历的递归方法遍历图 7.11 所示的二叉树。

（1）前序遍历

遍历顺序：A—B—D—E—C—F，具体代码如下。

```
def preorder(root):
    if not root:
       return
    print(root.val)
    preorder(root.left)
    preorder(root.right)
```

（2）中序遍历

遍历顺序：D—B—E—A—C—F，具体代码如下。

```
def inorder(root):
    if not root:
       return
```

```
    inorder(root.left)
    print(root.val)
    inorder(root.right)
```

（3）后序遍历

遍历顺序：D—E—B—F—C—A，具体代码如下。

```
def postorder(root):
    if not root:
       return
    postorder(root.left)
    postorder(root.right)
    print(root.val)
```

7.4.2　排序

排序就是将一序列对象根据某个关键字进行排列。它可以分为内部排序和外部排序：内部排序是数据记录在内存中进行排序；而外部排序是因待排序的数据量很大，内存不能容纳全部的排序记录，在排序过程中需要访问外存。

常见排序算法又可以分为非线性时间比较类排序与线性时间非比较类排序，具体分类如图 7.12 所示。本小节主要讲解非线性时间比较类排序中常见的五大排序算法。

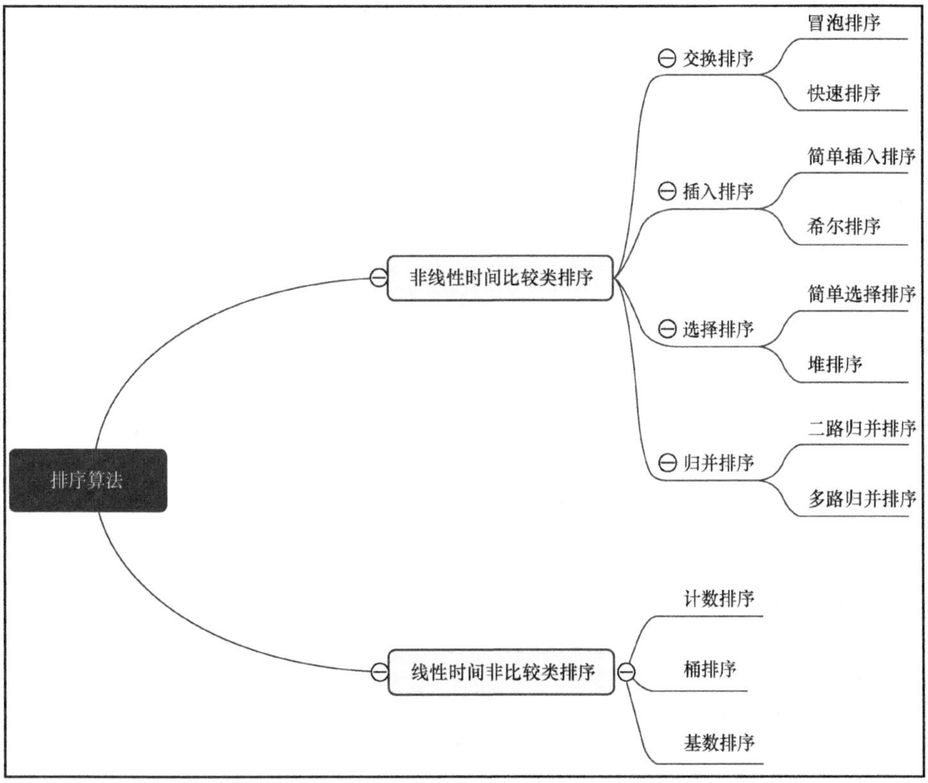

图 7.12　常见排序算法

1. 冒泡排序

冒泡排序（bubble sort）是一种最基础的交换排序。之所以叫作冒泡排序，因为每一个元素都可以像小气泡一样，根据自身大小一点一点向数组的一侧移动。它需要重复地访问要排序的数据，一次比较两个元素，如果它们的顺序错误就把它们交换过来。走访数据的工作重复地进行，直到没有再需要交换的元素，也就是说排序已经完成。

（1）算法步骤

算法重复访问数组时，每一遍只能确保将一个数归位，即第一遍只能将末位上的数归位，第二遍只能将倒数第 2 位上的数归位，以此类推。如果有 *n* 个数需要排序，则只需将 *n*−1 个数归位，也就是要进行 *n*−1 遍操作。

每一遍都需要从第一位开始进行相邻的两个数的比较，将较大的数放后面，比较完后向后挪一位，继续比较下面两个相邻的数的大小关系。重复此步骤，直到最后一个还没归位的数。冒泡排序如图 7.13 所示。

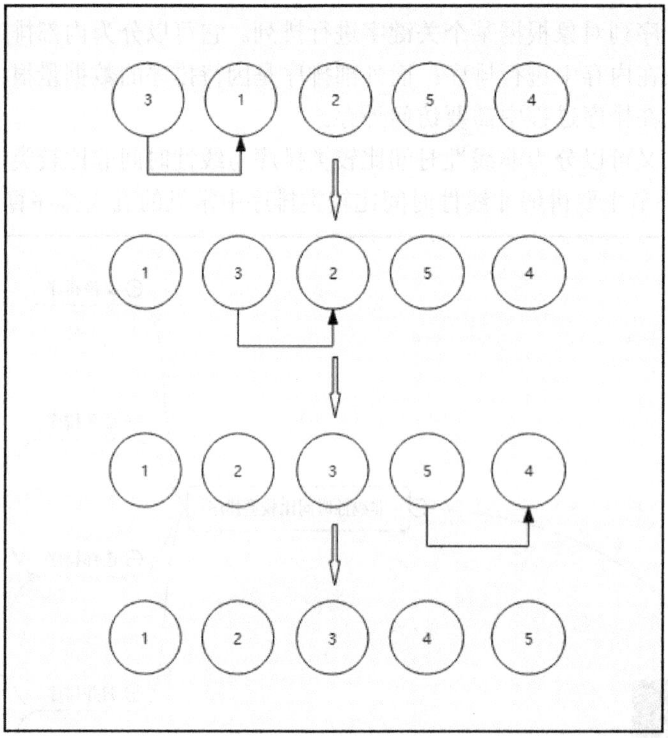

图 7.13　冒泡排序

（2）Python 实现

使用 Python 实现冒泡排序，具体代码如下。

```
def bubbleSort(arr):
    for i in range(1, len(arr)):
        for j in range(0, len(arr)-i):
            if arr[j] > arr[j+1]:
                arr[j], arr[j + 1] = arr[j + 1], arr[j]
    return arr
if __name__=="__main__":
    arr=[44,5,66,23,45,89,90,36,75]
    print(insertionSort(arr))
```

运行结果如下。

```
[5, 23, 36, 44, 45, 66, 75, 89, 90]
```

2. 快速排序

快速排序是对冒泡排序的一种改进。其基本思想是通过一遍排序将要排序的数据分割成独立的两部分，其中一部分的所有数据比另一部分的所有数据要小，再按这种方法对这两部分数据分别进行快速排序。整个排序过程可以递归进行，使数据变成有序序列。

（1）算法步骤

如图 7.14 所示，首先在序列中随便找一个数作为基准值，通常为了方便，以第一个数作为基准值。这里选取 6 为基准值。快速排序分别从两端开始检测，先从右往左找一个小于 6 的数，再从左往右找一个大于 6 的数，将它们分别与 6 交换位置。这里取两个变量 *i* 和 *j*，分别指向序列左端和右端。刚开始让变量 *i* 指向序列的左端，即指向数字 6；让变量 *j* 指向序列的右端，即指向数字 8。

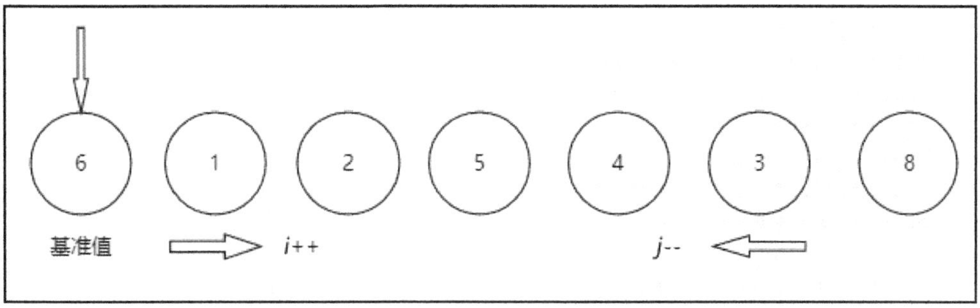

图 7.14　快速排序

然后变量 *j* 开始从右向左检测，因为选取的基准值在数列的最左边，所以变量 *j* 先检测，直至找到一个小于 6 的数。此时 *i* 的位置为 0，*j* 的位置为 5。将基准值与 *j* 指向的数字 3 交换。此时的数据顺序如图 7.15 所示。

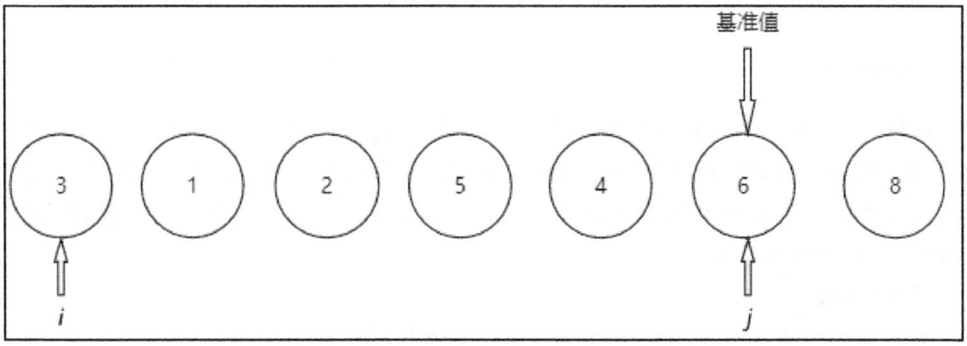

图 7.15　第一次交换后

现在变量 *i* 从左向右检测，直到找到位置 5 时才有不小于 6 的数出现，此时 *i* 的位置与 *j* 的位置重合，在 6 之前的都是比 6 小的数，在 6 之后的都是比 6 大的数，第一遍排序完成，基准值 6 成功归位。接下来以 3 作为基准值重复前面的操作，以此类推，直至所有的数排序完成。

（2）Python 实现

使用 Python 实现快速排序，具体代码如下。

```
def quick_sort(lists,i,j):
    if i >= j:
        return list
    pivot = lists[i]
    low = i
    high = j
    while i < j:
        while i < j and lists[j] >= pivot:
            j -= 1
        lists[i]=lists[j]
        while i < j and lists[i] <=pivot:
            i += 1
        lists[j]=lists[i]
    lists[j] = pivot
    quick_sort(lists,low,i-1)
    quick_sort(lists,i+1,high)
    return lists
if __name__=="__main__":
    lists=[30,24,5,58,18,36,12,42,39]
    print("排序前的序列为")
    for i in lists:
        print(i,end =" ")
    print("\n 排序后的序列为")
    for i in quick_sort(lists,0,len(lists)-1):
        print(i,end=" ")
```

运行结果如下。

```
排序前的序列为
30 24 5 58 18 36 12 42 39
排序后的序列为
5 12 18 24 30 36 39 42 58
```

3. 选择排序

选择排序是一种简单、直观的排序算法。它的工作原理是每一次从待排序的元素中选出最小（最大）的一个元素，存放在序列的起始位置，再从剩余未排序元素中继续寻找最小（最大）元素，放到已排序序列的末尾。以此类推，直到全部待排序的元素排完。值得注意的是，选择排序是不稳定的排序方法。

（1）算法步骤

① 遍历整个数组，找到数组中最小的元素，将其放到数组之首。

② 遍历剩余的数组元素，找到最小的元素，放在第二位。

③ 重复步骤①和步骤②，直至完成排序，如图 7.16 所示。

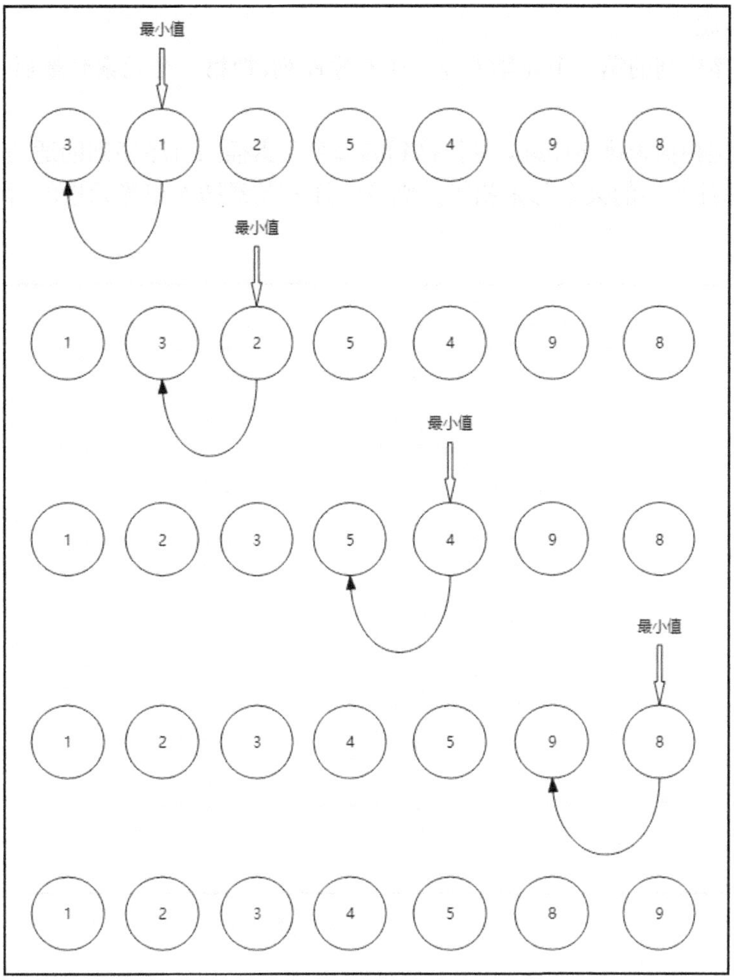

图 7.16 选择排序

（2）Python 实现

使用 Python 实现选择排序，具体代码如下。

```
number_list = [64,25,12,22,11]
for i in range(len(number_list)):
    min_index = i
     for j in range(i+1,len(number_list)):
        if number_list[min_index] > number_list[j]:
           min_index = j
       number_list[min_index],number_list[i] = number_list[i],number_list[min_index]
print(number_list)
```

运行结果如下。

```
[11, 22, 12, 25, 64]
```

4．插入排序

插入排序是一种最简单、直观的排序算法。它的工作原理是通过构建有序序列，对于每一个未排序数据，在已排序序列中从后向前扫描，为其找到相应位置并插入。

（1）算法步骤

① 将待排序序列的第一个元素看作一个有序序列，把第二个元素到最后一个元素当成未排序序列。

② 从头到尾扫描未排序序列，将扫描到的每个元素插入有序序列的适当位置（如果待插入的元素与有序序列中的某个元素相等，则将待插入元素插入相等元素的后面），如图 7.17 所示。

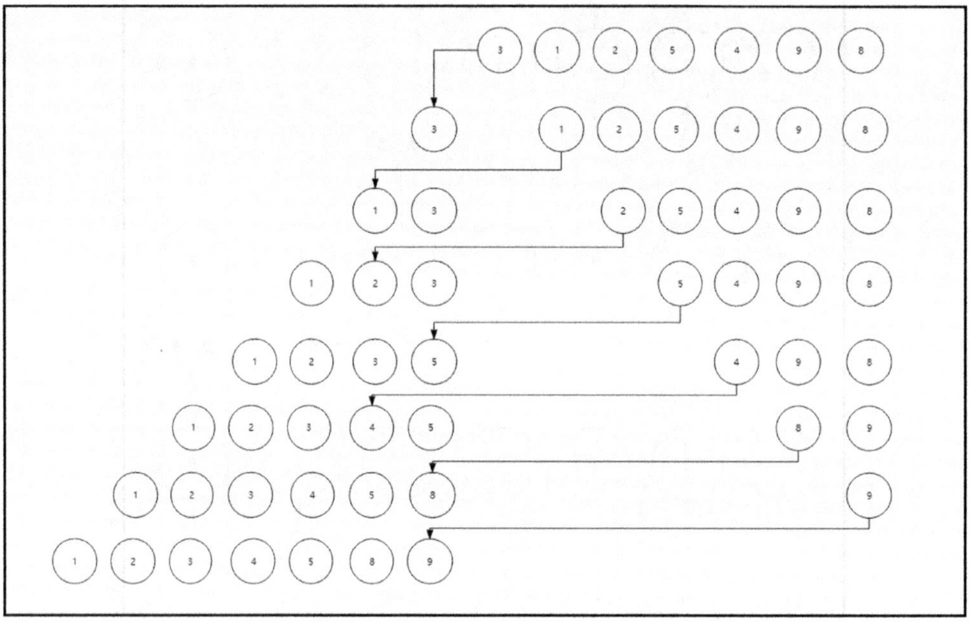

图 7.17　插入排序

（2）Python 实现

使用 Python 实现插入排序，具体代码如下。

```
def insertionSort(arr):
    for i in range(len(arr)):
        preIndex = i-1
        current = arr[i]
        while preIndex >= 0 and arr[preIndex] > current:
            arr[preIndex+1] = arr[preIndex]
            preIndex-=1
        arr[preIndex+1] = current
    return arr
if __name__=="__main__":
    arr=[30,24,5,58,18,36,12,42,39]
    print(insertionSort(arr))
```

运行结果如下。

```
[5, 12, 18, 24, 30, 36, 39, 42, 58]
```

5．归并排序

归并排序是创建在归并操作基础上的一种有效的排序算法。该算法是分治法的一个非常典型的应用，且各层分治递归可以同时进行。归并排序思路简单，速度仅次于快速排序，为稳定排序算法，一般用于总体无序，但各子项相对有序的数组。

（1）算法步骤

归并排序就是将待排序数组分解到不可分解为止，也就是一个数为一个子数组，然后对这些子数组层层合并（合并里有排序的过程）得到最后的有序数组，如图 7.18 所示。

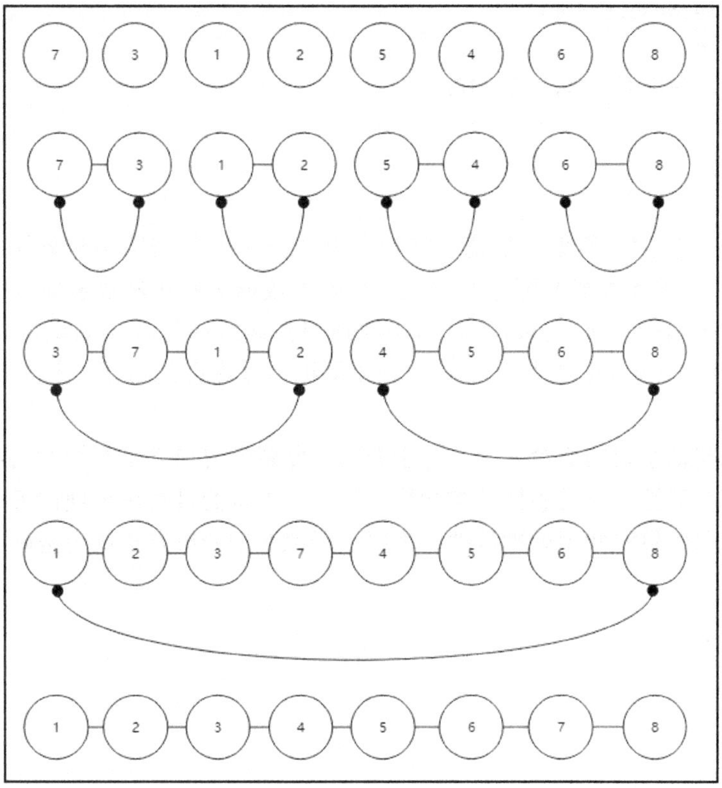

图 7.18　归并排序

（2）Python 实现

使用 Python 实现归并排序，具体代码如下。

```
def mergeSort(arr):
    import math
    if(len(arr)<2):
        return arr
    middle = math.floor(len(arr)/2)
    left, right = arr[0:middle], arr[middle:]
    return merge(mergeSort(left), mergeSort(right))
def merge(left,right):
    result = []
    while left and right:
        if left[0] <= right[0]:
            result.append(left.pop(0))
        else:
            result.append(right.pop(0))
```

```
    while left:
        result.append(left.pop(0))
    while right:
        result.append(right.pop(0))
    return result
if __name__=="__main__":
    arr=[30,24,5,58,18,36,12,42,39]
    print(mergeSort(arr))
```

运行结果如下。

```
[5, 12, 18, 24, 30, 36, 39, 42, 58]
```

7.5 本章小结

本章介绍了进行深入数据分析需要了解的知识点——数据结构与算法。在数据分析过程中数据与分析结果有着密不可分的关系，在处理数据（尤其是数量庞大的数据）时，程序的运行时间与效率成反比关系，此时适当地使用数据结构与算法知识可以很好地优化时间复杂度与空间复杂度，更能大大地减少对计算机运行内存的占用，提高数据分析的效率与准确度。

本章首先从机器学习的概念入手，分别介绍了监督学习与无监督学习的常见算法；然后介绍了数据结构与算法中常见的树结构和排序知识。本章的目的在于使读者在数据分析过程中更好地运用常见的算法知识处理数据，为深入研究数据分析方法奠定基础。

7.6 习题

1. 填空题

（1）常见的分类与回归算法包括________、________、________、________、________、________等。

（2）商品关联分析中常见的指标有________、________、________、________、________等。

（3）对于一棵二叉树，假设其深度为 d（d>1），除了第 d 层，其他各层的节点数量均已达最大值，且第 d 层所有节点从左向右连续地紧密排列，这样的二叉树被称为________。

（4）常见排序算法可以分为________与________。

2. 选择题

（1）以下说法错误的是（　　）。

A．二叉树的子树无左右之分，其次序可以任意颠倒

B．在一棵二叉树中，如果所有分支节点都存在左子树和右子树，并且所有叶节点都在同一层上，这样的二叉树称为完全二叉树

C．当 n>0 时，根节点是唯一的；当 m>0 时，子树的个数没有限制，但它们一定是互不相交的

D．如果二叉树中只有一棵子树，那就不区分左子树和右子树

（2）以下排序算法中（　　）不是非线性时间比较类算法。

A．插入排序　　B．归并排序

C．冒泡排序　　D．基数排序

（3）以下说法错误的是（　　）。

A．支持度是指 A 商品和 B 商品同时被购买的概率

B．置信度是指购买 A 之后又购买 B 的条件概率

C．提升度是指当销售一个商品时，此商品销售率会增加多少

D．以上都不对

（4）常见的数据结构不包括（　　）。

A．数组　　B．列表

C．堆　　D．检索

3．简答题

（1）简述 KNN 算法的优缺点。

（2）简述快速排序的算法原理。

（3）以数组 arr = [44,5,66,23,45,89,90,36,75]为例，画出冒泡排序的过程图解。

第8章 综合实战：就业分析

综合实战：就业分析

本章学习目标

- 熟悉数据分析的基本流程。
- 掌握数据处理的基本方法。
- 掌握常用的图表分析方法。

就业一直是社会关注的焦点之一。随着我国高等教育的普及和大学生规模的不断扩大，毕业生的就业问题愈发凸显。学生们既是国家发展的希望，也承载着家庭的期望和自身的梦想，就业形势关系着整个社会的稳定与繁荣。

本章将带领读者深入分析就业现状，分析存在的问题与困境。通过全面了解和把握就业市场的发展趋势、就业政策的导向，以及学生自身的素质，相关机构能够为学生的就业提供更为有效的指导，助力他们实现职业梦想和人生价值。

8.1 研究背景

充分就业是我国宏观经济政策的四大目标之一。本章综合实战项目依据教育机构公布的就业数据，从学生的毕业专业、就业城市、就业薪资等维度可视化展示分析结果，为高校毕业生的高质量就业提供依据。

8.2 分析目标

为了让管理者更清楚 2022 年的学生就业情况，数据分析师将对就业数据中的就业城市分布、就业曲线、就业状态、就业薪资与学历关系做出基本的数据分析。

（1）就业城市分布

就业城市分布是对学生的就业城市的相关统计。从就业城市分布可以看出不同城市的人才需求。

（2）就业曲线

就业曲线为根据每天的就业人数绘制出的就业走势图。通过就业曲线可以看出对应的就业规律。

（3）就业状态

就业状态指的是学生在学校学习时的就业状态。通过对就业状态的分析，管理者可以看出学生的就业形势。

（4）就业薪资与学历关系

就业薪资与学历关系能够反映不同学历的学生之间的就业差距。管理者可以参考该分析结果对生源适当调整。

8.3　数据获取

本章项目的数据来源于某网站，通过爬虫技术获取该网站上的就业数据，网站页面如图 8.1 所示。

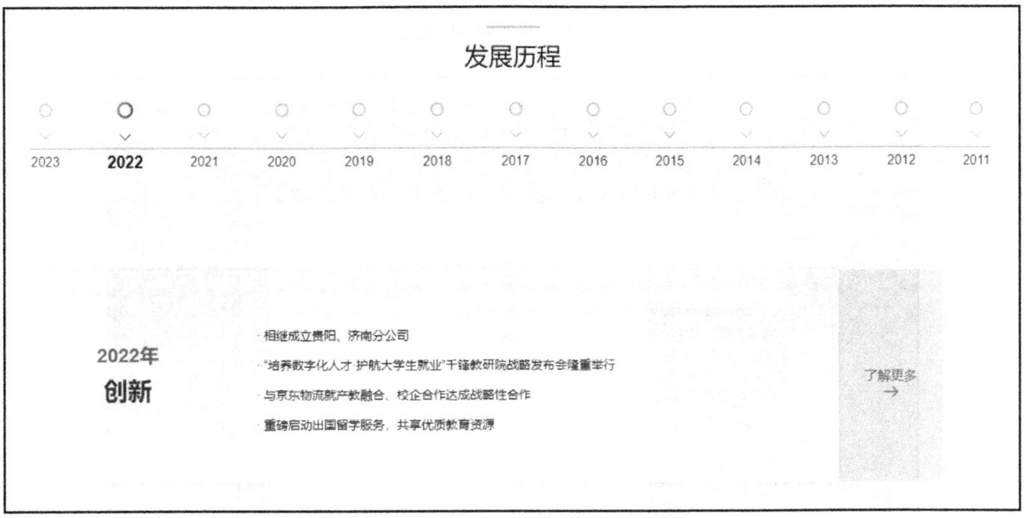

图 8.1　网站页面

单击网站首页中图 8.2 所示的“北京（总部）”下拉按钮，在弹出的地区列表中单击“北京”选项，跳转到北京校区页面。单击图 8.3 所示的“就业服务”下拉列表中的“就业大数据”选项，跳转到就业信息页面，如图 8.4 所示。就业信息分为图 8.5 所示的学科分类就业信息和图 8.6 所示的月份分类就业信息。本书数据来源于月份分类就业信息。

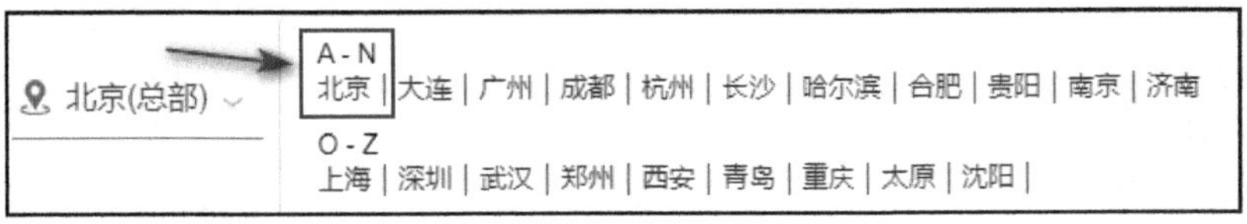

图 8.2　选择校区

图 8.3　选择就业服务

图 8.4　就业信息页面

图 8.5　学科分类就业信息

图 8.6　月份分类就业信息

为了便于操作，本书已经将 2022 年 HTML5 学生就业信息保存到一个 JSON 文件中，读者可以直接读取本书配套资源中的数据集。使用 Postman 软件查看数据形式，如图 8.7 所示。

图 8.7 数据形式

通过观察数据形式可以看出，data.json 数据中有最高薪资（topSalary）、平均薪资（evgSalary）、就业率（jobRate）、就业人数（jobCount）、优秀薪资比率（goodSalaryRate）、学生信息（student）。学生信息又包括班级（class）、姓名（student）、学历（education）、就业状态（status）、专业（profession）、就业薪资（salary）、就业城市（city）、公司名称（company）、就业日期（date）。

8.4 数据处理

本节讲述对原数据的处理，主要包括数据类型的转换、数据去重、处理缺失值 3 个方面。

1. 数据类型的转换

数据下载完成后，需要将数据转换成分析所需的数据形式，以进行数据预处理操作。对就业信息的数据变换主要是将数据从原数据中抽取出来进行数据类型的转换。

首先，使用 Pandas 读取之前爬取的数据，具体代码如下。

```
import pandas as pd
data = pd.read_json("./studentJobData_year2022.json")
```

注意

使用 Pandas 读取数据后，data 参数的数据类型为 Series 类型。

然后，将 student 主体信息提取出来。

```
student = data["student"]
```

由于原数据为 list 类型，因此需要将数据取出并通过列表推导式将数据重新整合为 DataFrame

类型，具体代码如下。

```
data = pd.DataFrame([ i for i in  student])
print(data)
```

运行结果如下。

```
                      class student education  ...   city    company       date
0       BK-HTML5-JY-2112     乔*浩        专科  ...    北京   北京**公司   2022-01-21
1       BK-HTML5-JY-2118     宁*翔        专科  ...    北京   北京**公司   2022-02-17
2       BK-HTML5-JY-2118     李*          专科  ...    北京   北京**公司   2022-02-25
3       BK-HTML5-JY-2118     苗*涛        专科  ...    北京   北京**公司   2022-03-07
4       BK-HTML5-JY-2118     郑*妮        专科  ...    北京   北京**公司   2022-02-22
...     ...                  ...          ...   ...   ...    ...          ...
11852   QD-HTML5-JY-2203     张*琦        本科  ...  青岛市   青岛**科技   2022-11-28
11853   QD-HTML5-JY-2203     倪*龙        专科  ...  烟台市   山东**公司   2022-11-28
11854  WH-JavaEE-JY-2206     陈*          本科  ...  泉州市   泉州**公司   2022-11-21
11855  ZZ-JavaEE-JY-2207     杨*博    高中以下  ...  商丘市         保密   2022-11-14
11856  ZZ-JavaEE-JY-2207     刘*宁        专科  ...    重庆         保密   2022-11-14
```

2. 数据去重

数据去重是数据分析中必然会使用的处理手段。去重能够最大程度地降低数据冗余性，为数据分析提供优质的数据源。

为了避免有重复值，使用 drop_duplicates()将重复值删除，具体代码如下。

```
data.drop_duplicates()
```

运行结果如图 8.8 所示。

	class	student	education	status	profession	salary	city	company	date
0	BK-HTML5-JY-2112	乔*浩	专科	应届	电气与电子工程系	9000	北京	北京**公司	2022-01-21
1	BK-HTML5-JY-2118	宁*翔	专科	大三	云计算技术与应用	14000	北京	北京**公司	2022-02-17
2	BK-HTML5-JY-2118	李*	专科	大三	信息工程系	13000	北京	北京**公司	2022-02-25
3	BK-HTML5-JY-2118	苗*涛	专科	在读	水利水电	13000	北京	北京**公司	2022-03-07
4	BK-HTML5-JY-2118	郑*妮	专科	非应届	计算机工程学院	14000	北京	北京**公司	2022-02-22
...	...	...	...	...	...	...	...	...	...
11852	QD-HTML5-JY-2203	张*琦	本科	应届	None	6000	青岛市	青岛**科技	2022-11-28
11853	QD-HTML5-JY-2203	倪*龙	专科	待业	计算机网络技术	7000	烟台市	山东**公司	2022-11-28
11854	WH-JavaEE-JY-2206	陈*	本科	大四	计算机科学与技术	6000	泉州市	泉州**公司	2022-11-21
11855	ZZ-JavaEE-JY-2207	杨*博	高中以下	待业	None	7000	商丘市	保密	2022-11-14
11856	ZZ-JavaEE-JY-2207	刘*宁	专科	应届	电子工程系	8000	重庆	保密	2022-11-14

11857 rows × 9 columns

图 8.8　数据去重

3. 处理缺失值

数据去重完成后需要处理数据中的缺失值，下面讲述项目中的缺失值处理。

首先，使用 count()函数对数据进行整体观察，具体代码如下。

```
import pandas as pd
data = pd.read_json("./studentJobData_year2022.json")
student = data["student"]
```

```
data = pd.DataFrame([ i for i in student])
data.count()
```

运行结果如下。

```
class          11855
student        11857
education      11857
status         11645
profession     10629
salary         11857
city           11857
company        11857
date           11857
dtype: int64
```

由运行结果可见，学生总数为 11857，但是 class、status、profession 这 3 项有缺失值。

缺失值的处理十分重要，如果数据中存在缺失值，在数据处理中程序将会报错，处理效果将会大打折扣，使数据观察者得出错误结论。本项目使用 isnull()函数与 sum()函数进行数据统计，通过查看相应结果可以看出数据的缺失值数量，具体代码如下。

```
data.isnull().sum()
```

运行结果如下。

```
class            2
student          0
education        0
status         212
profession    1228
salary           0
city             0
company          0
date             0
dtype: int64
```

通过上述结果可以看出 class、profession、status 这 3 项均有缺失值，缺失数分别为 2、1228、212。本项目为了不减少数据量使用 fillna()函数填充缺失值，将 education、profession、status 这 3 项的缺失值分别填充为“2112”“非计算机专业”“待业”，具体代码如下。

```
In [7]:
data["class"] = data["class"].fillna(value="2112")
data["profession"] = data["profession"].fillna(value="非计算机专业")
data["status"] = data["status"].fillna(value="待业")
```

在缺失值处理完后，需要再次查看数据，以检查填充数据的结果，保证数据处理完全。

```
data.isnull().sum()
```

运行结果如下。

```
class         0
student       0
education     0
status        0
profession    0
salary        0
city          0
company       0
```

```
date          0
dtype: int64
```

通过对比两次的运行结果可发现数据中的缺失值已经被处理完，不需要进行再次处理。至此，数据处理已完成。

8.5 数据分析

8.4 节已经对数据处理做出了基本说明，本节将进行数据的分析和可视化处理。本项目从学生的就业城市分布、就业曲线、就业状态、就业薪资与学历关系 4 个方面做基本数据分析。

1. 就业城市分布

分析就业城市分布的具体步骤如下。

首先，将就业城市数据提取出来，具体代码如下。

```
In [9]:city_list = set(data["city"])
```

然后，需要定义处理就业城市数据的函数，该函数需要将数据处理成[(城市名,数值), (城市名,数值)]形式。此处使用双层 for 循环实现，具体代码如下。

```
def city_num(city_list,data_list):
    city_count = []
    for i in city_list:
        num = 0
        for j in data_list:
            if j == i:
               num = num+1
        city_count.append((i,num))
    return city_count
data_city = city_num(city_list,data["city"])
```

由于数据量庞大，这里只展示部分运行结果。

```
[('深圳市', 1084),('盐城市', 1),('芜湖市', 5), ('孝感市', 2), ('南通市', 6), ('嘉兴市', 25), ('泉州市', 4), ('常州市', 17), ('福州市', 39), ('河源市', 1), ('太原市', 28), ('青岛市', 198), ('合肥市', 317), ('三亚市', 1), ('成都市', 849), ('新乡市', 6), ('江门市', 2), ('湖州市', 7), ('泰州市', 1), ('烟台市', 12), ('马鞍山市', 4), ('龙岩市', 1), ('池州市', 1), ('玉溪市', 1), ('枣庄市', 1), ('宁波市', 147), ('郑州市', 216), ('石家庄市', 18), ('荆州市', 2), ('上饶市', 1), ('沧州市', 1), ('咸宁市', 1), ('兰州市', 24), ('哈尔滨市', 13), ('佛山市', 29), ('绵阳市', 5), ('徐州市', 1), ('榆林市', 1), ('昆明市', 9), ('衢州市', 2), ('汉中市', 1), ('贵阳市', 28), ('三门峡市', 1), ('郴州市', 1), ('吉林市', 2), ('秦皇岛市', 1), ('杭州市', 1344), ('蚌埠市', 1), ('惠州市', 11),...
```

最后，将得到的数据按照就业人数排序，具体代码如下。

```
df = pd.DataFrame(data_city)
df=df.sort_values(by=1,axis=0,ascending=False)
print(df)
```

运行结果如下。

```
        0      1
136    北京   1897
74    杭州市  1344
128   深圳市  1084
14    西安市   941
```

```
64   武汉市   869
...  ...    ...
48   株洲市     1
65   河池市     1
47   衡水市     1
107  汉中市     1
26   淮安市     1
[145 rows x 2 columns]
```

通过运行结果可以看出，学生多数就业于北京，其次是杭州。通过学生的就业城市分布，可以推断出北京和杭州的互联网公司较多。

2. 就业曲线

就业曲线可以帮助教师分析全国的就业形势，从而帮助学生调整就业策略。

首先，将就业日期提取出来，并通过去重操作获得纯净的就业日期数据。由于数据量庞大，因此将就业日期数据转换为“年-月”的形式，具体代码如下。

```
date_getjob = list(set(data["date"]))
new_data = []
for i in data["date"]:
    i = i[0:7]
    new_data.append(i)
date_getjob.sort()  # 将日期排序
date_getjob_1 = []  # 创建新列表
for i in date_getjob:
    i = i[0:7]       # 截取“年-月”
    date_getjob_1.append(i)
print(date_getjob_1)
```

运行结果部分数据如下。

```
['2022-01', '2022-01', '2022-01', '2022-01', '2022-01', '2022-01', '2022-01',
'2022-01', '2022-01', '2022-01', '2022-01', '2022-01', '2022-01', '2022-01', '2022-01',
'2022-01', '2022-01', '2022-01', '2022-01', '2022-01', '2022-01', '2022-01', '2022-01',
'2022-01', '2022-01', '2022-01', '2022-01', '2022-01', '2022-02', '2022-02', '2022-02',
'2022-02', '2022-02', '2022-02', '2022-02', '2022-02', '2022-02', '2022-02', '2022-02',
'2022-02', '2022-02', '2022-02', '2022-02', '2022-02', '2022-02', '2022-02', '2022-02',
'2022-02', '2022-02', '2022-02', '2022-03', '2022-03', '2022-03', '2022-03', '2022-03',
'2022-03', '2022-03', '2022-03', '2022-03', '2022-03', '2022-03', '2022-03', '2022-03',
'2022-03', '2022-03', ... ,'2022-10', '2022-10', '2022-10', '2022-10', '2022-10',
'2022-10', '2022-11', '2022-11', '2022-11', '2022-11', '2022-11', '2022-11', '2022-11',
'2022-11', '2022-11', '2022-11', '2022-11', '2022-11', '2022-11', '2022-11', '2022-11',
'2022-11', '2022-11', '2022-11', '2022-11', '2022-11', '2022-11', '2022-11', '2022-11',
'2022-11', '2022-11', '2022-11', '2022-11', '2022-11', '2022-12', '2022-12', '2022-12']
```

然后，将对应就业日期的就业人数统计出来，并生成相应的字典形式数据，具体代码如下。

```
date_data = {}
for i in date_getjob_1:
    sum_num = 0
    for j in new_data:
        if  i == j:
            sum_num = sum_num + 1
    date_data[i] = sum_num
```

接下来将数据排序，具体代码如下。

```
date_data1 = list(date_data.keys())
date_data1.sort()
a = {}
for i in date_data1:
    a[i] = date_data[i]
print(a)
```

运行结果如下。

```
{'2022-01': 486, '2022-02': 731, '2022-03': 1384, '2022-04': 1053, '2022-05': 946, '2022-06': 880, '2022-07': 1274, '2022-08': 1927, '2022-09': 1372, '2022-10': 919, '2022-11': 880, '2022-12': 5}
```

最后，对数据进行可视化处理。这里需要将生成的字典键值对分离，用作折线图的横轴与纵轴。绘制折线图的具体代码如下。

```
from matplotlib import pyplot as plt
date_1 = []  # 存放时间
count = []   # 存放人数
for key, value in a.items():
    date_1.append(key)
    count.append(value)
plt.plot(date_1, count)
plt.show()
```

运行结果如图 8.9 所示。

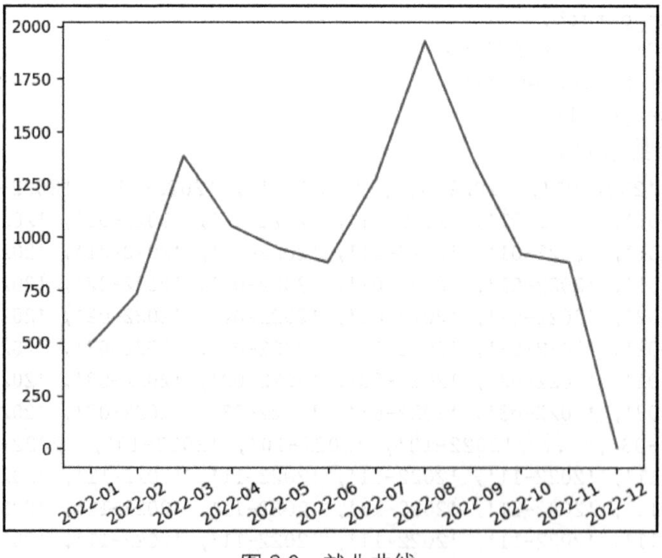

图 8.9　就业曲线

通过就业曲线可以看出，2022 年千锋教育的学生就业情况波动较大，3 月与 8 月就业情况最好，而这正是企业一年中两次大规模招聘的时间段。所以建议学生可以集中在这两个时间段找工作，这样得到好的工作机会的概率较大。

3．就业状态

分析学生的就业状态有利于教师对教学工作的整体把控。通过查看学生的就业状态能够适时地调整招生对象。

首先，将学生的就业状态信息从原数据中提取出来并去重，具体代码如下。

```
data_statue = set(data["status"])
```

然后，查看就业状态信息，具体代码如下。

```
data_statue
```

运行结果如下。

```
{'在职', '在读', '大三', '大二', '大四', '应届', '待业', '非应届'}
```

接着对不同就业状态的学生进行分类，具体代码如下。

```
data_zaizhi = data[data["status"] == "在职"]
data_zaidu = data[data["status"] == "在读"]
data_dasan = data[data["status"] == "大三"]
data_daer = data[data["status"] == "大二"]
data_dasi = data[data["status"] == "大四"]
data_yingjie = data[data["status"] == "应届"]
data_daiye = data[data["status"] == "待业"]
data_feiyingjie = data[data["status"] == "非应届"]
```

随后将不同类别的信息提取出来，并使用 count()对数据进行汇总，具体代码如下。

```
a= [["在职",data[data["status"] == "在职"].count().student],
    ["在读",data[data["status"] == "在读"].count().student],
    ["大三",data[data["status"] == "大三"].count().student],
    ["大二",data[data["status"] == "大二"].count().student],
    ["大四",data[data["status"] == "大四"].count().student],
    ["应届",data[data["status"] == "应届"].count().student],
    ["待业",data[data["status"] == "待业"].count().student],
    ["非应届",data[data["status"] == "非应届"].count().student]]
a
```

运行结果如下。

```
[['在职', 415], ['在读', 615], ['大三', 916], ['大二', 58], ['大四', 1960], ['应
届', 2117], ['待业', 3347], ['非应届', 2417]]
```

最后，使用 pie()函数绘制饼图，具体代码如下。

```
import matplotlib.pyplot as plt
data_zaizhi = data[data["status"] == "在职"]
data_zaidu = data[data["status"] == "在读"]
data_dasan = data[data["status"] == "大三"]
data_daer = data[data["status"] == "大二"]
data_dasi = data[data["status"] == "大四"]
data_yingjie = data[data["status"] == "应届"]
data_daiye = data[data["status"] == "待业"]
data_feiyingjie = data[data["status"] == "非应届"]
a= [data[data["status"] == "在职"].count().student,
    data[data["status"] == "在读"].count().student,
    data[data["status"] == "大三"].count().student,
    data[data["status"] == "大二"].count().student,
    data[data["status"] == "大四"].count().student,
    data[data["status"] == "应届"].count().student,
    data[data["status"] == "待业"].count().student,
    data[data["status"] == "非应届"].count().student
    ]
```

```
    status = ["在职", "在读", "大三", "大四", "应届", "待业","非应届"]
    plt.pie(a, labels=["在职", "在读", "大三","大二", "大四", "应届", "待业","非应届"],
autopct="%1.1f%%")
    plt.rcParams['font.sans-serif'] = ['SimHei']  # 中文显示
    plt.title("学生就业状态分析")
    plt.show()
```

运行结果如图 8.10 所示。

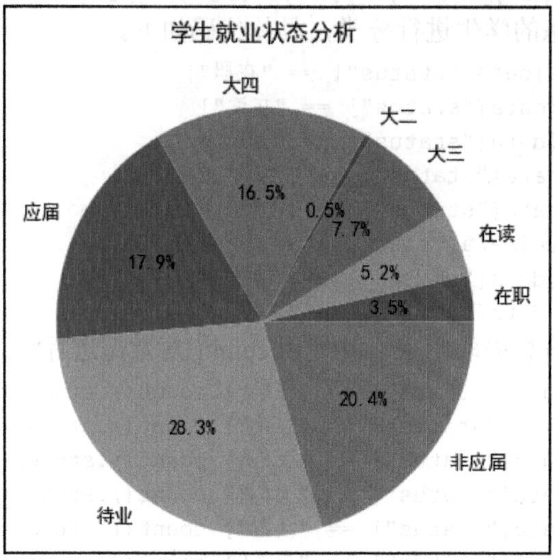

图 8.10　就业状态

由运行结果可见，在就业学生中，就业前状态为“待业”的学生占比最大，可以推知该类学生就业欲望较强且学习时间充裕；状态为“大二”的学生占比最小，可以推知其就业目标为实习岗位或假期实践，目的在于提升自身实力。

4．就业薪资与学历关系

通过分析就业薪资与学历的关系可以帮助学校控制生源。为便于数据的审查，本项目仅分析高中、专科、本科、硕士以上这 4 类学历。

首先，将数据处理成只有学历和薪资的数据表，此处使用 drop()函数进行数据删除，具体代码如下。

```
new_data = data.drop(['city',"class","company","date","profession","student"],axis=1)
Print(new_data)
```

运行结果如下。

```
      education salary
0            专科   9000
1            专科  14000
2            专科  13000
3            专科  13000
4            专科  14000
...          ...    ...
11852        本科   6000
11853        专科   7000
```

```
11854         本科   6000
11855     高中以下   7000
11856         专科   8000
[11857 rows x 2 columns]
```

然后，将处理完成的数据绘制成箱线图，具体代码如下。

```
import matplotlib.pyplot as plt
import matplotlib
# 将专科分组
a = new_data[new_data['education'].isin(["专科"])]
a = a.drop('education', axis=1)
a = a.values.tolist()
zhuan = []
for s_li in a:
    zhuan.append(s_li[0])
zhuan_1 = []
for i in zhuan:
    i = int(i)
    zhuan_1.append(i)
# 将本科分组
a = new_data[new_data['education'].isin(["本科"])]
a = a.drop('education', axis=1)
a = a.values.tolist()
ben = []
for s_li in a:
    ben.append(s_li[0])
ben_1 = []
for i in ben:
    i = int(i)
    ben_1.append(i)
# 将硕士+分组
a = new_data[new_data['education'].isin(["硕士+"])]
a = a.drop('education', axis=1)
a = a.values.tolist()
shuo = []
for s_li in a:
    shuo.append(s_li[0])
shuo_1 = []
for i in shuo:
    i = int(i)
    shuo_1.append(i)
# 将高中分组
a = new_data[new_data['education'].isin(["高中"])]
a = a.drop('education', axis=1)
a = a.values.tolist()
gao = []
for s_li in a:
    gao.append(s_li[0])
gao_1 = []
for i in gao:
    i = int(i)
    gao_1.append(i)
```

```
plt.figure(figsize = (10,10))  # 创建画布
plt.rcParams['font.sans-serif'] = ['SimHei']  # 显示中文
matplotlib.rcParams['axes.unicode_minus']=False    # 正常显示负号
data = [zhuan_1,ben_1,shuo_1,gao_1]
plt.boxplot(data)
plt.show()
```

运行结果如图 8.11 所示，从左到右依次为专科、本科、硕士以上、高中。

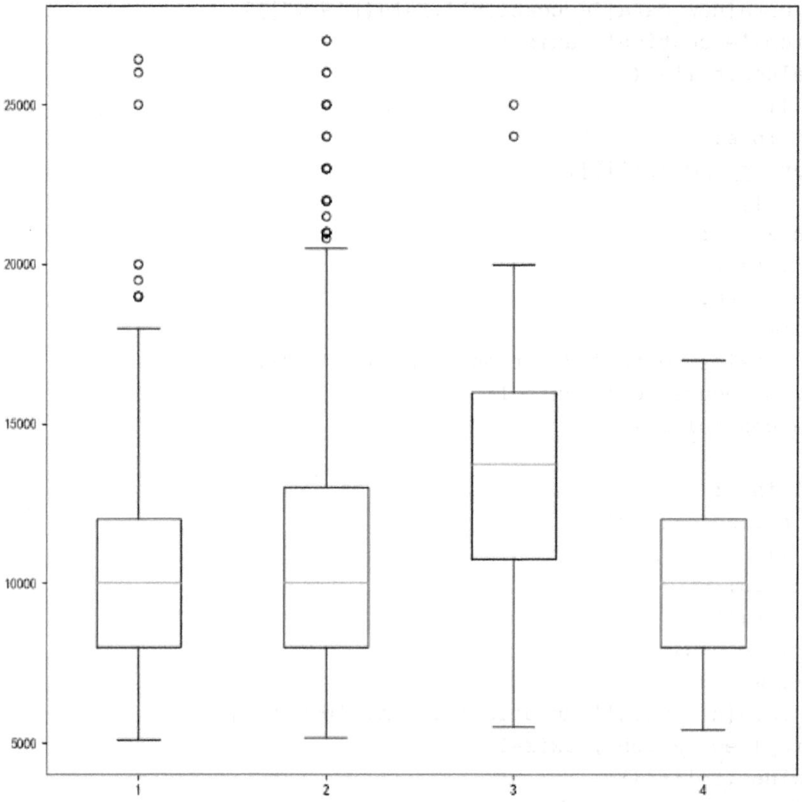

图 8.11　就业薪资与学历关系

通过箱线图可以看出，2022 年的就业数据中，最高薪资出现在本科生中，但是最高学历学生的薪资分布明显优于其他 3 类学历的学生。本科生平均薪资在 10000 左右，硕士以上的平均薪资明显高于本科。

8.6 本章小结

本章主要讲述了通过爬虫技术获取数据后，如何使用数据类型转换、数据去重、缺失值处理等手段进行数据处理，然后通过图表的形式做出客观的数据分析，最后得出结论。

第9章 综合实战：电商数据分析

综合实战：电商数据分析

本章学习目标

- 掌握数据分析的基本流程。
- 掌握数据处理的基本方法。
- 掌握常用的图表分析方法。

随着社会的不断进步和科技的迅速发展，大数据技术在当今社会的各个领域都发挥着极其重要的作用，其中电子商务利用其简单、快速、低成本开展各类贸易活动。近年来，各类网络购物形式崛起，网店成为电子商务领域的一个主要平台，网上购买人群也日渐扩大，而卖家、店铺、网络平台之间的利益争夺也越演越烈。

为此，网店的经营方式必须打破传统僵化思维。网店管理者要坚持以顾客为中心的理念，面对不同客户进行不同管理，尽可能地满足多样化的和个性化的用户需求，这样才能够确保网店可以长期经营下去。

本章通过分析两个不同方向的电商平台数据集来了解电商用户行为对网店经营的影响与商品销售情况对网店经营的影响。

9.1 电商平台用户行为数据分析

多年以来电子商务业务快速发展，尤其是移动客户端发展迅猛，移动互联网时代的到来让原本就方便、快捷的网上购物变得更加便利。我国电商平台的几大“巨头”更是有着巨大的流量优势。网络购物平台的功能不尽相同，但都离不开最基本的浏览、收藏、添加购物车和购买等功能。本节将对来自某大型电商平台的用户行为数据集进行分析，希望能帮助网店解决运营痛点。

9.1.1 研究背景

电商平台在所有媒体类型中具有足够的特殊性，是兼具媒体场景和消费场景两大属性的平台，讲求品效合一，也因此衍生出了贴合电商“搜索→购买→评价”链条的多种营销模式。随着电商营销产业链上消费行为数据的积累，海量数据中蕴含着无尽的价值，运营者可以从中了解用户不同的购物方式及爱好。基于此背景，本节对某大型电商平台用户数据进行分析。

9.1.2　分析目标

本次分析使用的数据集包含随机用户的所有行为（点击、购买、加购、收藏），以及行为发生的时间与商品类型。针对这些数据，本节从以下几个方面着手分析以提出问题与建议。

① 用户整体购物情况。

② 用户行为的时间模式。

③ 从浏览到购买的转化情况。

用户的网上购物流程如图 9.1 所示。

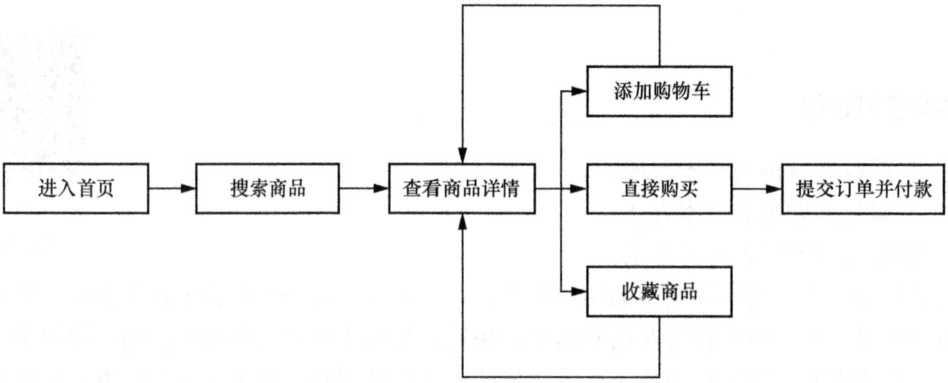

图 9.1　网上购物流程

9.1.3　数据处理

1. 查看数据

首先导入需要的第三方库，由于原数据缺少列名，这里给数据加上列名，具体代码如下。

```
import pandas as pd
import matplotlib.pyplot as plt
import datetime
import matplotlib
data = pd.read_csv('UserBehavior.csv', header=None, nrows=200000,
                   names=['user_id', 'item_id', 'category_id', 'behavior_type',
'time'])  #由于数据量过大，这里只导入 20 万条数据
data.head()
```

运行结果中前 5 条数据如图 9.2 所示。

	user_id	item_id	category_id	behavior_type	time
0	1	2268318	2520377	pv	1511544070
1	1	2333346	2520771	pv	1511561733
2	1	2576651	149192	pv	1511572885
3	1	3830808	4181361	pv	1511593493
4	1	4365585	2520377	pv	1511596146

图 9.2　前 5 条数据

由运行结果可见，数据共包含 5 个字段。其中 user_id 代表序列化后的用户编号，数据类型为整型；item_id 代表序列化后的商品编号，数据类型为整型；category_id 代表序列化后的商品类目编号，数据类型为整型；behavior_type 代表用户行为，数据类型为字符串，其中 pv 表示用户点击商品详情页，buy 表示用户进行商品购买，cart 表示用户将商品加入购物车，fav 表示用户收藏商品；time 代表用户行为发生的时间，显示为时间戳。

2. 处理缺失值

接下来查看并处理数据缺失值，具体代码如下。

```
data.isnull().sum()
```

运行结果如下。

```
user_id          0
item_id          0
category_id      0
behavior_type    0
time             0
dtype: int64
```

由运行结果可见，本数据集无数据缺失，故无须处理缺失值。

3. 处理重复值

下面检测并处理数据中的重复值，具体代码如下。在数据集中，用户编号、商品编号、时间戳这 3 个字段可以用于标志唯一性。

```
repeat = data.groupby(['user_id','item_id','time']).agg({'user_id':'count'})
repeat[repeat['user_id'] > 1]
```

运行结果如图 9.3 所示。

由运行结果可见，没有筛查出数据含有重复值，故同样无须进行处理。

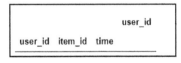

			user_id
user_id	item_id	time	

图 9.3　处理重复值

4. 处理时间字段

接下来转化数据中的时间戳类型，具体代码如下。

```
data['time'] = pd.to_datetime(data['time'], unit='s') + datetime.timedelta(hours=8)
data.head()
```

运行结果如图 9.4 所示。

	user_id	item_id	category_id	behavior_type	time
0	1	2268318	2520377	pv	2017-11-25 01:21:10
1	1	2333346	2520771	pv	2017-11-25 06:15:33
2	1	2576651	149192	pv	2017-11-25 09:21:25
3	1	3830808	4181361	pv	2017-11-25 15:04:53
4	1	4365585	2520377	pv	2017-11-25 15:49:06

图 9.4　处理时间字段

将时间拆分为日期与整点时间，具体代码如下。

```
data['date'] = data['time'].map(lambda x: x.strftime('%Y-%m-%d %H').split(' ')[0])  # 设置日期列
data['hour'] = data['time'].map(lambda x: x.strftime('%Y-%m-%d %H').split(' ')[1])  # 设置时间列
pd.set_option('display.max_columns', 10)
data.head()
```

运行结果如图 9.5 所示。

	user_id	item_id	category_id	behavior_type	time	date	hour
0	1	2268318	2520377	pv	2017-11-25 01:21:10	2017-11-25	01
1	1	2333346	2520771	pv	2017-11-25 06:15:33	2017-11-25	06
2	1	2576651	149192	pv	2017-11-25 09:21:25	2017-11-25	09
3	1	3830808	4181361	pv	2017-11-25 15:04:53	2017-11-25	15
4	1	4365585	2520377	pv	2017-11-25 15:49:06	2017-11-25	15

图 9.5　拆分日期与时间

可以看到，显示的数据中增加了两列，分别为“date”与“hour”。为方便进行数据分析，这里时间只取整点时间。

接下来将数据按 date 列排序，重置索引，具体代码如下。

```
data = data.sort_values(by=['date', 'hour'], ascending=True)
data = data.reset_index(drop=True)
data.head(10)
```

运行结果如图 9.6 所示。

	user_id	item_id	category_id	behavior_type	time	date	hour
0	1000169	1328010	959452	pv	2017-09-11 16:16:39	2017-09-11	16
1	1004259	3734552	1573426	pv	2017-11-17 21:22:30	2017-11-17	21
2	1007503	2137467	2778281	pv	2017-11-19 06:36:15	2017-11-19	06
3	1006359	359872	84264	pv	2017-11-20 01:32:45	2017-11-20	01
4	1000801	1034143	2465336	pv	2017-11-20 22:15:14	2017-11-20	22
5	1007609	4146999	235534	pv	2017-11-22 21:01:05	2017-11-22	21
6	1007609	2903641	1379146	pv	2017-11-22 21:01:10	2017-11-22	21
7	1007609	1544812	235534	pv	2017-11-22 21:02:23	2017-11-22	21
8	1007609	3422704	1379146	pv	2017-11-22 21:02:32	2017-11-22	21
9	1000807	1662243	3354571	pv	2017-11-23 02:03:21	2017-11-23	02

图 9.6　按日期排序

由运行结果可见，数据已经按照日期由小到大的顺序排列。

5．处理时间异常值

现在采用处理时间异常值的方法删除超出所需范围的数据，具体代码如下。

```
df_bool = (data.loc[:, 'date'] > '2017-11-24') & (data.loc[:, 'date'] < '2017-12-04')
data = data.loc[df_bool, :].reset_index(drop=True)
data.head(10)
```

运行结果如图 9.7 所示。

	user_id	item_id	category_id	behavior_type	time	date	hour
0	1000	1385281	2352202	pv	2017-11-25 00:44:13	2017-11-25	00
1	1000	5120034	1051370	cart	2017-11-25 00:47:14	2017-11-25	00
2	1000004	2156592	3607361	pv	2017-11-25 00:00:41	2017-11-25	00
3	1000004	1591982	672001	pv	2017-11-25 00:02:13	2017-11-25	00
4	1000084	850738	2058468	pv	2017-11-25 00:55:17	2017-11-25	00
5	1000084	4288055	144028	pv	2017-11-25 00:56:07	2017-11-25	00
6	1000084	4474837	144028	pv	2017-11-25 00:56:52	2017-11-25	00
7	1000084	4288055	144028	pv	2017-11-25 00:57:27	2017-11-25	00
8	1000084	4474837	144028	pv	2017-11-25 00:58:59	2017-11-25	00
9	1000084	4288055	144028	pv	2017-11-25 00:59:09	2017-11-25	00

图 9.7　处理时间异常值

6．处理其他异常值

接下来查看用户行为字段除 4 种用户行为代表值外是否有其他异常值，具体代码如下。

```
drop_data = data[(data['behavior_type'] != 'pv' ) &
            (data['behavior_type'] != 'cart' ) &
            (data['behavior_type'] != 'buy' ) &
            (data['behavior_type'] != 'fav' )]
drop_data
```

运行结果如图 9.8 所示。

user_id	item_id	category_id	behavior_type	time	date	hour

图 9.8　处理其他异常值

由运行结果可见，数据中并无用户行为异常值。下面查看其他字段异常值，具体代码如下。

```
data.isnull().any()
```

运行结果如下。

```
user_id          False
item_id          False
category_id      False
behavior_type    False
time             False
date             False
hour             False
dtype: bool
```

经过以上的数据清洗操作，现在我们得到了一组相对“干净”的数据。接下来对这组数据进行数据分析。

9.1.4　数据分析

1．用户整体购物情况

根据用户行为数据统计总的用户数、商品数、商品类目数、用户行为数，具体代码如下。

```
base_count =data[['user_id','item_id','category_id']].nunique()
behaviour_count = data['behavior_type'].count()
print(base_count,'\n','用户行为数: ',behaviour_count)
```

运行结果如下。

```
user_id           1973
item_id         117031
category_id       3980
dtype: int64
 用户行为数: 199908
```

由运行结果可以看到：用户数为 1973，商品数为 117031，商品类目数为 3980，用户行为数为 199908。

下面分析用户行为数据的核心指标，如用户数与访问量之间的关系，具体代码如下。

```
behaviour_group = data.groupby(['behavior_type']).count()
behaviour_group  # 将用户行为分类
PV = behaviour_group[3:4]['user_id'].values[0]
UV = base_count[0:1].values[0]
PV/UV  # 计算访问量与用户数之比
```

运行结果如下。

```
91.09934110491638
```

由运行结果可见，总访问量与总用户数的比率为 91，证明平均每人每周访问 91 次页面。

2. 用户行为的时间模式

（1）访问量与用户数变化

现选取数据集中某时间段的用户数与访问量数据做折线图的展示，具体代码如下。

```
pv_daily = data[data['behavior_type'] == 'pv'].groupby('date')['user_id'].count()
pv_daily = pv_daily.reset_index().rename(columns={'user_id': 'pv'})
uv_daily = data.groupby('date')['user_id'].apply(lambda x: x.drop_duplicates()
.count())
uv_daily = uv_daily.reset_index().rename(columns={'user_id': 'uv'})
x = pv_daily['date']
y1 = pv_daily['pv']
y2 = uv_daily['uv']
fig = plt.figure(figsize=(10, 6))
matplotlib.rcParams['font.sans-serif'] = ['SimHei']
matplotlib.rcParams['font.family']='sans-serif'  # 设置中文显示
plt.subplot(1, 1, 1)
plt.plot(x, y1, label='访问量', linewidth=1.8, color='r', marker='o', markersize=4)
plt.plot(x, y2, label='用户数', linewidth=1.8, color='g', linestyle='-.',
marker='^', markersize=4)
plt.legend(loc='best')
plt.title("某时段用户每天活跃量", fontsize=24)
plt.show()
```

运行结果如图 9.9 所示。

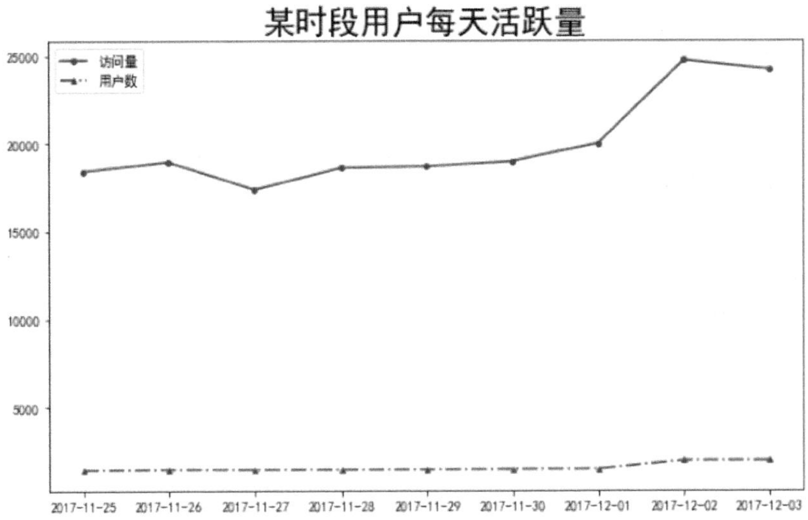

图 9.9　访问量与用户数变化

由运行结果可见，用户在周末的访问量最高，较平日里有显著增长。我们一方面可以分析出用户在周末时间更充裕，另一方面可以猜想出店铺在周末有特价活动。

（2）用户行为同一时间段变化趋势

接下来使用折线图查看每种用户行为在同一时间段的变化趋势，具体代码如下。

```
count_by_behav = data.groupby('behavior_type')
plt.figure(figsize=(12,6))
for group_name,group_data in count_by_behav:
    count_by_day = group_data.resample('D').count()['behavior_type']
    x = count_by_day.index
    y = count_by_day.values
    plt.plot(range(len(x)),y,label=group_name)
plt.xticks(range(len(x)),x,rotation=45)
plt.legend(loc='best')
plt.xlabel('日期',fontsize=12)
plt.ylabel('行为次数',fontsize=12)
plt.title('每天各行为的访问次数')
plt.show()
```

运行结果如图 9.10 所示。

由运行结果可见，4 种用户行为中，用户访问页面的频率最高，且在 12 月 2 日出现了小高峰。通过查阅资料发现，这天为星期六。但 12 月 3 日的访问量并不是很高，这更能说明可能店铺在周六做了某种活动导致访问量最高。

（3）用户一天内各时间段活跃度

接下来使用折线图与条形图查看用户一天中各时间段的活跃度，具体代码如下。

```
pv_time = data[data['behavior_type'] == 'pv'].groupby('hour')['user_id'].count()
pv_time = pv_time.reset_index().rename(columns={'user_id': 'pv'})
uv_time = data.groupby('hour')['user_id'].apply(lambda x: x.drop_duplicates()
.count())
uv_time = uv_time.reset_index().rename(columns={'user_id': 'uv'})
x = pv_time['hour']
```

```
y1 = pv_time['pv']
y2 = uv_time['uv']
plt.figure(figsize=(10, 6))
plt.subplot(1, 1, 1)
plt.plot(x, y1, label='访问量', color='r', linewidth=1.8, marker='o', markersize=4)
plt.bar(x, y2, label='用户数')
plt.legend(loc='best')
plt.title("用户一天内各时间段活跃度", fontsize=24)
plt.show()
```

运行结果如图 9.11 所示。

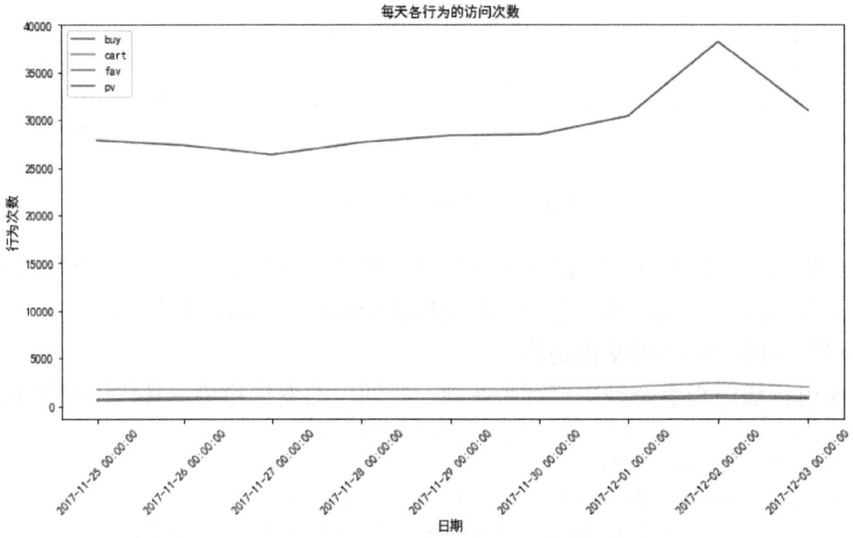

图 9.10　用户行为同一时间段变化趋势

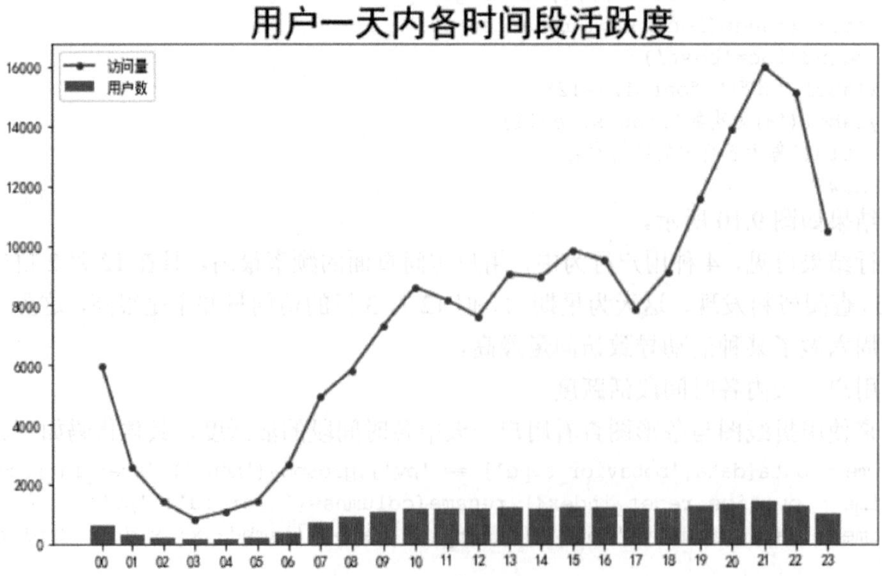

图 9.11　用户一天内各时间段活跃度

由运行结果可见，在白天工作时间内电商平台流量相对平稳，从傍晚 6 点开始，访问量急剧攀升，在晚上 9 点达到峰值，10 点后开始明显下降，符合人们日常作息习惯。电商平台如果有运营活动可选择在晚上 9 点到 10 点流量高峰期开展。

3. 商品点击量与购买量之间的关系

下面使用散点图查看商品的点击量与购买量之间的关系，具体代码如下。

```
pv_item = data[data['behavior_type'] == 'pv'].groupby('item_id')['user_id'].count().
sort_values(ascending=False)
buy_item = data[data['behavior_type'] == 'buy'].groupby('item_id')['user_id'].
count().sort_values(ascending=False)
merge2 = pd.merge(pv_item, buy_item, on='item_id', how='outer').fillna(0)
x = merge2['user_id_x']
y = merge2['user_id_y']
plt.figure(figsize=(8, 6))
plt.scatter(x, y, marker='o', color='g')
plt.xlabel("商品点击量", fontsize=14)
plt.ylabel("商品购买量", fontsize=14)
plt.title("商品点击量与购买量之间的关系", fontsize=18)
plt.show()
```

运行结果如图 9.12 所示。

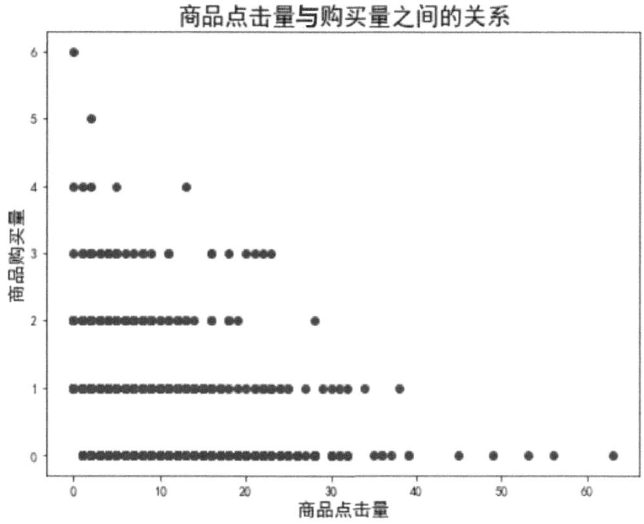

图 9.12　商品点击量与购买量之间的关系

由运行结果可见，商品点击量与购买量普遍呈正相关关系，但是仍然存在点击量超高，购买量却很低的情况。对于这些商品需要着重进行具体的考量，设法提高转化率。

9.2　网店商品售卖数据分析

通常来说，网店的月销量可以间接反映出该店铺的“星级”。当然，“星级”的评定条件还包含商品好评率等。在上一节，我们针对网店的用户行为分析得出了商品点击量与购买量之间的关系等，可为店铺设计“促销活动”提供帮助。本节我们继续分析电商数据。

9.2.1 研究背景

本次我们针对网店在一个月之中的商品销量进行数据分析，数据集来自某大型电商，共包含 28010 条数据。根据已有数据对店铺整体运营情况进行分析，有助于预测未来销售状况。

9.2.2 分析目标

本次分析使用到的数据集字段包括订单编号、总金额（该笔订单的总金额）、买家实际支付金额（已付款时买家实际支付金额 = 总金额−退款金额，未付款时买家实际支付金额 = 0）、收货地址（共包含 31 个省市）、订单创建时间（2020 年 2 月 1 日 至 2020 年 2 月 29 日）、订单付款时间（2020 年 2 月 1 日至 2020 年 3 月 1 日）、退款金额（付款后申请退款的金额，没有申请退款或没有付过款，退款金额为 0）。

针对以上数据情况，对以下几个方面进行数据分析以给出相应的结论。

① 整体购物情况。

② 总销售情况。

③ 地区销售情况。

④ 订单金额分布情况。

9.2.3 数据处理

1．查看数据

首先导入部分模块查看数据，具体代码如下。

```
def cleaning():
    tmall = pd.read_csv(r'mall_goods.csv',encoding = 'utf-8')
    return tmall
cleaning()
```

运行结果部分数据如图 9.13 所示。

	订单编号	总金额	买家实际支付金额	收货地址	订单创建时间	订单付款时间	退款金额
0	1	178.8	0.0	上海	2020-02-21 00:00:00	NaN	0.0
1	2	21.0	21.0	内蒙古自治区	2020-02-20 23:59:54	2020-02-21 00:00:02	0.0
2	3	37.0	0.0	安徽省	2020-02-20 23:59:35	NaN	0.0
3	4	157.0	157.0	湖南省	2020-02-20 23:58:34	2020-02-20 23:58:44	0.0
4	5	64.8	0.0	江苏省	2020-02-20 23:57:04	2020-02-20 23:57:11	64.8
5	6	327.7	148.9	浙江省	2020-02-20 23:56:39	2020-02-20 23:56:53	178.8
6	7	357.0	357.0	天津	2020-02-20 23:56:36	2020-02-20 23:56:40	0.0
7	8	53.0	53.0	浙江省	2020-02-20 23:56:12	2020-02-20 23:56:16	0.0
8	9	43.0	0.0	湖南省	2020-02-20 23:54:53	2020-02-20 23:55:04	43.0
9	10	421.0	421.0	北京	2020-02-20 23:54:28	2020-02-20 23:54:33	0.0

图 9.13 部分数据

接下来查看数据集的字段信息，具体代码如下。

```
data.info()
```

运行结果如下。

```
<class 'pandas.core.frame.DataFrame'>
RangeIndex: 28010 entries, 0 to 28009
Data columns (total 7 columns):
 #   Column        Non-Null  Count     Dtype
---  ------        --------- -----     -----
 0   订单编号        28010     non-null  int64
 1   总金额          28010     non-null  float64
 2   买家实际支付金额  28010     non-null  float64
 3   收货地址         28010     non-null  object
 4   订单创建时间      28010     non-null  object
 5   订单付款时间      24087     non-null  object
 6   退款金额         28010     non-null  float64
dtypes: float64(3), int64(1), object(3)
memory usage: 1.5+ MB
```

由运行结果可见，除“订单付款时间”字段外，其余字段数据量都为 28010 条，所以接下来需要对“订单付款时间”字段的缺失值进行处理。

2. 处理缺失值

查看数据过程中我们发现“订单付款时间”字段有缺失值，接下来详细查看该字段缺失值，具体代码如下。

```
sum(data['订单付款时间'].isnull())
```

运行过程中报出了以下错误：

```
KeyError: '订单付款时间'
```

怀疑为数据字段名出现空格所致，现查看数据集的字段名，具体代码如下。

```
data.columns
```

运行结果如下。

```
Index(['订单编号', '总金额', '买家实际支付金额', '收货地址 ', '订单创建时间', '订单付款时间 ', '退款金额'], dtype='object')
```

由结果可见，在“收货地址”与“订单付款时间”字段名后分别出现了一个空格，现在对其进行修改，具体代码如下。

```
data.rename(columns={'收货地址 ': '收货地址', '订单付款时间 ':'订单付款时间'}, inplace=True)
data.columns
```

运行结果如下。

```
Index(['订单编号', '总金额', '买家实际支付金额', '收货地址', '订单创建时间', '订单付款时间', '退款金额'], dtype='object')
```

现在再次查看“订单付款时间”字段的缺失值，结果如下。

```
3923
```

由运行结果可见，该字段缺失 3923 条数据。现在进一步查看其详细信息，具体代码如下。

```
print(data[data['订单付款时间'].isnull() & data['买家实际支付金额']>0].size)
# 查看缺失值是否为下单未付款情况
print(sum(data['订单付款时间'].isnull()) / data.shape[0])# 查看缺失值与整体数据的比率
```

运行结果如下。

```
0
0.14005712245626561
```

由运行结果可见，缺失值均为顾客下单后未付款的情况，且缺失数据量约占总数据量的14%，在可承受范围内，故本次对缺失值无须做特殊处理。

3．处理重复值

下面进行重复值的查看与处理，具体代码如下。

```
data.duplicated().sum()
```

运行结果如下。

```
0
```

由运行结果可见，本数据集的重复值为 0，故无须对数据进行去重操作。

4．处理异常值

这里使用 describe()查看数据中的异常值，具体代码如下。

```
data.describe()
```

运行结果如图 9.14 所示。

	订单编号	总金额	买家实际支付金额	退款金额
count	28010.000000	28010.000000	28010.000000	28010.000000
mean	14005.500000	106.953253	67.921712	20.433271
std	8085.934856	1136.587094	151.493434	71.501963
min	1.000000	1.000000	0.000000	0.000000
25%	7003.250000	38.000000	0.000000	0.000000
50%	14005.500000	75.000000	45.000000	0.000000
75%	21007.750000	119.000000	101.000000	0.000000
max	28010.000000	188320.000000	16065.000000	3800.000000

图 9.14　查看异常值

可以看到“总金额”的最大值远远超过上四分位数，怀疑是异常值。下面使用箱线图辅助判断，具体代码如下。

```
plt.boxplot(data['总金额'])
plt.show()
```

运行结果如图 9.15 所示。

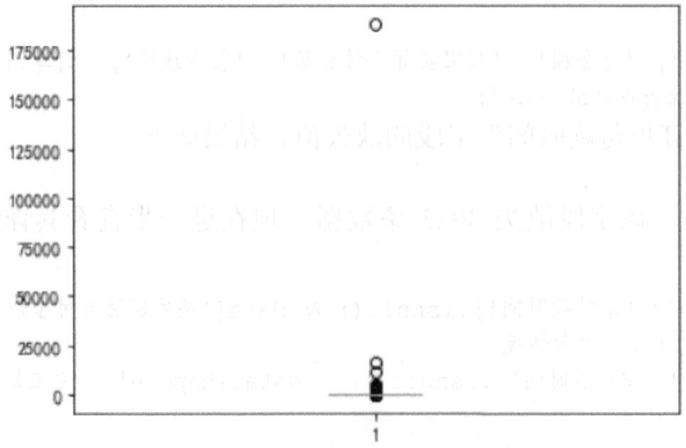

图 9.15　总金额异常值展示

可以看到“总金额”中大于 175000 的数据远离箱线图上边缘，且 25000 与 175000 中间是空白，判断其为异常值。下面检查该异常值的详细情况，具体代码如下。

```
data[data['总金额'] > 175000]
```

运行结果如图 9.16 所示。

	订单编号	总金额	买家实际支付金额	收货地址	订单创建时间	订单付款时间	退款金额
19257	19258	188320.0	0.0	上海	2020-02-24 19:35:06	NaN	0.0

图 9.16 “总金额”异常值详细情况

由运行结果可知，“总金额”大于 175000 的订单只有一条，且没有付款，可能为顾客操作失误。我们可以将其删除，具体代码如下。

```
data = data.drop(index=data[data['总金额'] > 17500].index)
```

下面查看“买家实际支付金额”异常值，具体代码如下。

```
plt.boxplot(data['买家实际支付金额'])
plt.show()
```

运行结果如图 9.17 所示。

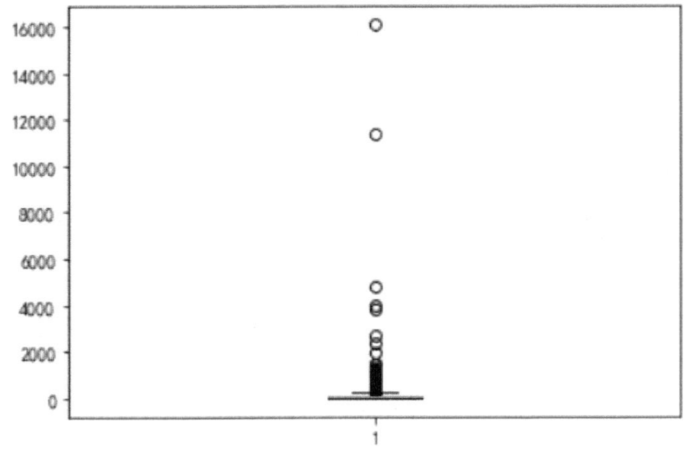

图 9.17 买家实际支付金额异常值展示

由箱线图可以看出，存在几条买家实际支付金额大于 6000 的数据。现查看这几条数据，具体代码如下。

```
data[data['买家实际支付金额'] > 6000]
```

运行结果如图 9.18 所示。

	订单编号	总金额	买家实际支付金额	收货地址	订单创建时间	订单付款时间	退款金额
3143	3144	11400.0	11400.0	江苏省	2020-02-18 09:34:43	2020-02-18 09:34:53	0.0
13511	13512	16065.0	16065.0	内蒙古自治区	2020-02-26 15:41:27	2020-02-26 15:42:24	0.0

图 9.18 异常值详细情况

由运行结果可见，这两条数据属于正常操作，故无须处理。下面查看“退款金额”异常值，具体代码如下。

```
plt.boxplot(data['退款金额'])
plt.show()
```

运行结果如图 9.19 所示。

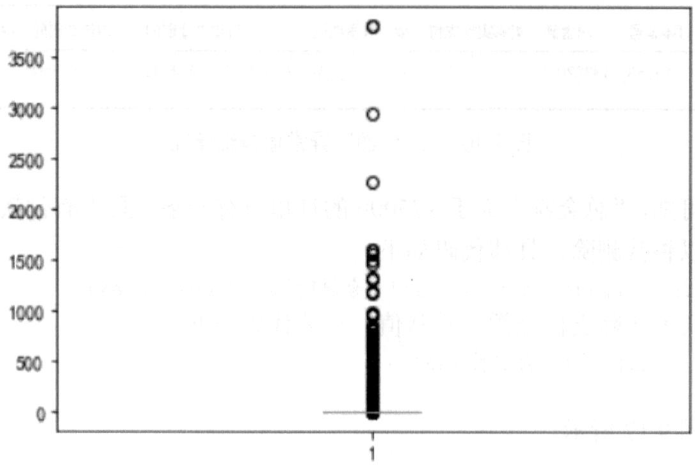

图 9.19　退款金额异常值展示

现查看“退款金额”大于 2000 的异常值，具体代码如下。

```
data[data['退款金额'] > 2000]
```

运行结果如图 9.20 所示。

	订单编号	总金额	买家实际支付金额	收货地址	订单创建时间	订单付款时间	退款金额
3841	3842	3800.0	0.0	广东省	2020-02-09 23:50:33	2020-02-10 00:52:40	3800.0
5764	5765	3800.0	0.0	河南省	2020-02-02 16:52:17	2020-02-02 16:52:22	3800.0
10163	10164	2930.2	0.0	山东省	2020-02-22 01:59:50	2020-02-22 01:59:52	2930.2
24941	24942	2260.0	0.0	安徽省	2020-02-28 09:52:32	2020-02-28 09:52:43	2260.0

图 9.20　“退款金额”异常值详细情况

由运行结果可见，这几条数据均属于正常操作，故也无须对其进行处理。

9.2.4　数据分析

完成数据处理之后就可以对数据进行分析。

1．整体购物情况与总销售情况

处理异常值后，数据整体情况如图 9.21 所示。

数据集共记录 28009 条订单，平均每单 107 元，金额最小 1 元，金额最大 16065 元；实际支付订单平均每单 67.0 元，金额最小 0 元，金额最大 16065 元；退款订单平均每单退款 20.4 元，金额最小 0 元，金额最大 3800 元。

	订单编号	总金额	买家实际支付金额	退款金额
count	28009.000000	28009.000000	28009.000000	28009.000000
mean	14005.312471	100.233518	67.924137	20.434000
std	8086.018294	164.451538	151.495595	71.503135
min	1.000000	1.000000	0.000000	0.000000
25%	7003.000000	38.000000	0.000000	0.000000
50%	14005.000000	75.000000	45.000000	0.000000
75%	21008.000000	119.000000	101.000000	0.000000
max	28010.000000	16065.000000	16065.000000	3800.000000

图 9.21　数据整体情况

下面查看总销售额，具体代码如下。

```
import numpy as np
np.sum(data['买家实际支付金额'])
```

运行结果如下。

```
1902487.15
```

由运行结果可知，该网店二月份的总销售额是 190.25 万元。

2. 地区销售情况

下面对该网店在全国各地的销售额情况进行分析，选用条形图，具体代码如下。

```
data_area = data.groupby('收货地址').sum()['买家实际支付金额'].sort_values(ascending=False).reset_index()
plt.figure(figsize=(20,8))
plt.bar(data_area['收货地址'], data_area['买家实际支付金额'],width=0.2)
plt.xlabel('')
plt.ylabel('销售额/元', rotation=0, labelpad=30, fontsize=15)
plt.title('全国各地的销售额情况', fontsize=20)
plt.xticks(rotation = 45)
plt.show()
```

运行结果如图 9.22 所示。

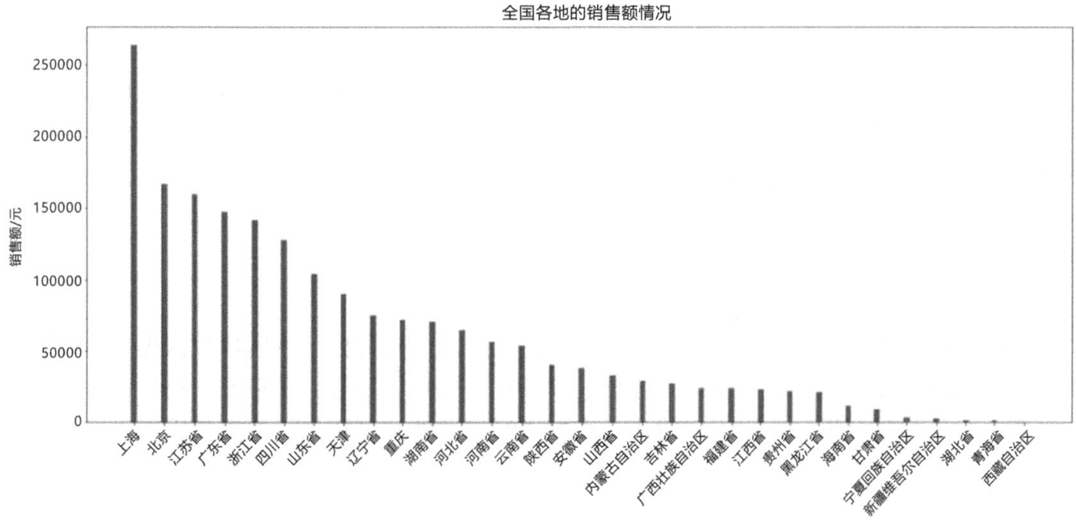

图 9.22　地区销售情况

由运行结果可见，销售额最高的是上海，北京、江苏省、广东省、浙江省为第二梯队；销售额高的省/市/区主要集中在东部和南部沿海；销售额低的主要为西部地区。

3. 订单金额分布情况

下面对订单金额分布情况进行分析，使用直方图实现，具体代码如下。

```
plt.figure(figsize=(20,8),dpi=100)
plt.hist(data[data['总金额'] < 500]['总金额'])
plt.xticks(np.arange(0,500,step=25), fontsize=20)
plt.yticks(fontsize=20)
plt.xlabel('订单金额/元',fontsize=20)
plt.ylabel('订单数',fontsize=20, rotation=0, labelpad=40)
plt.title('订单金额分布情况', fontsize=25)
plt.show()
```

运行结果如图 9.23 所示。

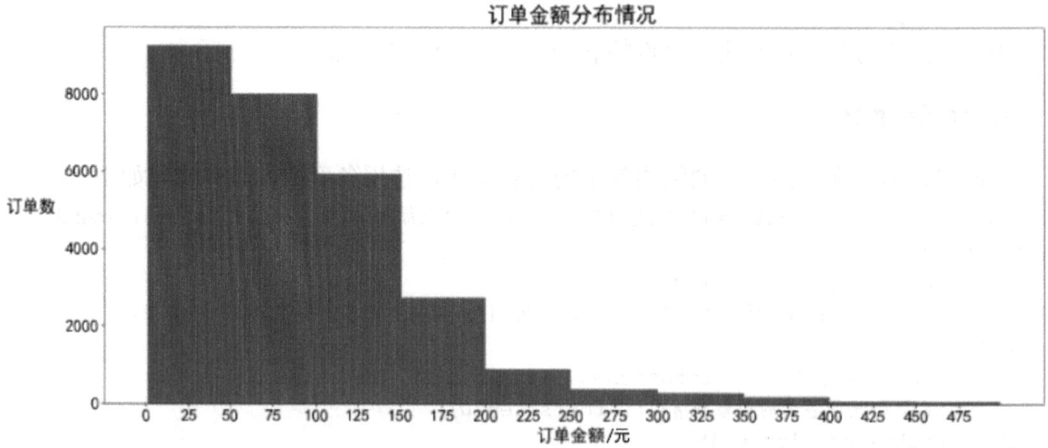

图 9.23　订单金额分布情况

由于在数据处理过程中发现“总金额”大于 500 元的订单在少数，因此为了图表更加直观，此次分析数据选取了 0～500 元的订单。

由运行结果可知，大部分订单金额在 200 元以下，尤其是 20～125 元；其中以 50 元以下的订单最多，占了订单总量的 1/4，200 元以上的订单很少，加起来仅占订单总量的约 11%，即 200 元以下的订单占了近 90%。

9.3　本章小结

本章为电商数据分析的综合实战项目，首先确定其分析目标，然后将数据集导入，运用前面章节讲解的知识对数据集进行数据预处理操作，包括重复值、异常值、缺失值等的检测与处理，最后根据分析目标所确定的几个维度进行描述性和可视化的数据分析。